遥感图像融合技术

Remote Sensing Image Fusion

Luciano Alparone　Bruno Aiazzi
Stefano Baronti　Andrea Garzelli　著
江碧涛　马　雷　蔡　琳　译

科 学 出 版 社
北　京

图字：01-2016-3854 号

内 容 简 介

本书围绕天基多源遥感图像融合技术，基本涵盖天基多源传感器成像原理、典型遥感数据产品、融合图像质量评价方法和图像配准与插值方法，着重对基于多分辨率分析、小波分析、压缩传感与光谱变换的多光谱图像锐化方法进行详细阐述，并推广到高光谱图像锐化问题中。最后，对异源图像融合的新趋势进行总结并提出展望。

本书可作为从事卫星遥感、图像融合研究与应用的科研人员和工程技术人员的参考书，还可作为高等学校高年级本科生、研究生学习遥感图像融合技术的教材或参考书。

Remote Sensing Image Fusion/ by Luciano Alparone, Bruno Aiazzi, Stefano Baronti, Andrea Garzelli/ISBN: 978-1-4665-8749-6

图书在版编目(CIP)数据

遥感图像融合技术/(意)卢西亚诺·阿尔帕诺等著；江碧涛，马雷，蔡琳译. —北京：科学出版社，2019. 6

书名原文：Remote Sensing Image Fusion

ISBN 978-7-03-061265-6

Ⅰ. ①遥… Ⅱ. ①卢… ②江… ③马… ④蔡… Ⅲ. ①遥感图象-图象处理-研究 Ⅳ. ①TP751

中国版本图书馆 CIP 数据核字(2019)第 094645 号

责任编辑：魏英杰 罗 娟 / 责任校对：郭瑞芝

责任印制：吴兆东 / 封面设计：铭轩堂

科 学 出 版 社 出版

北京东黄城根北街 16 号

邮政编码：100717

http://www.sciencep.com

北京凌奇印刷有限责任公司 印刷

科学出版社发行 各地新华书店经销

*

2019 年 6 月第 一 版 开本：720×1000 B5

2020 年 1 月第二次印刷 印张：16 1/4

字数：322 000

定价：98.00 元

(如有印装质量问题，我社负责调换)

译 者 序

多源遥感图像融合就是将多个传感器获得的同一场景的遥感图像或同一传感器在不同时刻获得的同一场景的遥感图像数据进行空间和时间配准，然后采用一定的算法将各图像所含的信息优势互补地有机结合起来，产生新图像数据或场景解释的技术；同时也是数学、计算机科学、人工智能、遥感图像处理、模式识别等多种学科的交叉与应用，已成为遥感领域的一个重要研究方向，受到越来越多的关注。对多源遥感图像融合技术的深入研究将增强遥感信息提取的全面性和可靠性，有效提高数据的准确率，为多源异构遥感图像处理与应用研究提供良好的技术基础。

本书由 Luciano Alparone、Bruno Aiazzi、Stefano Baronti 和 Andrea Garzelli 合著。书中介绍典型的天基传感器的成像原理和特点，引入图像融合评价准则，详细介绍图像配准与插值方法，重点阐述基于多分辨率分析、小波分析、光谱变换与压缩传感的图像融合方法，特别对多光谱锐化与高光谱锐化进行探讨。最后，对多源异构图像融合的新趋势进行总结并提出展望。全书结构严谨、论述全面，涉及的知识面广，并给出术语表和缩写说明，方便读者快速理解和全面掌握相关基础知识。

本书作为多源遥感图像融合的专业书籍，适用于有一定技术背景且想深入了解遥感图像处理的理工科高年级本科生、研究生和科学技术人员。希望能够为国内广大从事相关研究的学者提供一本较为全面、深入的遥感图像融合参考书。

本书译者为长期从事遥感图像处理与应用工作的一线研究人员，具有丰富的多源遥感图像融合实践经验，在翻译本书的过程中力求忠实、准确地传达原著的学术观点。在本书翻译过程中，杨利峰、李非墨和田野等为本书的校对做了大量工作，在此一并致谢。

限于译者水平，不妥之处恳请广大读者批评指正。

译 者

2018 年 5 月

前　言

本书是关于遥感图像融合技术的综合性专著。对于大多数新兴领域，一本专著的诞生能够在很大程度上促进该学科快速发展。现阶段大部分研究领域的发展和进步都是依靠相对独立的研究论文，但这些论文较为分散，每一篇只能展现该研究领域局部的一个技术点。而专著可将该领域的专题和知识点有机统一起来，更便于读者查阅和学习相关内容。本书的四位作者在遥感图像处理领域有着超过20年的研究经历。

本书不仅可以视为对遥感图像融合领域主要研究成果的一个历史性回顾，而且可以为理解该领域提供一种全新的视角。遥感成像设备及传感器技术不断进步，采集的光谱范围不断扩大，从根本上促进了图像融合领域中各种新技术和新方法的提出与发展，处理的数据从可见光波段到微波波段，地面采样分辨率也达到亚米级。

本书的观点是，基于图像特性的算法相对简单，可能仅优于基于数学理论和模型而忽视物理性质的复杂算法。在这种情况下，处理结果的性能评价标准就成为评判融合方法优劣的关键。对于第一代图像融合技术，质量评估往往处于初级阶段，没有考虑综合利用高质量的光谱信息，这就成为当前第二代图像融合技术的主要需求和相关研究的主流。

在第二代图像融合技术渐趋成熟后，第三代融合技术也在悄然兴起。这些技术或多或少地尝试去发掘信息科学和信号处理方面的一些新概念及模型。由于大规模计算性能需求的限制，这些技术暂时无法直接运用于整景遥感图像，但其性能可达到第二代融合技术的最优水平。在过去五年里，第三代融合技术的出现导致图像融合研究出现两极分化的现象，但距技术成熟仍然有很大的差距，该领域学术成果仍需不断完善。

一方面，本书旨在为图像融合这个逐步清晰和完善的多学科研究领域提供一种新的理解方式，形成一系列人工或自动的、针对遥感图像信息提取的信号和图像处理方法；另一方面，本书对初步接触本领域的人员大有裨益，包括拟在环境科学方面进一步进行深入研究的学者，以及希望进一步提升专业技能的技术人员。

引　言

当前，星载传感器每天大约获取 4TB 的遥感数据，机载传感器获取的数据更是不计其数。艾克诺斯(IKONOS)、快鸟(Quickbird)、地球之眼(GeoEye)、世界观测(WorldView)、昴星团(Pléiades)等在轨对地观测卫星上都搭载了超高分辨率、高性能的全色相机和多光谱相机，且即将发射升空的棱镜(PRISMA)和环境测绘与分析计划(EnMap)高光谱成像卫星可以提供几十到几百个波段的数据，这将为多源遥感数据带来更广阔的应用前景。同时，合成孔径雷达卫星星座系统的卫星 TerraSAR-X/Tandem-X、COSMO-SkyMed、RadarSat-2 与即将发射的 RadarSat-3 和 Sentinel-2，都能获取高分辨率微波对地观测图像，并在重访率上有很大的提升。

可见光、近红外、短波红外、热红外、X 波段雷达、C 波段雷达等成像手段，不仅体现出遥感数据的多样性，也体现出各类数据的独特性与数据之间的互补性。这些都为多源遥感融合技术的发展提供了先决条件。融合的目的是综合两个或多个数据源的信息，获取单个传感器难以得到的更有价值、更精确、更全面的信息。虽然在解决洪灾、火灾等自然灾害区域检测等特定任务中，融合结果还需要人工参与分析，但多源融合带来的优势在半自动和全自动处理系统中已经崭露头角。

遥感图像处理中最典型的多源图像融合方法为全色图像锐化。该方法一般适用于全色与多光谱图像融合，多光谱图像的波段范围包含可见光与可见近红外，全色图像地面分辨率是多光谱图像的 2～6 倍。SPOT 卫星发射时，卫星上同时搭载全色成像仪与多光谱成像仪，采用的图像融合方法即为全色锐化技术。近期，越来越多领域的专家开始研究高光谱全色锐化方法，以实现在一个数据上同时具有空间与光谱的检测能力。

不同波长、不同成像机理的多源数据融合技术是遥感图像应用需要关注的一项长期任务。一个典型的例子就是热红外图像与同时相的可见近红外图像的融合，此类融合技术的应用范围涵盖军事和民事，甚至超出遥感应用领域。

可见光与合成孔径雷达(SAR)图像的融合是一类更为特殊的融合问题。SAR 系统具有全天时、全天候成像能力，可获取目标更显著的相对特征信息，通过 SAR 图像增强可见光图像的融合方法已经得到广泛应用。然而，由于可见光成像受天气因素影响较大，特别是云的遮挡，因此利用可见光图像增强 SAR 图像的光谱和空间信息的意义不大。

主要符号列表

α	压缩感知锐化的稀疏向量
$\widetilde{A}_k$	多光谱第 k 个波段插值混叠模式
$\widetilde{A}_p$	全色图像插值混叠模式
β	受限频谱角度(CSA)方法乘数因子
B_k	原图像第 k 个波段
$\widetilde{B}_k$	插值到全色尺度上的第 k 个图像波段
$\hat{B}_k$	全色锐化的第 k 个图像波段
δ	空间细节图像
$\delta(\Delta x,\Delta y)$	全色-多光谱存在偏差情况下的空间细节图像
D	压缩感知锐化的字典矩阵
D_λ	光谱失真
D_s	空间失真
Δx	全色与插值后多光谱图像之间的水平偏差
Δy	全色与插值后多光谱图像之间的垂直偏差
$D_x^{(I)}$	I 在 x 方向上的偏导数
$D_y^{(I)}$	I 在 y 方向上的偏导数
$D_x^{(k)}$	$\widetilde{M}_k$ 在 x 方向上的偏导数
$D_y^{(k)}$	$\widetilde{M}_k$ 在 y 方向上的偏导数
F	基于重建的全色锐化的稀疏矩阵
g^*	广义拉普拉斯金字塔方法的高通滤波器的脉冲响应
g_k	第 k 个波段的全局注入增益
G_k	第 k 个波段的空间变化的局部注射增益
h_j^*	ATW 的 j 层的等效低通冲激响应
H_j^*	ATW 的 j 层的等效低通频率响应
H_k	第 k 个波段的基于复原全色锐化的点扩散函数
I	亮度图像
$I(\Delta x,\Delta y)$	全色-多光谱存在偏差量的亮度图像
I_k	基于相关空间细节波段方法的第 k 个波段的亮度图像
K	波段的数目
$\widetilde{M}_k$	扩展至全色尺度的原始多光谱第 k 个波段

$\hat{M}_k$ 全色锐化的多光谱第 k 个波段

$\hat{M}_k(\Delta x,\Delta y)$ 全色和多光谱配准失准情况下全色锐化的多光谱第 k 个波段

$\widetilde{M}_K^*$ 无混叠插值的多光谱第 k 个波段

$\hat{M}_k^*$ 无混叠插值的锐化图像第 k 个波段

p 广义拉普拉斯金字塔的整数约减系数

P 全色图像

q 广义拉普拉斯金字塔的整数膨胀系数

Q 通用图像质量指标

$Q2^n$ $Q4$ 在具有 2^n 个波段图像上的泛化

$Q4$ 4 波段图像的通用图像质量指标

P_l 低通滤波后的全色图像

P_l^* 全色低通滤波先以 r 下取样，再用 r 插值

r 原始多光谱与全色的空间采样比率

θ 调制合成孔径雷达纹理的软阈值

t 光学与 SAR 融合过程中从合成孔径雷达中提取的纹理图像

t_θ 阈值为 θ 的纹理图像 t

T_k 热红外第 k 个波段

$\widetilde{T}_k$ 插值到可见光近红外波段尺度第 k 个热红外波段

$\hat{T}_k$ 热红外第 k 个波段空间增强

V 增强可见光近红外波段

V_l 增强可见光近红外波段的低通滤波结果

V_l^* 增强可见光近红外波段低通滤波结果先以 r 下取样，再以 r 插值

ω_k 用于亮度计算的第 k 个波段频谱分量的权重向量

主要术语对照表

ADC	analog-to-digital converter	模拟-数字转换器
ALI	advanced land imager	高级陆地成像仪
ASC-CSA	Agence Spatiale Canadienne-Canadian Space Agency	加拿大航天局
ASI	Agenzia Spaziale Italiana	意大利航天局
ASTER	advanced spaceborne thermal emission and reflection radiometer	先进星载热发射和反射辐射仪
ATW	à-trous wavelet	à-trous 小波变换
AVHRR	advanced very high resolution radiometer	先进高分辨率辐射仪
AWLP	additive wavelet luminance proportional	加性小波亮度比例
BDSD	band dependent spatial detail	波段独立空间细节
BT	Brovey transform	Brovey 变换
CBD	context-based decision	基于上下文的
CC	correlation coefficient	相关系数
CCD	charge-coupled device	电荷藕合装置
CLS	constrained least square	约束最小二乘法
CNES	Centre Nationale d'Etudes Spatiales	国家空间研究中心
CoS	compressed sensing	压缩感知
COSMO	constellation of small satellites for mediterranean basin observation	地中海盆地小卫星观测星座
CS	component substitution	成分替换
CSA	constrained spectral angle	受限频谱角
CST	compressed sensing theory	压缩感知理论
CT	curvelet transform	曲波变换
DEM	digital elevation model	数字高程模型
DFB	directional filter bank	定向滤波器组
DLR	Deutsches zentrum für Luft- und Raumfahrt	德国宇航中心
DST	discrete sine transform	离散正弦变换
DTC	dual-tree complex	对偶树复数
DTW	dynamic time warping	动态时间归整
DWT	discrete wavelet transform	离散小波变换
EHR	extremely high resolution	极高分辨率
ELP	enhanced laplacian pyramid	增强拉普拉斯金字塔

ELR	extremely low resolution	极低分辨率
EMR	electro magnetic radiation	电磁辐射
EnMAP	environmental monitoring and analysis program	环境监测与分析程序
ENVI	environment for visualizing images	可视化图像环境
EnviSat	environmental satellite	欧洲环境卫星
ERGAS	erreur relative globale adimensionnelle de synthese	相对整体维数综合误差
ERS	European Remote-Sensing satellite	欧洲遥感卫星
ESA	European Space Agency	欧洲航天局
ETM+	enhanced thematic mapper	增强型专题制图仪
FOV	field of view	视场角
GGP	generalized Gaussian pyramid	广义高斯金字塔
GIHS	generalized intensity-hue-saturation	广义亮度-色调-饱和度
GIHSA	generalized IHS with adaptive weights	自适应权重的广义亮度-色调-饱和度
GIHSF	generalized IHS with unequal fixed weights	不等固定权重的广义亮度-色调-饱和度
GLP	generalized Laplacian pyramid	广义拉普拉斯金字塔
GLP-CBD	generalized Laplacian pyramid with a context-based decision	基于上下文决策的广义拉普拉斯金字塔
GP	Gaussian pyramid	高斯金字塔
GPS	global positioning system	全球定位系统
GS	Gram-Schmidt	格拉姆-施密特
GSA	Gram-Schmidt with adaptive weights	自适应权重的格拉姆-施密特法
GSF	Gram-Schmidt with fixed weights	固定权重的格拉姆-施密特法
HPF	high pass filtering	高通滤波
HPM	high pass modulation	高通调制
HR	high resolution	高分辨率
HS	hyper spectral	高光谱
HSL	hue，saturation，luminance	色调-饱和度-亮度
HSV	hue，saturation，value	色调-饱和度-亮度
IFOV	instantaneous field of view	瞬时视场
IHS	intensity-hue-saturation	亮(强)度-色调-饱和度
IMU	inertial measurement unit	惯性测量单元
IR	infrared radiation	红外辐射
JERS	Japanese Earth Resources Satellite	日本地球资源卫星
JPL	Jet Propulsion Laboratory	喷气推进实验室
KoMPSat	Korean Multi Purpose Satellite	韩国多用途卫星(阿里郎卫星)

K-SVD	K-singular value decomposition	K-奇异值分解
LASER	light amplification by stimulated emission of radiation	激光
LiDAR	light detection and ranging	激光雷达(光探测和测距)
LP	Laplacian pyramid	拉普拉斯金字塔
LWIR	long wave infrared	长波红外
MeR	medium resolution	中等分辨率
MIS	misregistered	配准不良
MMSE	minimum mean square error	最小均方误差
MoR	moderate resolution	中分辨率
MRA	multi resolution analysis	多分辨率分析
MS	multi spectral	多光谱
MSE	mean square error	均方误差
MTF	modulation transfer function	调制传递函数
MVUE	minimum variance unbiased estimator	最小方差无偏估计
MWIR	medium wave infrared	中波红外辐射
NASA	National Aeronautics and Space Adminis tration	美国国家航空航天局
NDVI	normalized differential vegetation index	归一化差分植被指数
NIR	near infrared	近红外
NN	nearest neighbor	最近邻
NRMSE	normalized root mean square error	归一化均方根误差
NSCT	nonsubsampled contourlet transform	非下采样轮廓波变换
NSDFB	nonsubsampled directional filter bank	非下采样方向滤波器组
NSP	nonsubsampled pyramid	非下采样金字塔
OLI	operational land imager	操作陆地成像仪
OTF	optical transfer function	光学传递函数
PAN	panchromatic	全色的
PCA	principal component analysis	主成分分析
PCs	principal components	主成分
PR	perfect reconstruction	完美重构
PRF	pulse repetition frequency	脉冲重复频率
PRISMA	precursore iperspettrale della missione applicativa	先进超光谱应用任务
PSF	point spread function	点扩散函数
QFB	quincunx filter bank	梅花形滤波器组
QMF	quadrature mirror filter	正交镜像滤波器
QNR	quality with no reference	无参考质量

RASE	relative average spectral error	相对平均光谱误差
RCM	radarsat constellation mission	雷达卫星星座任务
RMSE	root mean square error	均方根误差
RS	remote sensing	遥感
RT	ridgelet transform	脊波变换
SAM	spectral angle mapper	波谱角度映射表
SAR	synthetic aperture radar	合成孔径雷达
SDM	spectral distortion minimization	光谱畸变最小化
SFIM	smoothing filter-based intensity modulation	基于平滑滤波的亮度调节
SHALOM	spaceborne hyperspectral applicative land and ocean mission	应用性星载高光谱陆地和海洋任务
SIR	shuttle imaging radar	航天飞机成像雷达
SLAR	side-looking airborne radar	侧视机载雷达
SNR	signal-to-noise ratio	信噪比
SPOT	Satellite Pour l′ Observation de la Terre	法国“斯波特”对地观测卫星
SRTM	shuttle radar topography mission	航天飞机雷达地形测绘任务
SS	super spectral	超光谱
SSI	spatial sampling interval	空间采样间隔
SWIR	short wave infrared	短波红外
SWT	stationary wavelet transform	平稳小波变换
TDI	time delay integration	时间延迟积分
TIR	thermal infrared	热红外
UDWT	undecimated discrete wavelet transform	非抽样离散小波变换
UIQI	universal image quality index	通用图像质量指标
UNB	ultra narrow band	超窄带
UNBPS	University of New Brunswick PanSharp	新布伦瑞克大学图像融合
US	ultra spectral	极高光谱
VHR	very high resolution	超高分辨率
VIR	visible infrared	可见红外
VIRS	visible and infrared scanner	可见光和红外扫描仪
VLR	very low resolution	超低分辨率
V-NIR	visible near-infrared	可见近红外
WPD	wavelet packet decomposition	小波包分解

目　录

第1章　绪　　论

1.1　概　　述

遥感图像融合是数据融合通用框架下一个较新的领域。通常认为,遥感是提取地球表面信息的工具和技术。遥感图像融合则是综合两个及以上图像数据源,获取比单一数据源更多信息的技术。

来自光电子、微波技术、信号处理、计算机科学、统计估计理论,以及所有环境检测相关学科的专家,他们知识的结合使得遥感图像融合技术发展获得一个千载难逢的机遇,促使目前的方法论和技术朝一个共同的目标发展:使地球远离大量威胁人类生存以及影响人类生活质量与生命的因素。

过去,遥感图像融合是遥感领域专家为特定任务而进行的人工分析,直到最近才开始审视在多源数据集上开展自动融合的可能性。随着信号处理和图像分析领域的学科交叉,遥感图像融合逐渐成为一个独立的学科,而不是一项凭借经验的技巧。

目前,人们对遥感图像融合产品的需求正在持续增长,基于超高分辨率(VHR)多光谱的商业产品得到日益推广。例如,谷歌地球和微软虚拟地球利用锐化融合产生了覆盖全球地表的超高分辨率观测图像。

光电(多光谱扫描仪)和微波(合成孔径雷达)设备的覆盖范围及成像机制是不同的。这使得异构数据集融合在环境和大气差异条件下解决特定监测问题具有很大的吸引力。

1.2　目的和范围

本书的独特优点是不早期的同类著作的限制。在之前的遥感书籍中,最多仅有一章介绍融合,并被认为是一个新的学科,介于应用和方法论科学之间。

另外,数据融合方面优秀的教科书更侧重融合的本体,涉及军事需求和相关数据集(图像、信号、点测量),而不是提供一个基于遥感图像协同解决特定民用环境问题的方法综述。

本书通过对以下内容进行全面的分类和严格的数学描述来论述图像融合方法,包括多光谱图像的锐化法、高光谱和全色图像的融合、异构传感器数据的融合等,如光学和合成孔径雷达图像与红外和可见光/近红外图像的融合。融合的方法是利用信号/图像处理的新趋势,如压缩感知的稀疏信号表示。

本书是作者从事相关领域研究十年成果的综合展示。它的要点如下:①对最新的主流成像方式、相关设备和数据产品的概述。②对过去二十年著作的重要回顾。③对照分析成像设备和数据融合方法的进展。④概括大部分现有融合方法的统一框架,并以此设计新方法、优化现有方法。⑤特别关注过去几年在商用产品和软件中实现的解决方案。⑥将信号/图像处理中的新概念和方法迁移到融合领域,如遥感图像融合中的压缩感知和稀疏理论。

对遥感图像分析和分类来说,*Remote Sensing Digital Image Analysis, An Introduction*[221]是一本优秀而成功的教科书(第五版已发行)。就作者所知,在遥感图像融合方面还没有具有竞争力的书籍,一些书籍在数学问题上缺乏深度的视角,另一些则阐述了大量非遥感范围的应用。

尽管本书是作为硕士研究生课程的教材,但对遥感和相关学科的研究人员和科学家也同样适用。本书重点强调非多媒体的应用及相关数据集,从而避免了与多媒体中相关定义的混淆。

1.3 内容组织

全书共12章,覆盖有关地球观测遥感图像融合的大部分主题。

1.3.1 传感器与图像数据产品

简要介绍遥感的基本物理规律与各系统中频段的概要定义及波长间隔。简单总结过去几十年里相关的星载成像仪器(光、热、微波)和数据产品。随着空间、光谱、辐射度和时间分辨率的不断增加,产生了更多适用的融合方法。

1.3.2 融合质量评价

首先,对融合产品质量定义进行介绍。然后,考虑融合产品属性的一致性,尝试建立一个更为先进的分类方式。本章的核心内容是描述质量评价的主要准则和相关优缺点、特定相似性和不相似性指标,以此来评价单波段和多波段图像的一致性。最后,讨论融合方法的质量评价,这些方法包括多光谱锐化到超光谱锐化、通过光学图像对热图像进行锐化、光学图像和合成孔径雷达微波图像数据融合等。

1.3.3 图像配准与插值

简要回顾两幅图像配准存在的基本问题和相关的解决方法。论述如何基于数字插值基础理论,将多幅图像像素完美叠加。然后,阐述关于广泛采用的插值内核，低空间分辨率的数据集到高分辨率数据集的重采样。最后，分析可能存在的配准失准和插值类型对融合质量的影响，这种影响可能由数据集自身属性及插值不当等因素产生。

1.3.4 图像融合多尺度分析

提出多尺度分析的定义并介绍相关理论，重点关注小波分析。具体来说，它是多尺度分析的一种类型，但在实践中它是小波分析和滤波器组之间关系的同义词。通过解释抽样分析和非抽样分析，指出正交和双正交变换之间的差异。介绍并讨论 à-trous 小波(ATW)分析和相关变换。对不可分小波变换(如曲波、轮廓)做简要介绍。最终，对高斯和拉普拉斯金字塔(LP)进行回顾并突出其对图像融合的适用性，不仅对二进(八度)的空间进行分析，还推广到一个分数空间的分析，即与相邻的尺度之间为分数比率的分析。除了在不可分的情况下，四种类型的分析已经证明其在遥感图像融合中的可用性，即离散小波变换(DWT)、非抽样离散小波变换(UDWT)、ATW 和广义拉普拉斯金字塔(GLP)。

1.3.5 多波段图像融合的谱变换

回顾基于谱变换的多光谱图像融合的基本原理。在三波段光谱像素的转换中，彩色像素是由红、绿、蓝(RGB)来定义的。强度-色调-饱和度(IHS)变换、亮度-色调-饱和度(BHS)变换，可以以多种方式定义和实现。本章的主要贡献是通过利用只有强度分量 I 受融合影响的特性，将 IHS 变换线性或非线性的多光谱融合方法扩展到任意波段数目的图像上。这允许用户定义一个广义的 IHS，也是一个快速的 IHS，在产生融合图像的过程中，无论向前还是向后，在图像拥有多于三个波段的情况下，频谱变换都没有被真正计算。广义 IHS 变换以从多光谱通道产生 I 的谱权重集的自由度为特征。这样的权重会被优化，例如为了实现全色图像 P 和强度 I 之间的最佳光谱匹配，对主成分分析(PCA)融合去相关属性，应用于任何波段数量的图像。最后，格拉姆-施密特(Gram-Schmidt)正交方法是一个光谱变换的基础，它产生了一种非常流行的融合方法——Gram-Schmidt(GS)频谱锐化，也同样适用于任意波段数量的图像。

1.3.6 多光谱图像融合

重点阐述低分辨率多光谱(MS)图像和高分辨率全色图像 PAN 的融合技术，同时梳理文献中的经典方法。作者最近提出的全新框架中包含锐化方法的分类。方法和相关数据产品的功能特性取决于采用何种方式提取全色图像的细节信息，并注入多光谱图像中。“类型 1”的方法使用全色图像的数字空间滤波，并大致对应于多分辨率分析(MRA)或 ARSIS 方法。然而，在大多数实际问题中，除了内插滤波器，所有标记均为小波变换的方法，如DWT、UDWT、ATW和GLP都要求一个独特的低通滤波器。“类型2”的方法不使用空间滤波器或者多分辨率分析，但利用频谱变换（IHS、PCA、GS频谱锐化等）从多光谱波段产生强度分量I，这样就可以不用全色图像空间滤波器，细节由P-I给出。

介绍和讨论“类型1”和“类型2”方法的优化策略。在前者的情况下，关键的一点是利用低通滤波器匹配多光谱图像信道的调制传递函数（MTF）。在后者的情况下，一个成功的策略是设计一个与低通滤波全色图像统计数据相匹配的强度分量，以实现光谱匹配。这两种方法都是通过多光谱和全色图像之间恰当的关系模型而注入适当的细节。现有的大多数全色锐化方法，包括混合的方法（如IHS＋小波、PCA＋小波等），都可归入其中的一类，虽然在大多数情况下，它们都属于MRA，并通过以下准则优化。

1.3.7 高光谱图像融合

阐述低分辨率高光谱图像和高分辨率全色图像的融合。高光谱图像和全色图像在短波红外（SWIR）波段上缺乏物理上的一致性，使得大部分有价值的全色锐化方法不适用于高光谱图像的锐化。成分替换（CS）方法没有MRA方法有效，主要是因为I和PAN之间会发生光谱失配。为了避免这种情况，一种亮度成分和光谱通道数量相同的IHS融合方法被提出。虽然这种方法需要对数量为光谱波段数平方倍的参数进行优化，在高光谱图像上产生很高的计算代价，但是它受光谱配准失准的影响较小。相反，本书将一些MRA方法视为有价值的解决方案，并进行深入探究。这些方法带有一个注入模型，能够经过重采样的原始和融合的像素矢量光谱角限制在一个恒定的零值上。

1.3.8 失真和错位对锐化的影响

作者近期的原创研究可以证明，所有的CS方法对多光谱数据的失真和多光谱与全色图像之间的错位（内在的或不当插值引起的）不敏感。相反，MRA方法对错位和失真敏感，除非GLP用于MRA。GLP的抽取级可设计成这样一种方式：那些来自MS相反值的失真成为全色图像空间细节并被注入MS图像中。数据集内在的缺陷，如失真和配准误差，解释了CS方法相对于MRA方法在用户中的普及度更高的原因。另外，与MRA方法不同，CS方法对时间错位（即多光谱和全色图像不同时获得）是高度敏感的。在CS方法中，当获得全色图像时，锐化的多光谱图像的颜色将会介于时刻1的原多光谱图像和时刻2的图像的颜色值之间。

1.3.9　异构传感器图像融合

波长范围或成像机理不一致的数据融合是遥感图像融合一个极具挑战性的部分。设备之间的异构性决定了同构数据集的锐化类方法不再适用。以下是两个例子。

(1) 热(单波段或多波段)成像和可见光图像的整合，无论可见/近红外波段，还是宽波段全色图像，其通用方法都是从锐化引进的，但物理一致性必须根据实际研究中的应用问题进行重述。质量评估是可能的，因为融合产物将匹配由同一仪器从一个较低高度获取的热图像。同时，介绍一个可见近红外(V-NIR)和从ASTER卫星获取的多波段热图像融合的例子。

(2) 阐述光学(V-NIR和可能的全色)和SAR图像的集成。根据不同数据集的相对空间分辨率和融合的应用目标，若干并非源自图像锐化的策略可用于图像融合。在上述两种情况下，最终得到融合图像在视觉分析和图像分类方面的可能性与局限性。研究最多的问题是如何利用SAR图像中提取的特征去增强光学图像。然而，作为对偶问题，如何产生一个利用光学图像在光谱或辐射测量上增强的SAR图像，预计可以在未来几年里吸引研究者的关注。在两种情况中，质量评估都是复杂的，因为现实是没有收集与融合图像产品相似图像的设备。

1.3.10　遥感图像融合新趋势

综述最新的基于稀疏信号表示、压缩感知、贝叶斯方法和新的光谱变换的方法，并与经典的方法在性能和计算复杂度上做比较。分析由引进的，以减少计算复杂度为目的的简化方法引起的建模误差。研究对融合过程无约束和有约束的优化方法，讨论其对遥感数据集和应用基本假设的影响。

在超分辨率融合范例框架下分析由迭代处理和数值不稳定引起的问题。在这种情况下，由于低分辨率图像数量不足、配准误差和观测模型参数未知，图像融合通常是一个严重的病态问题。介绍不同的正则化方法，进一步解决这种病态问题。其他的锐化方法采用新的多波段图像光谱表示，它假定一个图像可以建模为具有空间细节的前景分量和表达光谱多样性的背景色彩分量的线性组合。这种新方法的优点在于，它不依赖任何重建或稀疏分解的方法进行图像生成。

1.3.11　总结和展望

本书的主要结论可以总结成以下几个要点。

(1) 传感器技术的进步带动了融合方法的发展。早期的方法代表第一代，并不受客观图像质量评价的约束。

(2) 融合产品质量的定义是非常重要的，应该依靠通用指标和一致性测量。

(3) 大多数融合方法，包括混合方法，可用在一个参数优化的独特框架中，并且构成第二代融合方法。

(4) 通过一个既定的理论和锐化的实践方法，以及从任务中获得的数据，能够扩大读者对高光谱锐化、热学和光学图像融合，特别是对 SAR 和光学图像融合的视野。

(5) 信号/图像处理的新概念，如压缩感知，现在被广泛研究，预计未来它们将产生第三代方法，比第二代的功能更强大，但在计算规模上过大，目前负担不起。

作者认为，第(5)点将揭示遥感图像融合技术在未来几年的发展趋势。

1.4 小　结

本章介绍了后面章节呈现的资料和方法，有助于理解为什么在过去和现在采取某些选择，以及现在应该如何计划更好的策略和目标。

最后，需要提醒的是，本书涵盖三代遥感图像融合技术的产生和发展。现有的教材主要是关于第一代的方法。本书重点阐述第二代方法，对第一代方法也进行简要介绍，主要是为了历史完整性和教程的规范性，第三代尚在发展中。

第2章 传感器与图像数据产品

2.1 概 述

本章主要介绍遥感图像获取方式及数据产品。遥感图像数据的获取主要依靠各类传感器。传感器的参数尤为重要，决定着遥感图像的质量及特征。为了让读者了解数据属性，本章首先简要阐述图像融合的相关基本概念；然后介绍光学传感器，主要包括反射辐射传感器和热成像传感器；最后介绍有源传感器，包括合成孔径雷达(SAR)和激光雷达(LiDAR)。在介绍不同类型的传感器之后，对这些与图像融合相关的成像传感器进行简要总结，并分析现有图像融合框架，为进一步推动图像融合相关研究奠定基础。

2.2 基本概念

遥感主要是利用搭载在卫星或飞机平台上的传感器，测量与记录地球表面反射或发射的能量。传感器测量得到的能量是一系列物理层面(如地面属性、场景照度、大气影响等)相互作用的结果。每种测量值通常与一个坐标系相关，因此可以用函数 $f(x,y)$ 表示图像。一般来说，f 不仅由空间坐标 (x,y) 决定，还由波长 (λ) 或者传感器波长间隔决定。通常传感器获取的数据不只是两个给定波长之间的范围(波段或通道)，还是多通道同时采集的数据，如多光谱或高光谱(HS)数据。如果考虑多时相观测，f 都取决于时间 (t)。有些情况下，f 不代表能量，如代表两个能量脉冲的时间差，或者代表高度(由返回信号的时间差得出高度)。除非明确指出，本书中 f 都表示能量，并依赖相互独立变量 (x,y,λ)。

当前图像传感器数据都以数字格式记录，因此空间坐标 (x,y) 被采样成离散值，f 也被量化为离散值。采样定理[197,230]和量化定理[176,182]是开展相关研究的基础。采样定理指出，在理想条件下，模拟信号可以被采样，并在没有任何失真的条件下完成重构。当不满足理想条件时(如采样率不足)，就会产生失真。同样，量化定理决定了由连续信号量化到离散坐标时可能导致的失真。与采样不同，量化不是一个理想的可逆过程，总会导致失真。作为采样及量化的直接结果，图像数据由离散图像元素或像素组成，每个像素由一个离散数值表示。图像传感器示例如

图 2.1 所示。从用户的角度来看，数据获取系统的主要参数包括波段数量、光谱分辨率、空间分辨率和辐射分辨率等。这些参数在变化检测、状态监控等应用中也是至关重要的。

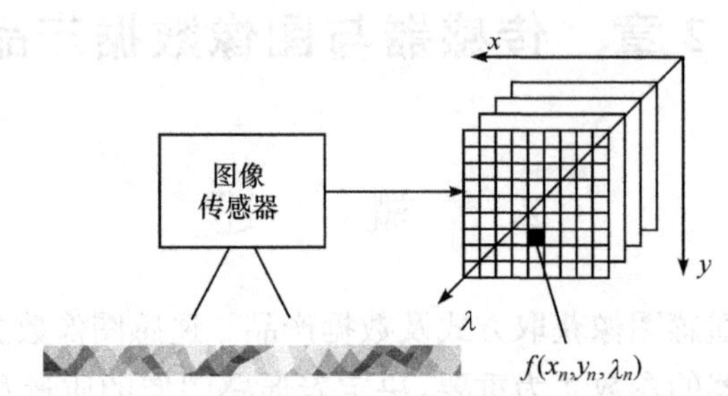

图 2.1　图像传感器示例(传感器把积累的能量图像化，并转换成数值)

2.2.1　名词定义

本节对遥感成像中常见的名词进行解释，若需深入了解，可参阅文献[63]、[180]、[181]、[219]、[236]、[238]。

电磁辐射以横波方式传播，主要由电场与磁场两部分组成。这两个场有一个相位差，且在与电磁辐射传播方向垂直的平面内。电磁辐射示意图如图 2.2 所示。极化是电磁辐射的属性之一，通常用电场的方向来定义。电场矢量在空间取向固定不变的电磁波称为线极化，其中电场矢量方向与地面平行的电磁波称为水平极化，与地面垂直的电磁波称为垂直极化。当电场矢量方向随时间发生变化，其末端的轨迹在垂直于传播方向的平面上的投影是一个圆或椭圆时，分别为圆极化或椭圆极化。图 2.2 所示的极化方式是垂直极化。极化常用于微波遥感表征反向散射的辐射性质。电磁辐射频率的范围称为电磁光谱。

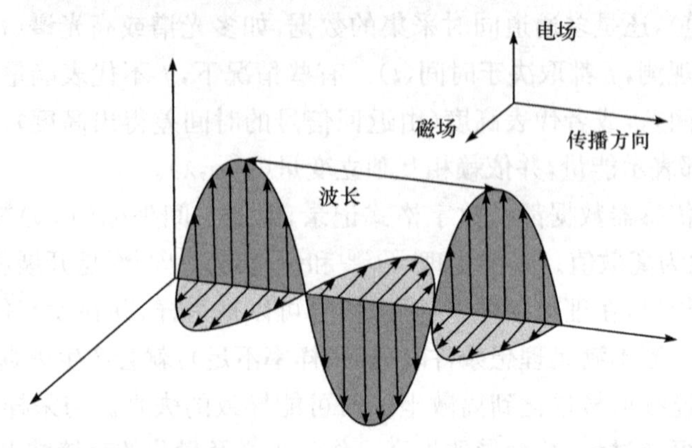

图 2.2　电磁辐射示意图(电场与磁场有一个相位差，且在垂直于传播方向的平面内互相垂直)

辐射能量是与电磁辐射相关的能量，其单位为 J；单位时间内发射、传输或接收的辐射能量，称为辐射通量，其单位为 W。通常用辐射通量密度来描述电磁辐射与物体表面的相互作用。辐射通量密度是指单位时间内单位面积上所接收的辐射能量，其单位为 $W \cdot m^{-2}$。物体表面接收辐射能量时，辐射通量密度称为辐照度。如果是从物体表面向外发射的辐射通量密度，则称为辐射出射度。

辐射度又称辐亮度，指沿辐射方向、单位面积、单位立体角上的辐射通量，立体角的度量单位是立体弧度。一个立体弧度为半径 1m 的球面上 $1m^2$ 面积所张成的立体角。因此，辐射度可定义为一个立体角的辐射出射度，其单位为 $W \cdot m^2 \cdot sr^{-1}$。为简单起见，假设只有一个辐射源（太阳反射或地球辐射），根据普朗克定律可知，辐射度由波长决定，因此测得的辐射值是传感器波长范围内的积分。为了能简便地把单位波长和辐射度联系起来，这里引入光谱辐射度的概念。光谱辐射度是指单位波长宽度范围内的辐射度，其单位为 $W \cdot m^2 \cdot sr^{-1} \cdot \mu m^{-1}$。类似于辐射度，前面涉及的术语都是以单位波长宽度来定义的。

反射率指物体反射的能量与入射的能量之比，没有单位。在图像分析中，采用反射率可消除辐射度变化的影响。在对比不同时间获取的图像时，反射率是一个基本要素。事实上，辐射度会受到各种参数的影响，如太阳角、观测角、太阳距离、当地时间与大气等，只有经过图像辐射校正，才能准确地用于对比分析。

2.2.2　空间分辨率

在定义成像系统的空间分辨率前，需设定几个标准，包括成像系统的几何特性、点目标的分辨能力、重复观测能力，以及微小目标光谱特性的测量能力[250]，这些都是空间分辨率定义的基础。这里将集中讨论几何特性与系统脉冲响应。如需更深入了解，可以参考文献[48]、[104]、[234]、[250]。

直观地说，空间分辨率指在图像中分辨空间特征的能力，也可理解为能分辨两个相邻目标的最小距离。对于光学成像传感器，空间分辨率通常与传感器瞬时视场（IFOV）相关，可表示为

$$\mathrm{IFOV}=\frac{d}{f} \tag{2.1}$$

式中，瞬时视场以弧度表示，d 是传感器的像元尺寸；f 是焦距，且当 $d \ll f$ 时，式(2.1)也成立。用传感器到地面的高度乘以瞬时视场角，可以计算出传感器探测单元对应的瞬时视场，其对应的地面大小即为空间分辨率，如图 2.3(a) 所示。图 2.3(b)中瞬时视场是点扩散函数最大值一半时的对应值。

瞬时视场代表基本分辨率单元，传感器的视场角（FOV）定义也十分重要。视场角指传感器可以观测场景的最大角度，所有瞬时视场都是视场切分出来的。对于推扫式传感器（详见 2.3.2 节），视场近似等于探测单元的数量乘以瞬时视场。

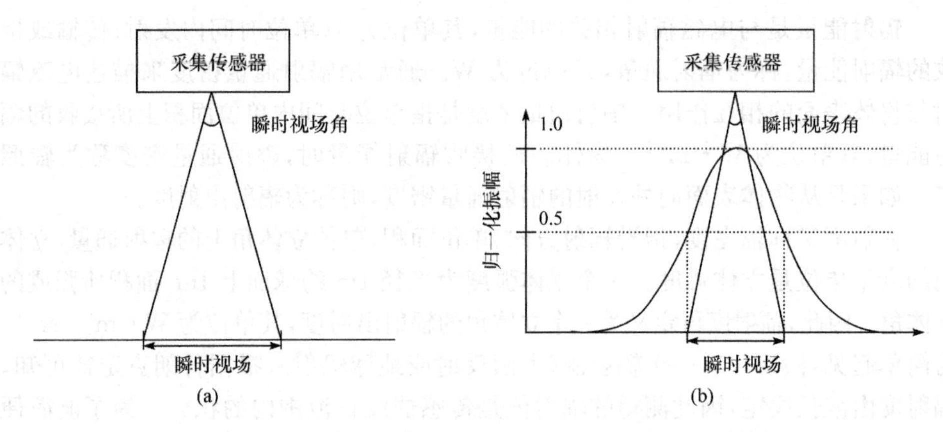

图 2.3 瞬时视场的几何定义和基于点扩散函数的瞬时视场

相应地，也可以定义空间视场。对于推扫式传感器，垂直轨道方向的空间视场即为带宽。

需要注意的是，空间瞬时视场受平台高度和几何因素的影响，图像中不同位置的瞬时视场不同，空间分辨率也不同。上述因素在机载平台（大视场）上的影响更大，而在卫星平台（小视场）上可以忽略不计。

虽然瞬时视场角主要取决于传感器本身，但它不依赖平台高度，因此比空间瞬时视场更适合定义分辨率，而空间瞬时视场通常适用于确定传感器的空间分辨率。特别是，当传感器搭载在卫星上时，这种现象尤为显著，可以假定其高度近似稳定不变，视场较小，因此空间分辨率近似不变。

如 2.3.2 节中所证明的，沿飞行方向的空间分辨率与沿垂直飞行方向的空间分辨率通常是不同的。因此，需要分别考虑沿飞行方向的瞬时视场与垂直飞行方向的瞬时视场。

应当指出的是，虽然像素大小通常与空间分辨率相关，但是不能混淆这两个概念。实际上，像素是指最终获得的图像中的元素，而图像在传给用户之前，已经过几何校正和重采样等处理。

另一个遥感常用概念是比例尺，表示图上几何长度与地面实际长度的比值。虽然比例尺与分辨率相关，但是这两个概念不能混淆。例如，一个给定分辨率的图像可以用任意比例尺来表示。在某个比例尺上，空间细节模糊到一定程度，图像则表现平滑，空间分辨率也比较粗略。当处理一幅已知分辨率的地图时，总是存在一种比例尺，在几何误差可以忽略的情况下，一旦超过这个比例，图像中的地物信息便无法真实显示。显而易见，一个小的比例尺代表粗略表示，反之亦然。

通过瞬时视场定义空间分辨率是基于几何特性考虑，这是相当直观的，但是没有全面地考虑图像采集系统的各个方面。本节基于时域和频域特性详细讨论成像系统的空间分辨率。这比分辨率更重要，因为它将直接影响图像处理算法的设计及图像融合方案，特别是对于那些基于多分辨率的图像分析方法。

1. 点扩散函数

考虑这样一个数据获取过程：输入的场景被位于传感器焦平面的探测单元获取，场景中的每一个目标投射到探测单元上，通过一定的比例放大，同时增加一些模糊效应。这个模糊效应是光学系统的固有特性。为了从数学角度表达系统特性，提出两个假设。第一个假设是该系统是线性的，也就是说，符合叠加原理，如果考虑对多个光源成像，一起成像时获得的图像与分别成像时获得的图像的叠加是相同的。第二个假设是该系统是线性移不变的，也就是说，传感器系统不同焦平面区域的响应是相同的。基于这些假设，该系统的行为可以表征为其模糊函数，也就是系统对输入亮点光源的响应可以表达为点扩散函数或者系统脉冲响应。线性假设适用于遥感领域绝大部分成像系统，而平移不变性假设，对于因衍射效应而受限于口径、空间畸变等镜头几何参数，以及无色散效应的成像系统，实际上比较合理。

点扩散函数完全决定了获取系统的光学特性，图 2.3(b)所示为一维的归一化点扩散函数，空间分辨率就是点扩散函数的半高宽。这是用点扩散函数来定义光学系统的瞬时视场。这种定义比式(2.1)中的更重要，式(2.1)是基于几何光学的。这个定义与整个光学系统相关，而不只是探测器的物理尺寸。为了指出两种定义的差别，用点扩散函数定义的瞬时视场远大于基于几何光学的瞬时视场。在这种情况下，系统的分辨率与探测器元件的尺寸并不一致，甚至可能更大。这样的成像系统对于输入场景的采样是毫无意义的，会带来不合理的传输和存储负担。相反，如果基于点扩散函数的瞬时视场远小于基于几何光学的瞬时视场，那么探测器单元的几何尺寸可以更小；否则，获取系统就会对场景欠采样，造成混叠畸变效应。只有当这个系统设计合理时，基于点扩散函数的瞬时视场与几何光学的瞬时视场在数值上才是一致的。

2. 调制传递函数

现在考虑一个光学系统的调制传递函数。调制传递函数与光学传递函数(OTF)等价，其中光学传递函数定义为图像系统的点扩散函数的傅里叶变换(见图 2.4 讨论的两个调制传递函数的例子)。大多数实际场合，当点扩散函数对称时，光学传递函数的模等价于调制传递函数。调制传递函数完整地表征了光学系统在频域上的特性,如同点扩散函数完整地表征了光学系统在空域上的特性。在频域进行分析的优点是,大多数构建整个系统的运算都是在时域上的卷积运算,但是如果转到频域,就变成乘法运算。这就是线性、平移不变性假设的直接结果。

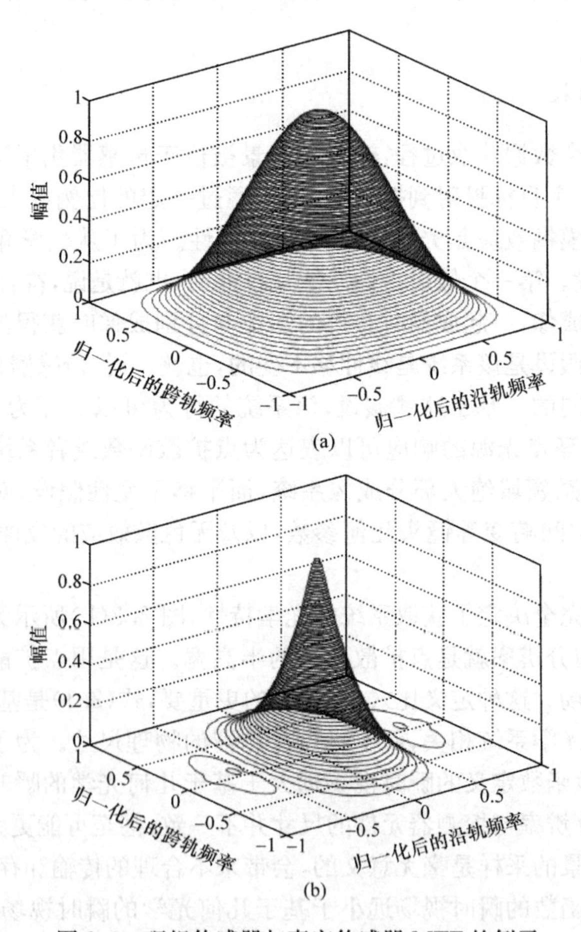

图 2.4　理想传感器与真实传感器 MTF 的例子

(理想的(各向同性)的传感器在截断时值为 0.5;(a) 真实的(各向异性)传感器截断时值为 0.2(跨轨);(b) 所有频率都经过放缩归一化到采样频率上(奈奎斯特频率的两倍))

需要重点强调的是,传感器采集数据的过程可以描述成一个这样的模型:传感器采集数据的傅里叶变换乘以系统的光学传递函数(实际是调制传递函数)。同样,也可以构建这样的模型:用时域的点扩散函数进行卷积。因为得到的信号按照采样定理通过尽可能限制采样点数量的方法获得,调制传递函数的属性和采样率的选择(也可称为奈奎斯特采样率),将决定整个系统的特性。特别地,如果奈奎斯特采样率过低,将会导致显著的混叠现象(由采样率不足所导致)。

例如，图 2.4 为两个调制传递函数。为了简化问题方便思考，假定场景成像的辐射频谱是平坦的，且已归一化。图 2.4(a)给出了一个准理想的调制传递函数。这个调制传递函数来自一个二维辐射信号。该信号沿轨与跨轨的采样频率都等于奈奎斯特频率，且在奈奎斯特频率(奈奎斯特采样率的一半)上，两轴上的幅值都应等于 0.5。然而，真实系统响应的稀缺选择性，会避免在奈奎斯特频率处幅值为 0.5，因为这会导致失真。为了平衡最大化空间分辨率和最小化采样信号之间的矛盾，通常令奈奎斯特频率处的幅值大约为 0.2。图 2.4(b)描绘了这种多光谱通道的真实调制传递函数情况。如果一个系统由光学系统、一组探测器阵列和一个电子子系统构成，那么系统的调制传递函数在频域的定义为

$$\mathrm{MTF}_{\mathrm{Sys}}=\mathrm{MTF}_{\mathrm{Opt}}\cdot\mathrm{MTF}_{\mathrm{Det}}\cdot\mathrm{MTF}_{\mathrm{Ele}}$$

每个子系统还可以进一步细分成其组成部分。例如，为了评价每个光学元件的贡献，$\mathrm{MTF}_{\mathrm{Opt}}$可以改写成所有光学元件调制传递函数的乘积。如果需要对系统进一步分析，通过引入调制传递函数相应的部分，就可以考虑其他更多的影响。以推扫式传感器为例，引入调制传递函数的目的就是考虑采样时平台($\mathrm{MTF}_{\mathrm{Mot}}$)的运动。作为一个通常性的考虑，每一项调制传递函数的乘积，会导致整体系统调制传递函数降低。当场景在奈奎斯特频率降采样时，调制传递函数的取值与奈奎斯特频率对应。如果该值太高(>0.4)，可能会发生混叠。由于经常需要高空间分辨率，因此该值通常很低(<0.2)。在这种情况下，获取的图像可能缺乏细节，表现得过于平滑。当系统的调制传递函数被准确构建后，就可以通过调制传递函数的傅里叶逆变换得到系统的点扩散函数。

对于系统调制传递函数的详细解释已经超出本书的范畴。如果需要进一步了解，可以参阅 Slater[236]和 Holst[135]的文献资料。需再次强调的是，系统的调制传递函数是全色锐化算法的基础。事实上，当设计锐化算法，考虑调制传递函数的因素时，融合图像的质量会显著提高，详见第 7 章。

3. 传感器类型

如表 2.1 所示，按空间分辨率对传感器进行分类，表中列举了不同分辨率的光学传感器。这种分类方法同样适用于其他成像系统，如合成孔径雷达或者激光雷达。分辨率由高到低，可以分成七个类别，相应的比例尺也附在表中，并给出可分辨的地物或目标类型，最后一列列举了不同类别分辨率的典型成像系统。

高空间分辨率图像有利于判读员的解译，但地物的多样性也会引起自动分类算法出现各种问题。

表 2.1　基于空间分辨率的卫星传感器分类

分辨率/m	类型	比例尺	城市对象	传感器
0.1	EHR	1∶500	人、瓷砖、井盖	机载
0.5		1∶5000		
0.5	VHR	1∶5000	街线、汽车、车库、小型建筑、灌木	Pléiades, GeoEye, IKONOS, QuickBird, WorldView
1.0		1∶10000		
1	HR	1∶10000	树、建筑、卡车、公共汽车	QuickBird, Pléiades, GeoEye, IKONOS, WorldView
4		1∶15000		
4	MeR	1∶15000	复杂物体、大型建筑,工业区、商业区	Rapideye, IRS, SPOT 5
12		1∶25000		
12	MoR	1∶25000	植被覆盖区、城市结构	Landsat TM, ETM+, ASTER
50		1∶100000		
50	VLR	1∶100000	区域级城市化面积	Landsat MSS, MODIS
250		1∶500000		
>250	ELR	<1∶500000	国家级城市	NOAA, AVHRR, Meteosat, MODIS

2.2.3　辐射分辨率

辐射分辨率是指能分辨目标反射或辐射的电磁辐射强度的最小变化量,也可由动态范围来表示。一个传感器的辐射分辨率越好,它对反射或者发射出来的微小能量差异就越敏感。辐射分辨率通常与成像系统的信噪比(SNR)相关,即信噪比越高,动态范围就越大。除了降低噪声,提高信噪比最好的办法就是增加传感器获取的信号能量。当空间分辨率和光谱分辨率提高时,能量往往会降低,如今系统设计人员正不断寻找新的解决办法。最近几十年来采用的有效解决办法是时间延迟积分(TDI)传感器,该传感器的电荷耦合装置(CCD)是传感器中用以捕捉高速运动且具有高灵敏度的多行扫描器件,而常见的 CCD 阵列,以及单线扫描设备都无法做到这一点。在时延和积分过程中,光电荷被探测器累积,与辐射流平行且无缝地转移到探测器的像素点上。通过同步光电荷转移速率与流动单元的速率,达到与移动摄像机相同的效果,具有两方面优点,一方面,几个周期的积分(1～128 个周期通常都有可能)增加了传感器积累的能量,也因此提高了信噪比;另一方面,通过几个周期的积分,在很多探测器像元上产生的条带效应会显著降低。

通常,辐射分辨率由比特数来表示,可以充分地表示亮度的范围。由于硬件限制,以及数值转换过程的特点,动态范围通常都是以 2 为底的指数。例如,模拟-数字转换器(ADC)是 12 位的,那么对应的动态范围是 2^{12},即 4096 个级别。当 ADC 转换的位数正确时,噪声只会影响输出数字信号的最低有效位。

最初卫星携带的光学传感器通常采用 6 或 8 位的 ADC，目前使用的大多是 11 或 12 位。ADC 输出是数字化的，一旦转换器的增益固定且经过暗电流标定，ADC 输出的数值大小即表征传感器接收到的辐射能量大小。

2.2.4　光谱分辨率

光谱分辨率是指传感器对于某个特定波长区间的响应能力。如果传感器对辐射的波长范围是敏感的，那么地面特征可以通过其反射或者发射的能量区分出来。依据传感器的光谱分辨率，传感器可以分为全色、多光谱、超光谱、高光谱、超高光谱。

全色传感器工作在一个特定波段，最典型的例子是包含可见光与近红外的波长范围。基于 CCD 探测器的传感器，通常波长区间都在 400～1000nm。虽然全色传感器的光谱分辨率较低，但其在空间分辨率上得到补偿，空间分辨率较高，可达到分米级。几种商用卫星的空间分辨率通常可达到 50cm，未来预期可以获取更高精度的数据。

多光谱传感器具有多个波段，典型的多光谱传感器在可见光范围内有 3 个波段，其波段范围比全色传感器要窄，波长区间在 50nm 内。超过 10 个波段的传感器称为超光谱(SS)。由于系统限制，多光谱传感器的空间分辨率要低于全色传感器的分辨率。这一情况促进了全色锐化算法的发展，详细内容将在第 7 章讨论。

当光谱分辨率增加到 10nm 时，这种传感器称为高光谱传感器。高光谱传感器一般有上百个波段，且其每个像素点可形成一条光谱曲线。通过实际测量获取的光谱与实验室测量得到的光谱进行对比，可以分析得出两者的一致性或对应关系，为后续开展图像处理与解译工作提供基础。当传感器的光谱分辨率优于 1nm 时，这类传感器称为超高光谱传感器，如基于傅里叶变换原理的红外光谱仪。超高光谱传感器通常基于迈克尔孙或萨奈克干涉仪，其获取的干涉图是所测辐射光谱的傅里叶变换结果。如图 2.5 所示为基于光谱波段宽度的传感器分类，其中 PAN、MS、SS、HS 和 US 分别表示全色、多光谱、超光谱、高光谱和超高光谱。从全色到超高光谱传感器，随着光谱波段宽度逐渐减少，波段数量逐渐增加。

2.2.5　时间分辨率

时间分辨率是评价成像系统应用能力的一项重要指标，是指连续获取相同场景图像的时间间隔，即重访时间。对于卫星平台，重访时间主要是由卫星轨道参数和卫星平台指向能力决定的。除地球静止轨道卫星可对同一地区进行持续成像外，重访时间对于大多数成像系统的应用都是至关重要的。事实上，灾害监测对重访时间的要求较高,极轨遥感平台则不适合。提高重访频次的唯一可行方法就是使用具有指向调节成像功能的卫星星座。

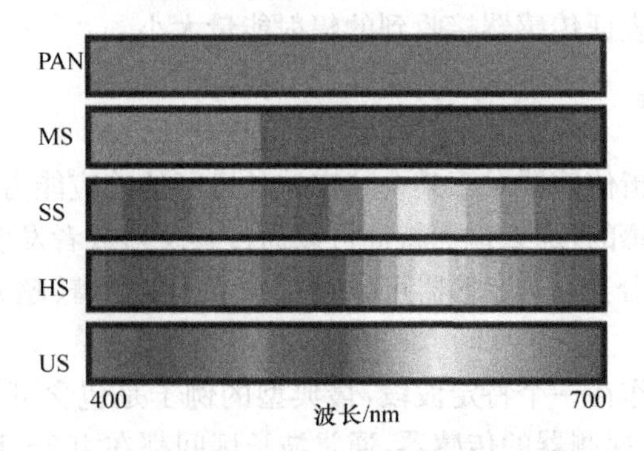

图 2.5　基于光谱波段宽度的传感器分类

与静止轨道卫星不同,大多数遥感卫星都是太阳同步轨道,都具有特定的重复周期。太阳同步是指卫星每天经过赤道的时间是固定的,并且卫星相对于太阳的位置是固定的,有利于卫星平台姿态控制系统的设计。

太阳同步轨道卫星的时间分辨率是由轨道参数,如高度、轨道形状和倾角等因素确定的。遥感卫星的轨道一般为近圆轨道,轨道平面与地球赤道平面之间的倾斜角称为轨道倾角,是观测幅宽的重要参数。

2.3　成像策略

图像采集方式是需要考虑的一个重要方面。航空摄影作为最早的遥感图像获取手段,大多采用模拟信号记录数据,通过感光胶片来记录一系列的亮度等级,也就是用胶片乳化剂卤化银颗粒的不同反应来区分亮度。随着数字照相技术的发展,空间分辨率和动态范围都比过去模拟摄影方式提高了很多,且数字摄影更易于采集,并且可通过计算机处理数据。

当前遥感传感器通常由 CCD 阵列(通常是矩阵)或在所需波段上由固态检测器元件构成。CCD 阵列获取图像采用相机的基本原理,也有效利用载荷平台运动。本节将介绍两种基本的工作模式。

2.3.1　摆扫式成像

摆扫式传感器通常也称为跨轨式传感器,通过由基本的分辨单元构成多条线扫描地面,从而测量地表的能量。其成像原理如图 2.6 所示。这些线与平台的方向垂直(也就是扫描带),每条线在扫描时利用类似旋转镜的设备,从成像条带一侧扫描到另一侧。随着平台相对地面向前运动,基本分辨单元扫描序列和条状线构成了地表的二维图像。如果光学系统中引入色散元件,辐射能量可以分成多个光谱分量,进行独立测量。对于特定波长范围敏感的传感器线性阵列,会对每个光谱的能量进行积分。对于每个分辨单元和不同波段,能量转换为电信号,然后被ADC数字化,记录下来以便进行后续处理。在成像过程中,传感器根据不同光谱波段可以生成多幅图片(每个光谱波段均可对应一幅图像)或者一个高光谱立方体数据(当光谱采样十分狭窄时,如 10nm)。传感器的瞬时视场角和传感器的高度决定空间瞬时视场(空间分辨率)。传感器所在平台的高度决定成像幅宽,机载传感器通常需要大视场角,而星载传感器则不需要很大的视场角就能获取较大幅宽。由于系统的一些限制,如平台速度、积分时间长短等对空间、光谱和辐射分辨率设计都会产生一定影响,解决这一问题的方法是 2.3.2 节中讨论的推扫式传感器。

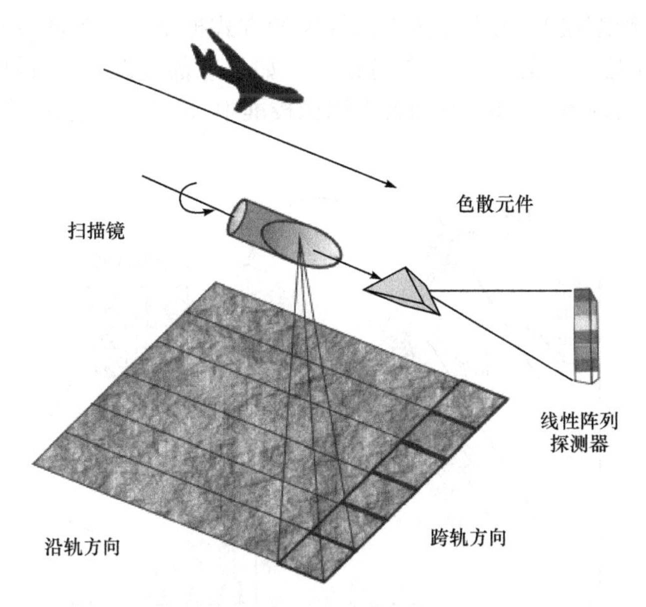

图 2.6　摆扫式传感器成像原理

2.3.2　推扫式成像

推扫式传感器的基本思路是,利用传感器前进运动的优势,在沿轨方向采集并记录一条条连续的像素线列,并逐步形成图像。传感器的线性阵列位于成像系统的焦平面上,垂直于沿轨方向。考虑平台的高度及成像带宽,阵列的长度决定视场角的大小。推扫成像是指传感器阵列运动模拟扫帚沿地面推扫,不涉及探测阵列自身的扫描或旋转。每个元件测量单独的地面分辨单元,而瞬时视场角决定系统的空间分辨率。如果采用色散元件分割光谱,那么在焦平面上可以有更多的线性阵列,形成具有多光谱通道的多光谱传感器。对于如图 2.7 所示的高光谱推扫式传感器,使用一个二维(矩阵)传感器记录每个扫描线(X 维)像素点在波长维度下的能量。对于一个扫描线,每个传感器积累的能量通过数字方式记录,所有扫描线(Y 维,且方向与平台方向相同)得到的数据构成图像的超立方体图像。相对于摆扫式成像,推扫式成像具有以下优点:一是传感器阵列结合平台运动,传感器的成像时间比摆扫式成像时间长,可以获取更多能量,因此辐射分辨率更高,且较小的瞬时视场与较窄的波段宽度也可以获得较多的能量,实现更高的空间分辨率与光谱分辨率,同时还不损失辐射分辨率;二是传感器元件通常为固态微电子器件,比传统电子器件体积小、重量轻、功耗低、更可靠,且续航时间更长;三是推扫式成像不使用机械扫描,减少了图像采集时的振动,避免振动引起的图像不稳定或缺失。推扫式成像的缺点是标定具有难度。实际上,在传感器元件制造过程中总会出现百分之几的灵敏度误差,可以通过交叉标定的方式把整个阵列的灵敏度变成均匀的,但这种方法较为复杂,仍会有部分误差。如果这部分误差没有被完全校正,就会导致图像上出现条纹。因此,通常在图像校准中,最后一个必须要做的步骤就是条纹去除。

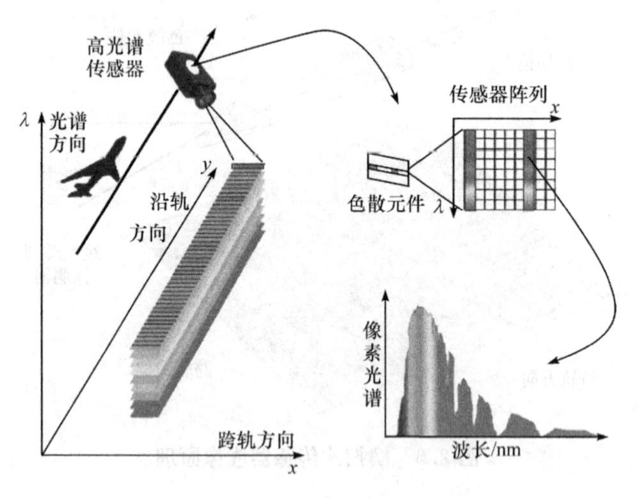

图 2.7 高光谱推扫式传感器原理

2.4 光学传感器

遥感传感器接收能量主要有三种模式:大多数为第一种模式,即能量来自地表反射的太阳光辐射;第二种模式接收来自地球自身发出的能量;第三种模式是雷达或激光等传感器主动发射电磁波,在地球表面产生的后向散射被传感器接收。

当电磁波辐射到地物表面时,会出现三种相互作用:反射、吸收和传输。如果忽略大气的散射影响，遥感传感器接收的能量主要是辐射的反射能量。反射能量可以反映地物的属性，例如在整个波长范围内进行测量，则可得到地物的光谱。

吸收和传输作用会导致物体温度不断上升，直到吸收与传输的能量达到平衡。除了传导或对流效应，物体本身发出的辐射能量也可以被传感器测量。根据普朗克定律和物体辐射发射率可知，辐射功率谱取决于物体温度。如果考虑一个黑体，即所有波长发射率都是 1 的理想物体，其功率谱的特点完全取决于普朗克定律，可以表示为 λ 和 T 的函数，使得

$$I(\lambda,T)=\frac{2hc^2}{\lambda^5}\frac{1}{e^{\frac{hc}{\lambda kT}}-1} \tag{2.2}$$

式中，I 表示光谱辐射，即单位面积单位波长单位时间的能量大小；T 为以开尔文为单位的黑体温度；h 为普朗克常量；c 为光速；k 为玻尔兹曼常量；λ 为发射辐射的波长。

如图 2.8 所示，$I(\lambda,T)$通常为一个给定的 T 与 λ 的函数，横纵轴都是对数坐标，对角虚线是维恩位移定律的图形特征，发射率最大值随波长增大而减小，即

$$\lambda_{\max}T=2898$$

式中，$\lambda_{\max}$和 T 的单位分别为 μm 和 K。

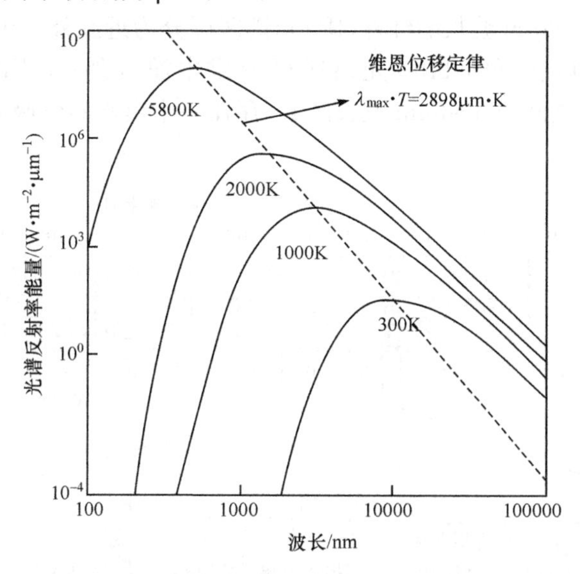

图 2.8　黑体的光谱发射率功率(发射率最大值遵循维恩位移定律)

从图 2.8 可以得到遥感基本原理，太阳的光谱发射率近似于黑体在 5800K 时的曲线。由于受太阳气体吸收和地球大气透过率的影响，当太阳辐射接近地表时，频谱的形状会发生改变。此外，功率大小也受太阳与地球距离的影响。如图 2.9

所示，由于上述影响及大气透过率等因素，传感器可以收集反射的太阳能量和地球发射的热能。因此，波长为 0～3μm 时，传感器可收集反射能量；波长为 3 ～5μm 时，反射能量受热量影响很小；波长为 8μm 以上时，反射能量仅受热量影响；波长为 5～8μm 时，反射与发射能量达到平衡，并且没有大气透射窗口，所以一般不使用这一波段范围。

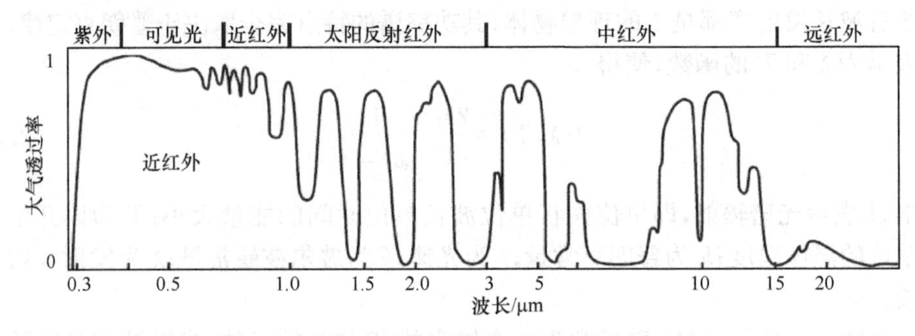

图 2.9　大气透过率(从紫外到远红外光谱区域)

通过分析普朗克定律可知，任何物体自身发出的辐射取决于其温度。由维恩位移定律可知，黑体温度越高，其光谱辐射能量的最大值所对应的波长越短，反之亦然。图 2.10 为遥感观测中 380nm～1mm 的电磁波谱，其中波长和频率横跨几个数量级。0.74～3μm 波长的红外(IR)光谱区可分为近红外(NIR)和短波红外；3～15μm 波长的热红外(TIR)光谱区可分成中波红外(MWIR)和长波红外(LWIR)；在两者之间的 5～8μm 波长区域，存在一个由水蒸气吸收导致的低透射窗口。

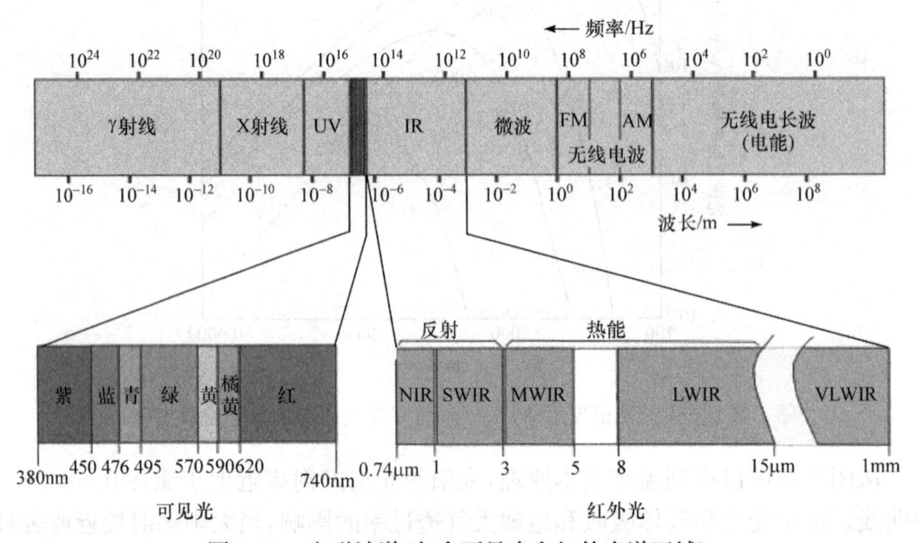

图 2.10　电磁波谱(包含可见光和红外光谱区域)

2.4.1　反射辐射传感器

反射辐射传感器测量的是视场范围内由地球表面反射或大气散射的太阳辐射。如图 2.11 所示，这种辐射是几个交互作用过程的结果。当太阳辐射到达大气时，会遇到气体分子、悬浮的灰尘颗粒和气溶胶，导致入射辐射发生各个方向的局部散射。除了一部分大气会吸收特定辐射波长的电磁波，大部分剩余的光线传送到地表上。受这些因素的影响，地面的总辐射是太阳经过大气衰减后到达地面的辐射与来自天空的漫反射的叠加。到达地面后，部分辐射会被反射，反射的能量取决于地表材质，如石头、植被或其他材质。不同材质的地表吸收不同的辐射，且吸收的能量是波长的函数，因而决定了它被传感器接收后的光谱辐射特征。在被传感器探测到之前，反射辐射会进一步散射，再次穿过大气层，再次被吸收，才能被传感器探测。

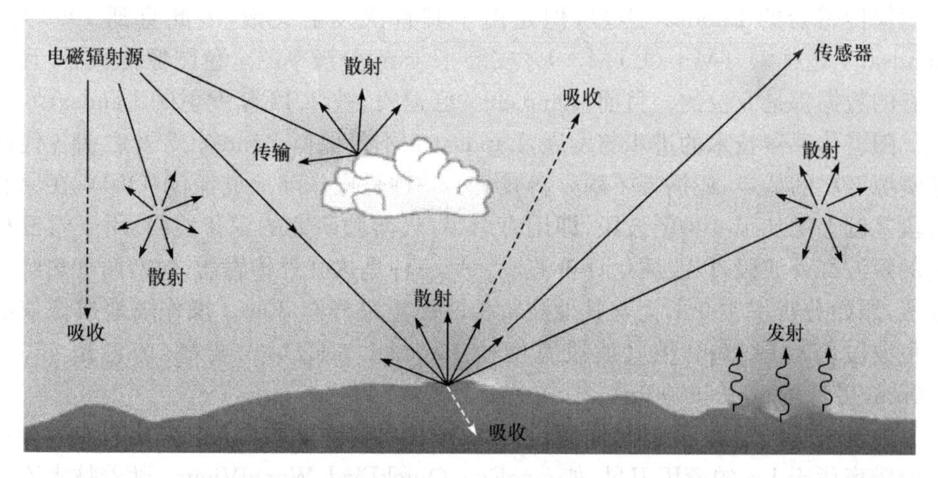

图 2.11　到达传感器的辐射是地球表面与大气之间一系列复杂相互作用的结果

当电磁波入射到非透明物体表面时，就会发生反射。反射的性质取决于物体表面的特性，特别是物体表面的粗糙程度和波长的相对大小。如果物体表面相对于波长是光滑的，就会发生镜面反射。依据反射原理，即入射角等于反射角，若发生镜面反射，就会改变入射辐射的方向。对于可见光辐射，镜面反射可能发生在这样的表面，如镜子、光滑的金属或平静的水面[57]。若物体表面相对于波长是粗糙的，则会发生漫反射或各向同性反射的现象，即这种现象在各个方向上都存在。对于可见光辐射，自然界中均匀的草地、裸露的土壤都具有漫反射的特性。对于漫反射面，当入射辐照度一定时，从任何角度观测反射面，其反射亮度都是一个常数，这样的反射面称为朗伯面。对于这样的表面，观察到的辐射 I 与仰角 θ 的余弦成正比，且当 $\theta=0$ 时，有 $I=I_0$，则

$$I=I_0\cos\theta \tag{2.3}$$

自然表面很少被视为朗伯面。因此，在遥感领域常常采用一阶近似，以补偿由太阳高度角变化造成的影响。在相同场景、不同时刻、不同仰角的条件下比较图像时，需要进行校正。

2.4.2 高分辨率和超高分辨率传感器

本节着重介绍高（空间）分辨率的卫星系统，低和中（空间）分辨率系统，如MODIS、MeRIS、SPOT-Vegetation等在本书中不做介绍。

Landsat系列卫星在过去四十年内引起广泛关注，特别是Landsat 4发射以后，星上搭载的专题测图仪（TM）具有6个光谱波段，在Landsat 5上扩展成7个（1＝蓝，2＝绿，3＝红，4＝NIR，5＝SWIR-1，6＝TIR，7＝SWIR-2）。除波段6具有120m空间分辨率，其他所有波段均具有30m的分辨率。Landsat 6是首个配备全色图像传感器的Landsat卫星，但是由于其首次发射失败，因此直到1999年，Landsat 7增强型TM＋（ETM＋）才安装了15m分辨率的全色图像传感器，且其所有的数据都是8位的。目前，Landsat 7已退役，被2013年发射的Landsat 8取代。随着传感器技术的进步与发展，Landsat 8不仅保留Landsat 7及之前各代地球资源卫星的特点，还携带了两种新载荷。一种是操作陆地成像仪（OLI），在原有波段基础上增加了3种新波段，即用海岸带/气溶胶研究的深蓝波段、用于卷云探测的短波红外波段，以及质量评价波段。另一种是热红外传感器，包括两个热红外波段，原始分辨率100m，为与其他波段相匹配重采样至30m。操作陆地成像仪的全色波段仍然是15m，但其波段宽度比Landsat 7 ETM＋要窄（前者是450～700nm，后者是500～900nm）。

随着技术的发展，遥感从军用走向商业，使得美国一些私人公司可以发射和运行分辨率优于1m的商用卫星，如GeoEye、QuickBird、WorldView。随着技术不断进步，商用卫星还会使用超高分辨率的传感器，表2.2列举了其主要参数。VHR卫星通常搭载可获取全色和多光谱图像的传感器，通常具有4个光谱波段（近几年是8个，如WorldView），且具有立体成像能力，并利用数字摄影测量和数字图像处理技术提高DEM生成和地形测绘的能力。尽管如此，卫星设计领域日新月异，如果读者需最新资讯，请参阅以下网址https://directory.eoportal.org/web/eo-portal/satellite-missions/，或访问下列空间机构的主页，如美国国家航空航天局（NASA）、欧洲航天局（ESA）、德国宇航中心（DLR）、法国国家空间研究中心（CNES），以及参与卫星任务的商业公司。

本节将回顾表2.2中提及的传感器，重点关注与遥感图像融合处理（如全色锐化）相关的特征。表中涉及的传感器大多采用时间延迟积分传感器，时延积分阵列可防止曝光过度，同时在不同太阳高度角和地表反射率的宽动态范围内，实现最大信噪比。此外,采用时延积分传感器的另一个优点是减少了由推扫式传感器探测器增益不一致性导致的条纹效应,即最终的图像数据是不同探测单元获取图像的平均,因此增益差异由于平均而被减小。

1. 艾克诺斯

艾克诺斯(IKONOS)是首个装备有高分辨率光学传感器的商业卫星。在首次发射失败之后,IKONOS-2 于 1999 年成功发射并在轨运行。IKONOS 可以采集星下点分辨率为 0.82m 的全色图像和分辨率为 3.2m 的 4 波段多光谱图像。全色传感器的系统调制传递函数在奈奎斯特频率处的值为 0.09。全色和多光谱图像数据同时采集且已经过配准。事实上,同一地物的全色图像与多光谱图像会有很小的时间间隔(几毫秒)。这会导致运动的物体(如汽车、火车、飞机)在全色锐化后的图像上产生尾流效应,因为物体在多光谱图像和全色图像上的位置是不同的。

表 2.2　超高分辨率商业卫星

卫星	空间分辨率/m	标准采样间隔/m	光谱范围	带宽/km	重访时间/d	备注
GeoEye-1	0.41	0.5	全色	15.2	3	具备立体成像能力
	1.65	2.0	红,绿,蓝,近红外			
WorldView-1	0.50	0.50	全色	17.6	1.7	具备立体成像能力
WorldView-2	0.46	0.50	全色	16.4	1.1～3.7	具备立体成像能力
	1.8	2.0	红,绿,蓝,红边,海岸带,黄,近红外 1,近红外 2			
WorldView-3	0.31	0.40	全色	13.1	1～4.5	具备立体成像能力
	1.24	1.60	红,绿,蓝,红边,海岸带,黄,近红外 1,近红外 2			
	3.70	4.80	范围在 1195～2365nm 的 8 个短波红外波段			
QuickBird	0.6	0.7	全色	16.5	1～3.5	具备立体成像能力
	2.4	2.8	红,绿,蓝,近红外			
EROS-B	0.7	0.7	全色	7	3	具备立体成像能力
IKONOS	0.82	1.0	全色	11.3	1～3	具备立体成像能力
	3.2	4.0	红,绿,蓝,近红外			
OrbView-3	1.0	1.0	全色	8	3	
	4.0	4.0	红,绿,蓝,近红外			

续表

卫星	空间分辨率/m	标准采样间隔/m	光谱范围	带宽/km	重访时间/d	备注
KOMPSAT-2	1.0	1	全色	15	5	
	4.0	4	红,绿,蓝,近红外			
Formosat-2	2.0	2.0	全色	24	1	
	8.0	8.0	红,绿,蓝,近红外			
Cartosat-1	2.5	2.5	全色	30	5	具备立体成像能力
Pléiades-1 A,B	0.7	0.5	全色	16.5	1～3.5	具备立体成像能力
	2.8	2.0	红,绿,蓝,近红外			

注:空间分辨率指卫星的星下点分辨率,标准采样间隔是指标准产品的分辨率,重访时间反映卫星指向调节能力。

在经过失准补偿、图像运动补充、辐射校正、调制传递函数补偿,以及地理编码等图像处理后,全色和多光谱图像的空间采样间隔(SSI)分别是1m和4m。该卫星可以进行侧摆和俯仰,侧摆角度小于26°时,全色图像空间分辨率优于1m。图2.12为IKONOS卫星的相对光谱响应曲线。

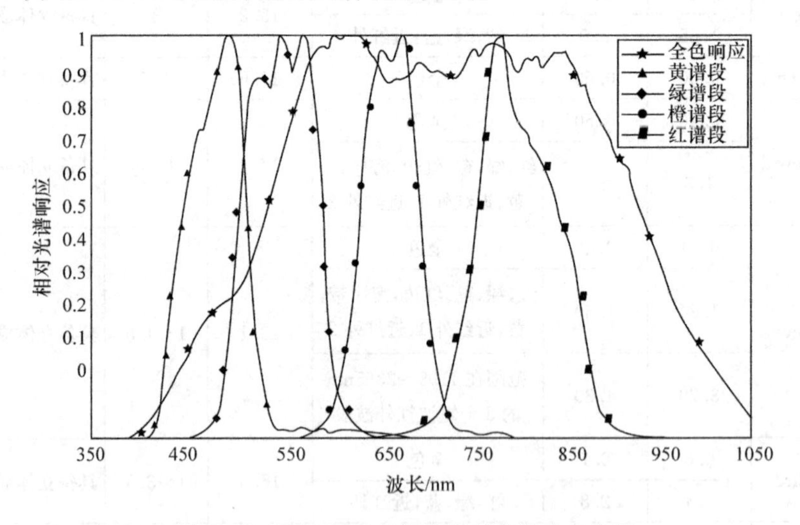

图2.12 IKONOS卫星的相对光谱响应曲线

卫星轨道是经过地球两极的太阳同步近圆轨道,其标称高度为681km,倾角为98.1°,卫星在当地时间10:30穿越赤道。卫星记录的数据经过11位量化,有多种图像产品,包括系统校正产品、几何校正以及立体产品等,后者需要利用数字高程模型(DEM)数据。

由于高空间分辨率和指向调节能力,IKONOS采集的图像适合小面积区域的研究，可以有效取代高纬度航空摄影。图 2.12 为 IKONOS 传感器的相对光谱响应曲线，全色波段光谱响应非常宽，主要由 CCD 探测器的响应导致，只有蓝色波段的响应会与全色响应有重叠，因此可能影响蓝色波段与全色波段的相关性。这也就是在使用一些传统全色锐化算法时，会导致图像融合产生蓝色植被区这一现象。具体细节将在第 7 章讨论。

2. 快鸟

快鸟(QuickBird)在 IKONOS 发射两年之后发射，并由数字地球公司运营。类似于 IKONOS，QuickBird 也携带全色和多光谱相机，其中全色图像空间分辨率为 0.61～0.73m，多光谱图像的空间分辨率为 2.44～2.88m。两者的空间分辨率都取决于成像角度，图像数据都是 11 位量化。为了能采集立体图像并实现最快 3.5 天的重访时间，该星具有侧摆与俯仰成像能力。图像产品有基本产品(系统校正)、标准产品(几何校正到地图投影)，以及正射校正产品等形式。图 2.13 为 QuickBird 的相对光谱响应曲线，与 IKONOS 卫星相比，这两种响应曲线相似，只有很小的差别。

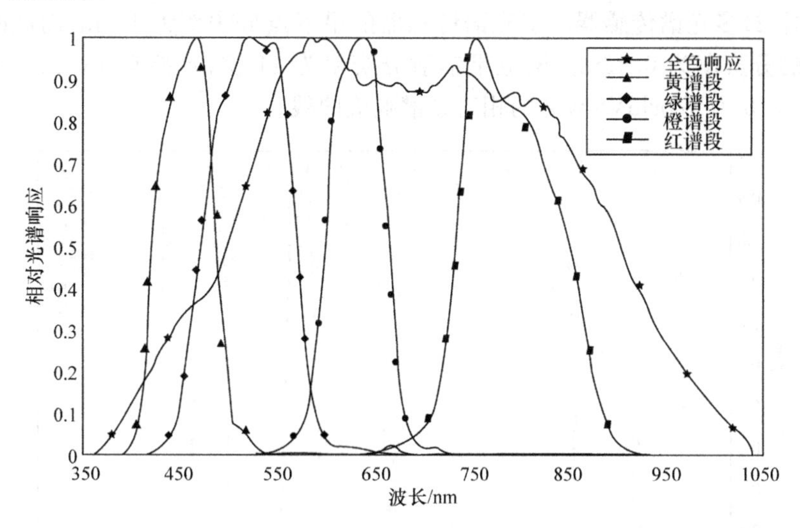

图 2.13　QuickBird 的相对光谱响应曲线

3. 世界观测

世界观测 1 号(WorldView-1)于 2007 年由数字地球公司发射，该星装备有高分辨率(0.5m)的全色传感器，且辐射分辨率为 11 位。0.5m 的分辨率是美国政府允许的最高分辨率。若分辨率优于 0.5m，是不允许出售给非美国公民的。对比图 2.12 与图 2.13，图 2.14 展示出 WorldView-1 比 IKONOS 与 QuickBird 更狭窄的全色光谱范围，特别是在波长超过 900nm 时响应均过滤掉了。

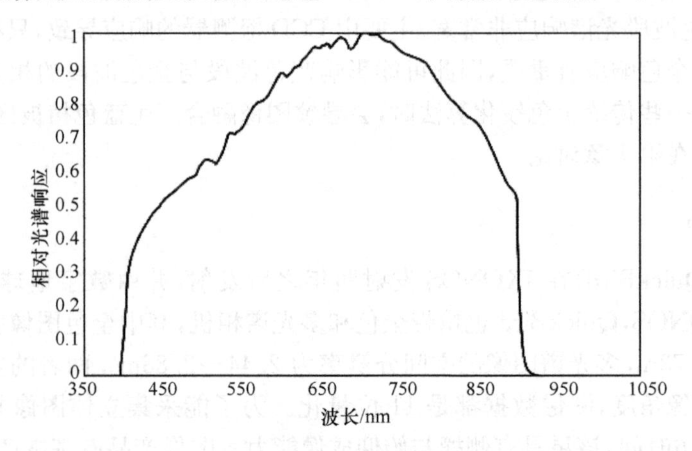

图 2.14 WorldView-1 的相对光谱响应曲线(WorldView-1 只有全色通道)

2009 年的 10 月，数字地球公司发射了 WorldView-2。与 WorldView-1 不同，WorldView-2 使用全色加更高级的 8 通道(蓝、绿、红、近红外-1、红外、海岸带、黄和近红外-2)多光谱传感器。多光谱传感器的星下点分辨率为 1.8m，而此时全色传感器的分辨率为 0.46m。该卫星辐射分辨率为 11 位，且拥有 16.4km 成像带宽。图 2.15 为 WorldView-2 的相对光谱响应曲线。

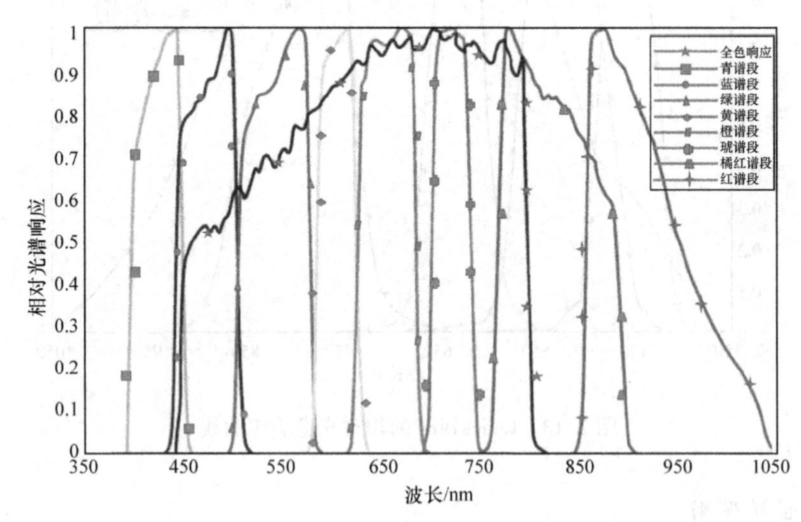

图 2.15 WorldView-2 的相对光谱响应曲线

4 个多光谱主要波段包括传统的蓝色、绿色、红色和近红外，其与 QuickBird 卫星相似。4 个额外的多光谱波段包括：一个较短的蓝色波段，由于其用于水色的研究，该蓝色波段称为海岸波段，其中心波长大约为 427nm；一个黄色波段，中心波长约为 608nm;一个红外波段,中心波长约为 724nm(植物在此波段上有较高的反射率);一个近红外波段,中心波长约为 949nm,主要对大气中的水蒸气敏感。

2014 年 8 月 13 日,WorldView-3 成功发射。WorldView-3 是 WorldView-2 的改进版。事实上,其空间分辨率得到了提升(全色波段 0.31m、多光谱波段在可见近红外光谱范围内为 1.24m),相对光谱响应类似于图 2.15 中的 WorldView-2。作为进一步的改进,为了在短波红外光谱区(1195～2365nm)增加额外 8 个波段(空间分辨率 3.70 m),WorldView-3 传感器被重新设计。由于覆盖了短波红外和可见近红外波段,WorldView-3 在分类应用中拥有出色的能力。

4. 地球之眼

地球之眼 1 号(GeoEye-1)卫星于 2008 年 9 月 6 日发射。其全色图像的分辨率为 0.41m,多光谱图像分辨率为 1.64m,辐射精度也是 11 位。图 2.16 为 GeoEye-1 的相对光谱响应曲线。其全色波段响应与 WorldView-2 类似,但红波段比其他传感器更窄,可以更好地关注健康植物中叶绿素对红光的吸收。

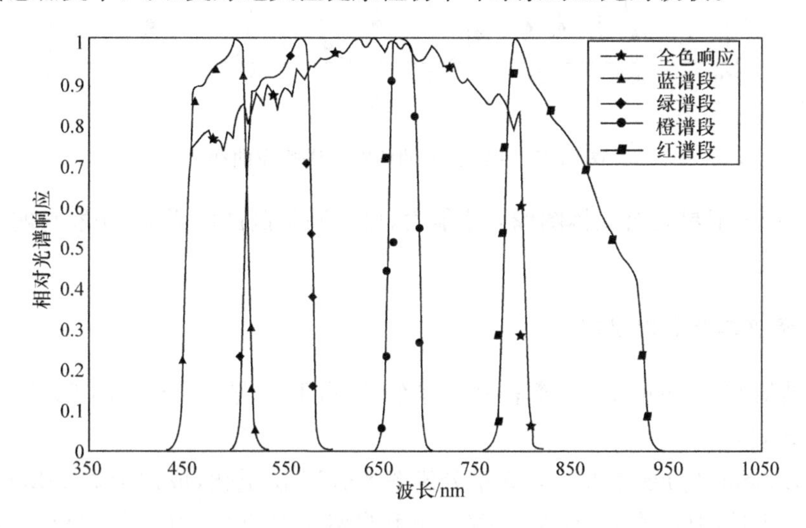

图 2.16　GeoEye-1 的相对光谱响应曲线

5. 昴星团

法国国家航天局发起的昴星团(Pléiades)计划是由法国和意大利合作研制米级分辨率双地球观测系统的光学星部分。卫星系统包括两颗卫星构成的星座(分别发射于 2011 年 12 月 17 日与 2012 年 12 月 2 日),全色分辨率 0.7m,多光谱分辨率 2.8m,成像带宽 20km,12 位量化。其强大的灵活性可实现全球每天重访,能满足国防和民用安全应用的迫切需要。在制图方面，同等比例尺下的区域覆盖能力也比 SPOT 系列卫星更好。图 2.17为 Pléiades 的相对光谱响应曲线。其全色响应与 GeoEye-1 和 WorldView-2 类似，但蓝波段和绿波段比较宽，且显示出部分重叠，这可能会增加所产生图像的相关性。同样，其红波段光谱响应远比 GeoEye-1 和 WorldView-2 的更宽。

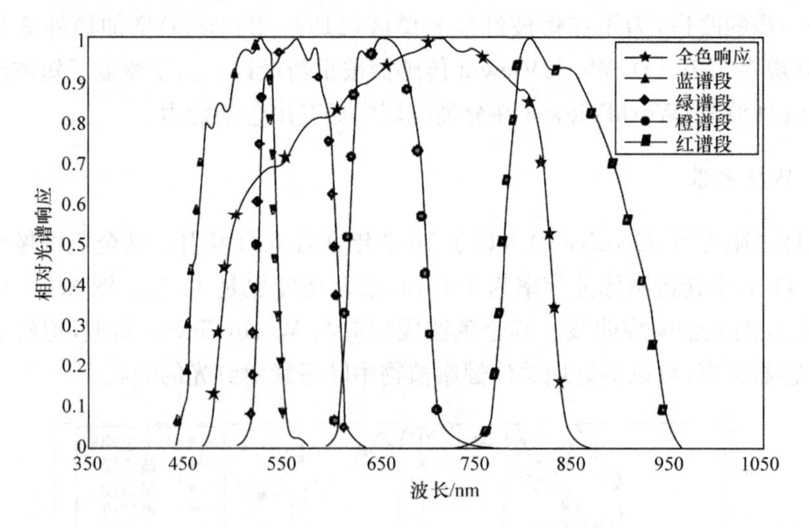

图 2.17　Pléiades 的相对光谱响应曲线

Pléiades 卫星具有立体图像采集能力，可以满足制图的需要，获取与航空摄影相同的信息。

6. 福卫二号和阿里郎

其他值得关注的高分辨率卫星系统是福卫二号（FormoSat-2）和阿里郎（KoMPSat）。

FormoSat-2 分辨率 2m，多光谱分辨率 8m，12 位量化，成像带宽 24km。其主要应用于土地利用、农业、林业、环境监测和自然灾害的评估中。该卫星于 2004 年发射，目前仍在运行。

KoMPSat 由韩国航空航天研究所研发，目前有两颗地球观测卫星。第一颗（KoMPSat-2）于 2006 年发射，第二颗（KoMPSat-3）于 2012 年 5 月 18 日发射。这两颗卫星比较相似，都有相近的全色和多光谱的光谱范围，但 KoMPSat-3 的空间分辨率比 KoMPSat-2 要高（全色和多光谱分辨率，前者分别为 0.7m 和 2.8m，后者分别为 1m 和 4m）。

2.4.3 热成像传感器

热成像传感器指收集光谱范围在 3～14μm，主要由物体自身辐射能量进行采集的传感器。根据普朗克定律可知，对于地球表面的物体，这是典型的光谱辐射范围。事实上，普朗克定律是针对黑体而言的，也就是说，是针对一个理想的能吸收所有入射电磁辐射的物体(所有波长和入射角)而言的。如果用反射率 $\rho(\lambda)$ 表示反射电磁功率占入射电磁功率的比例(此时反射的波长为 λ)，那么对一个黑体来说，对任意 λ 都有 $\rho(\lambda)=0$。从辐射的角度来说，黑体是一种理想的辐射源，对于任何一个给定的温度，没有什么可以比黑体辐射更多的能量。此外，黑体也是一个漫反射源，辐射能量具有各向同性。如果定义发射率为物体表面辐射能量与同样温度下黑体辐射能量的比值，那么就可以说黑体的发射率 $\varepsilon=1$，而其他任何物体的发射率 $\varepsilon<1$。如果一个物体表面的发射率是已知的，就可以由式(2.2)计算它的温度。如果发射率是未知的，可以假定为 1，那么在这种情况下，就能导出其亮度温度。

热传感器通常装有一个或多个内部参考温度源(准理想黑体)，用来比较参考辐射与测量辐射。通过该方法测得的辐射是与绝对辐射温度相关的。从视觉表达来说，通常以伪彩色或者黑白的方式显示相对辐射温度图像，以暖色调显示较高的温度，冷色调显示较低的温度。值得注意的是，也会存在例外。例如，为便于图像判读，冷云通常用红色表示。温度是可以测量的，但是需要精确定标、测量参考体的温度、掌握目标的热特性，以及几何校正和辐射校正。

由于光波的散射与波长有关，与可见光波段相比，热辐射在大气中的散射是最小的。不论什么状况，由于大气气体的吸收，热成像波段可进一步分为两个波段范围，即 3～5μm 和 8～14μm。

热成像仪的空间分辨率不高，这是因为与反射辐射波段相比，热成像传感器收集到的能量很低。此外，热传感器的加性噪声也是不可忽略的。通过降低传感器的温度，可以减小传感器的噪声，并增加从物体表面接收到的辐射。可以通过增加瞬时视场来提高信噪比，但因此降低了空间分辨率。在拥有多个波段的高分辨率成像仪中，如果两幅图像之间有很强的相关性，就可以采用全色锐化的融合方法来提升热成像仪的空间分辨率，将在第 10 章详细讨论。

不同于太阳光波段反射图像，热成像图像在白天和夜晚均可采集，因此可以在军事侦察、森林火灾探测，以及热损失监测等应用中发挥作用。此外，还可以用于评估植物和土壤的水分。

2.5　主动式传感器

被动式传感器只能采集太阳照射或地球自身辐射等外部能量源，而主动式传感器则可以主动发射能量，然后采集、处理、记录观测目标返回的能量。下面重点讨论合成孔径雷达系统和激光雷达这两类重要的主动式传感器，其中合成孔径雷达通常工作在微波波段，通过天线采集；激光雷达使用激光，工作在光学波段。

2.5.1 雷达与合成孔径雷达

合成孔径雷达传感器具备全天时、全天候成像能力。其工作原理与光学传感器明显不同，且更为复杂，已经超出本书的范畴，在此仅介绍一些基本概念。合成孔径雷达的相关文献较多，有兴趣的读者可以参考相关文献[77]、[133]、[193]、[198]、[201]、[220]、[247]。

现代合成孔径雷达的前身是侧视机载雷达。侧视机载雷达基本上都是通过地面雷达改进实现的。侧视机载雷达通过连接在飞行平台上的天线工作。天线的安装方式使辐射能量垂直于平台一侧。SAR 系统空间几何关系如图 2.18 所示。垂直飞行方向的波束宽度决定成像带宽。在平行飞行方向上，波束宽度一般都比较窄，因为这个波束宽度决定沿轨方向的分辨率。当电磁辐射到达地表时，其中一部分反射回平台，并被同一天线接收、测量。信号的强度与地表或目标的属性有关，也与系统的频率、极化和入射角等收发参数有关。

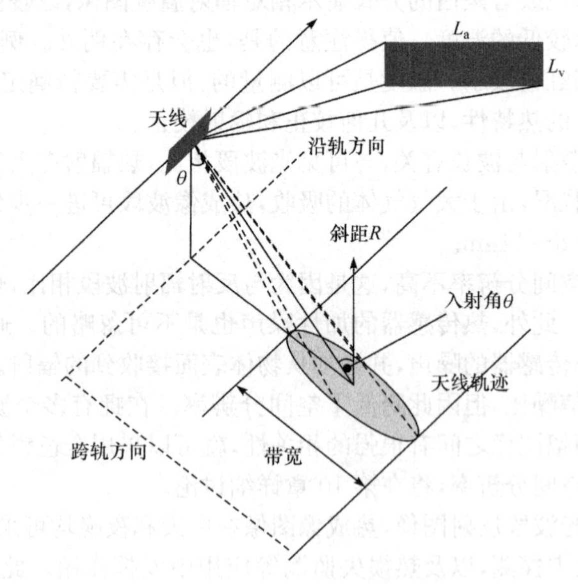

图 2.18 SAR 系统空间几何关系

由于侧视机载雷达没有扫描装置，因此在垂轨方向(距离向)没有空间分辨率的差异。雷达会以一定的频率发射脉冲，而不是发送连续的信号。

脉冲以光速传播到地面，并反射回来。距离天线越近的地面，其回波信号返回得也越早，当工作在脉冲模式时，由于接收信号在时域上是可分辨的，因此整个地面观测带在空间上也是可分辨的。

发射的脉冲(测距脉冲)按照脉冲重复频率(PRF)重复发射，与平台的前向运动同步，所以在整个地面观测区是一条条辐射脉冲形成的带。为了防止信号在接收端模糊，脉冲重复频率和观测带宽度存在一个约束条件，即脉冲重复频率越高、带宽越窄。

1. 跨轨方向分辨率

跨轨方向的分辨率(距离向地面分辨率)由所接收的反向散射信号区分目标脉冲的能力决定。如果两个目标过于接近，它们的后向散射会重叠而不能分辨。设 Δr 为两个目标的距离，Δt 为其回波之间的时间差，c 为光速，那么

$$\Delta t=\frac{2\Delta r}{c}$$

如果 τ 为脉冲宽度，那么 Δt 就不可能大于 τ，则斜距分辨率 r_{r} 为

$$r_{\mathrm{r}}=\frac{c\tau}{2} \tag{2.4}$$

斜距分辨率是沿电磁波传播方向上的分辨率。从用户角度看，把这个分辨率投影到地面上是十分重要的。如果 θ 为地面入射角，辐射波束是局部入射，那么距离向地面分辨率为

$$r_{\mathrm{g}}=\frac{c\tau}{2\sin\theta} \tag{2.5}$$

一些重要因素已由式(2.4)和式(2.5)给出。当 $\theta=0$，即位于平台正下方时，空间分辨率是不存在的。只有当入射角大于 0 时(侧视机载雷达模式)，系统才能工作，而且通常由系统设计给出一个权衡的推荐值。斜距和地距分辨率是独立于平台高度的，基本上由发射信号的特征决定。距离向地距是入射角的函数，随扫描带的不同而变化。

受能量和硬件系统限制，侧视机载雷达系统很难获得满意的空间分辨率，解决办法是在脉冲持续时间内加上一个调频信号的调制，记调制脉冲信号的持续时间为 τ。如果接收端采用匹配波器(即将接收信号与线性调频信号进行相关的滤波器)，则可以证明分辨率取决于线性调频信号的带宽。如果记 B_{c} 为线性调频信号的带宽，其中 $\frac{1}{B_{\mathrm{c}}}\gg\tau$，式(2.4)和式(2.5)可以改写为

$$r_{\mathrm{r}}=\frac{c}{2B_{\mathrm{c}}} \tag{2.6}$$

$$r_g = \frac{c}{2B_c \sin\theta} \tag{2.7}$$

带宽 B_c 达到几十兆赫兹很容易，因此分辨率 r_g 优于 25m 也就较容易实现。目前发展的合成孔径雷达系统，如意大利航天局(ASI)的 COSMO-SkyMed 合成孔径雷达卫星星座，可达到 0.5m 的空间分辨率。

2. 沿轨方向分辨率

侧视雷达的沿轨分辨率(方位向分辨率)基本上由在沿轨方向的天线长度 L_a 决定。如果比工作波长 λ 大，那么在沿轨方向角分辨率 Θ_a 的弧度表达形式为

$$\Theta_a = \frac{\lambda}{L_a} \tag{2.8}$$

如果 R 表示平台到地面的高度，那么沿轨的分辨率 r_a 为

$$r_a = \frac{\lambda}{L_a} R \tag{2.9}$$

对于绕地球飞行的侧视雷达，考虑典型的运动参数，沿轨分辨率一般都是千米级的，因此对大部分应用来说，分辨率都不够。幸运的是，合成孔径雷达可以解决这个问题。

3. 合成孔径雷达

增加沿轨方向分辨率的基本思路是，利用沿平台轨道的运动，合成一个更长的天线。合成天线的长度由地面点持续受雷达照射过程中平台运动的距离决定。

特别地，文献[220]证明，在近似情况下，通过适当处理合成孔径雷达信号，可以得到如下的方位向分辨率，即

$$r_a = \frac{L_a}{2} \tag{2.10}$$

这个结果是相当重要的，分辨率仅依赖沿轨方向天线的实际长度 L_a，与斜距、平台高度和工作波长无关。合成孔径雷达可以在任何高度工作，无论在太空，还是飞机上，其沿轨分辨率都没有区别。

此外，还可以推导出另一个很重要的量，即观测带宽 S。设垂轨方向的天线长度为 L_v，类比式(2.8)，角分辨率为 Θ_v 可以表示为

$$\Theta_v = \frac{\lambda}{L_v} \tag{2.11}$$

因此，观测带宽 S 可以近似为

$$S = \frac{\lambda R}{L_v \cos\theta} \tag{2.12}$$

最后，以图 2.19 所示的方式可以通过目标信号来定义地面采样范围和方位角分辨率单元。实际上，回顾式(2.7)表述的距离向分辨率单元，观测带宽 S 可以进一步划分成基本分辨单元，其数量为 $N_g\left(N_g=\frac{S}{r_g}\right)$。横跨扫描带单元的数量 N_g 与卫星以分辨率 r_a 采集的线数 N_a，决定雷达图像像素的大小(如 $N_g \cdot N_a$)(译注：这里原著表述有误，$N_g \cdot N_a$ 是一幅雷达图像包含的分辨单元数量，与雷达图像的像素数量是不同的)。

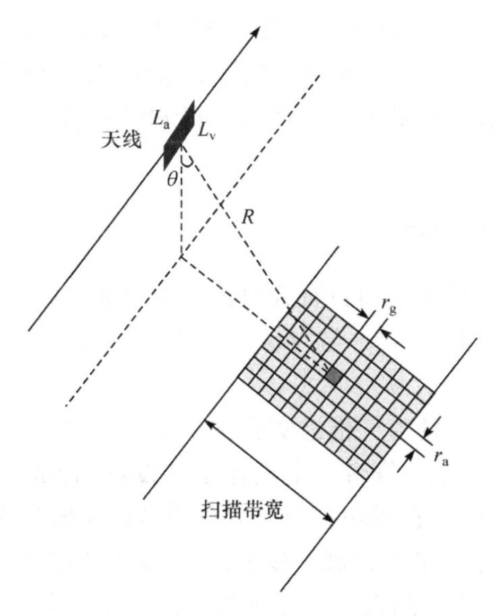

图 2.19　合成孔径雷达成像原理图

4. 合成孔径雷达图像和相干斑噪声

前面所述的图像处理过程是用来生产合成孔径雷达原始数据的。事实上，原始数据显得与观测物相关度很低，因为它们仍然受线性调频信号的影响。例如，可能会导致一个点目标信号分散到多个分辨单元中(跨轨方向、沿轨方向都有)。为了在跨轨方向上消除这种影响，采集信号后，会对回波信号进行反卷积处理[220]。由于处理过程的限制，常常会把信号先转到频域处理，然后转回原始的信号。此外，由于线性调制信号的傅里叶变换是相同的，还可减少计算时间。这种处理步骤会使散射体原本分散的能量在距离方向上聚集起来，成为较少的像素，因此可以看做是在空间上对其进行了压缩。之后会在沿轨方向上进行一个类似的反卷积，这样也会压缩沿轨方向上的数据。经过上述处理得到的结果就是合成孔径雷达压缩数据。对用户来说，当重新聚焦时，这种数据是比较熟悉的。这就是合成孔径雷达的压缩过程常称为聚焦处理的原因。

合成孔径雷达和光学图像的一个较大差别是:合成孔径雷达图像中的噪声表现为一个个斑点,这些斑点是由许多在一个分辨单元内具有随机分布的散射体共同造成的。振幅和相位的相干共同导致分辨单元到分辨单元的后向散射的强烈波动。因此,最终图像的幅度与相位不再是确定的,而是分别遵循指数分布和均匀分布[198]。斑点表现为与信号相关的乘性噪声,因此其与信号强度相关。也就是说,在明亮的区域,其比较强烈,在暗区域,则比较弱。

为了减小相干斑的影响,通常会采取多视处理的方法,可以当作图像强度的非相干平均[77]。虽然多视处理会降低图像的分辨率,但是可以提高合成孔径雷达图像的解译性。在现代高分辨率合成孔径雷达系统中,斑点效应往往会弱化,因为一个分辨单元内的散射数量降低了。同样,还可用数字自适应空间滤波器来减少斑点噪声[42]。

2.5.2 合成孔径雷达传感器

关于合成孔径雷达系统与项目有大量的相关文献,这里仅做简要小结。感兴趣的读者可以参考近期 Ouchi[201]与 Moreria[193]等发表的文章,文中提到了更为详尽的书目资料。

美国国家航空航天局的喷气推进实验室于 1978 年发射海洋卫星 SeaSat,它是首个民用雷达成像卫星,星上携带一个图像雷达设备(合成孔径雷达)。尽管这个卫星的寿命不到 4 个月,但它成功证明合成孔径雷达对地观测技术的潜力,激发了人们对主动式微波遥感卫星的兴趣。SeaSat 合成孔径雷达建立了卫星海洋学的基础,获取 4 视 25m 分辨率的雷达卫星图像,证明成像雷达在对地观测研究领域的广阔应用前景。

在 SeaSat 之后的星载合成孔径雷达是 1991 年发射的 ERS-1 和 1995 年发射的 ERS-2。ERS 项目是欧洲航天局对地观测领域的首个项目,其总体目标是环境监测,主要应用微波波段。

从 SeaSat 发射到 ERS-1 发射的 13 年间,开展了许多机载合成孔径雷达和航天飞机成像雷达(SIR)的实验。1981 年和 1984 年相继发射了合成孔径雷达卫星 SIR-A、SIR-B,这两颗星都是 L 波段、HH 极化方式,不同的是 SIR-B 的天线可以通过机械的方式控制入射角。SIR 任务一直持续到 1994 年,其 SIR-C/X-SAR 可以全极化模式工作在多个频段下(X、C 和 L 频段)。2000 年的航天飞机雷达地形测绘任务(SRTM)携带 X 和 C 频段的主天线,且两个天线相隔 60m 可以形成干涉基线,因此 SRTM 可以生产全球的数字高程模型。

如表 2.3 所示,越来越多的合成孔径雷达卫星发射升空,还有许多任务正在规划中。这里简要介绍欧洲航空局的哨兵(Sentinel-1)任务与加拿大航天局的雷达卫星星座任务(RCM)。

表 2.3　对地观测星载 SAR 和机载 SAR 系统

卫星名称	部门/国家	发射时间/年	波段	分辨率/m	极化方式
SeaSat-SAR	NASA/美国	1978	L	6,25	HH 极化
SIR-A1	NASA/美国	1981	L	7,25	HH 极化
SIR-A2	NASA/美国	1984	L	6,13	HH 极化
ERS-1/2	欧洲航天局	1991～1995	C	5,25	CC 极化
ALMAZ-1	苏联	1991	S	8,15	HH 极化
JERS-1 SAR	NASDA/日本 NASA/美国	1992	L C/L	6,18 7.5,13	HH 极化 双极化
SIR-C/X-SAR1	DLR/德国 ASI/意大利	1994	X	6,10	VV 极化
RadarSat-1	ASC-CSA/加拿大	1995	C	8,8	HH 极化
SRTM1	NASA/美国 DLR/德国	2000	C X	15,8 8,19	双极化 VV 极化
EnviSat-ASAR	欧洲航天局	2002	C	10,30	双极化
ALOS-PALSAR	JAXA/日本	2006	L	5,10	四极化
SAR-Lupe (5)	德国	2006	X	0.5,0.5	四极化
RadarSat-2	ASC-CSA/加拿大	2007	C	3,3	四极化
COSMO-SkyMed(6)	ASI/意大利	2007	X	1,1	四极化
TerraSAR-X	DLR/德国	2007	X	1,1	四极化
TanDEM-X	DLR/德国	2009	X	1,1	四极化
RISAT-1	ISRO/印度	2012	C	3,3	四极化
HJ-1-C	中国	2012	S	5,20	VV 极化
Sentinel-1(2)	欧洲航天局	2014	C	1.7,4.3	双极化
RadarSat-3(6)	ASC-CSA/加拿大	2016	C	1,3	四极化

注：这里的分辨率都是在方位向(单视)和距离向上的最高空间分辨率。

Sentinel-1 是由两个卫星构成的星座，其中第一颗于 2014 年 4 月 3 日发射，监测陆地与海洋。此任务旨在 EnviSat 系列的 ERS-2 退役后，能继续获取 C 波段的合成孔径雷达数据。Sentinel-1 上搭载 C-SAR 传感器，可以在各种天气下获得中等和高分辨率的图像。

RCM 由 3～6 个卫星组成，是 RadarSat 任务的升级版(在 SAR 数据上增加了可操作性，且提高了系统的稳定性)。RCM 的总体目标是为 RadarSat-2 的用户提供C波段的SAR数据，增加星座应用的可能性。

综上，合成孔径雷达系统的发展趋势是，空间分辨率会逐渐提高，波束控制模式会更加灵活，如高分辨率的聚束成像模式，以及低分辨率的宽观测带工作模式，传统的单极化模式也正在向双极化或全极化模式发展。

2.5.3 激光雷达

激光雷达是收集、分析和记录激光经过目标或者大气散射后的信号设备。其在多个领域都有应用，如遥感领域中激光雷达可以用于测量距离，生成数字高程模型，或者表征大气和植被的特性。机载激光扫描技术能够提供较为准确、详细的地面，植被，以及建筑物的三维测量数据，高程测量精度在平坦区域较高，可以达到10cm；在植被区域会有所降低，精度仍然能够达到50cm（具体的精度取决于树冠密度和激光密度）。激光雷达扫描的速度和精度可以在非常短的时间内实现大范围区域制图，且精准有效。激光雷达在洪涝、地震、山体滑坡等自然灾害制图中也有用处。

激光雷达通常安装在飞机或者直升机上，虽然形式略有不同，但一般都由四个子系统构成：安装在飞行平台上的激光发射-接收扫描单元，在飞机和地面上的全球定位系统（GPS）单元，附加在扫描单元上用于测量飞机姿态参数的惯性测量单元（IMU），以及用于控制和存储数据的计算机系统。

商用激光雷达通常包含回波信号探测系统和光斑足迹发射系统。回波信号的能量强度利用幅度值进行量化，回波信号的精确记录需依靠时间和空间基准参数。术语光斑足迹表示在地面上的激光束直径通常为20～100cm。激光扫描器每秒能发射高达25万个脉冲到地面，并测量返回时间。根据发射和返回的时间，每个脉冲从扫描器到地面的距离都可以计算出来。GPS和惯性测量单元用于测量发射脉冲时激光扫描器的位置和姿态，每个测量点都可以计算出一个确切的坐标。激光扫描仪是一种摆扫式传感器，通常采用振镜或旋转棱镜扫描光脉冲以形成一定探测幅宽，再通过平台的飞行，从而实现对一个区域的扫描。

激光扫描器能够实现对地表、植被、道路和建筑的3D测量，飞行结束后，根据位置信息和激光扫描器获取的数据，利用软件计算最终的结果。

2.6 小　结

为了让读者更加容易地掌握后续章节的融合算法，本章介绍与遥感相关的一些基本概念。通过了解基本的传感器参数、成像原理，以及相关物理量，读者可以掌握与全色锐化相关的图像采集特点。

首先，给出传感器的空间分辨率、点扩散函数的定义，讨论调制传递函数，介绍摆扫式与推扫式传感器的成像原理及优缺点。其次，介绍光学传感器，包括反射辐射传感器、热成像传感器等，并提出基于空间分辨率的传感器分类，重点关注常用于全色锐化方法的高空间分辨率传感器。最后，简要介绍主动式传感器，描述合成孔径雷达和激光雷达的工作原理。随着这两种传感器空间分辨率与光谱分辨率的不断提升，未来它们在图像融合研究中将发挥更加重要的作用。

第3章 融合质量评价

3.1 概 述

遥感图像融合的质量评价一直以来都是该领域的研究热点。例如,监控或军事应用中以视觉、检测、识别为目的的图像融合主要与主观评价有关,可以通过几个统计的图像指标(如对比度、梯度、熵等)来体现。遥感图像融合则不同,它需要对原始图像和融合产品图像进行更严格的定义和定量评价。由于缺乏参照,融合的目标往往难以达到,因此需要产生一些不依赖参照的融合质量评价准则。

融合的目标就是通过两个数据集生成第三个数据集,并继承它们部分特性。依据其继承的不同特性,融合图像的质量应该与自身和原图相关。在大部分情况下,融合过程涉及的数据集体现了光谱多样性的特性。成像场景对不同波长的不同响应构成光谱信息,原则上融合结果应该覆盖原始数据集的光谱信息。热图像与单波段可见光图像的融合则是一个不体现光谱多样性的典型例子,融合后保存的主要信息是热图像的辐射测量(它与表面温度图有关),次要信息则是低分辨率区或平滑部分的可见光图像几何结构,当然需要先将可见光图像与热图像进行配准。

本章对遥感图像融合的质量定义与评价进行综述,重点论述全色锐化方法的质量评价,包括光谱与空间质量、常用准则和统计指标等相关定义。同时,将适合多光谱全色锐化的方法也扩展到高光谱全色锐化方法上,但由于高光谱图像与增强后的全色图像在光谱区间上不重叠,因此难度更大。极端情况就是热红外和可见光融合,尽管两种情况都将电磁辐射的光子计算在内,但不仅光谱不重叠,而且两种图像成像机理也不同。最后,介绍光学和SAR数据融合质量评价,两种图像获取的几何属性和成像的物理特性是完全不同的,必须对一致性做出正确的定义。

3.2 全色锐化融合质量

全色锐化作为数据融合的一个重要分支,越来越受到遥感领域的广泛关注。新一代星载多传感器具有更高的分辨率与更多的光谱波段,可提供大量具有空间和光谱分辨率的数据。受限于信噪比,如果要求光谱分辨率高,那么空间分辨率会降低。相反,全色图像具有高空间分辨率,却损失了光谱的多样性。因此,需要在空间分辨率和光谱分辨率之间进行折中，可以增强低分辨率多光谱数据的空间分辨率；同样，也可以用高空间分辨率、低光谱分辨率的数据集来增强光谱分辨率，最典型的例子是没有光谱信息的全色图像。

为了达到这一目标，近二十年涌现了大量的方法。其中，大部分方法倾向于一个常用准则，可以概括为以下两点：从全色图像中提取场景的高分辨率几何信息；通过建立多光谱波段与全色图像之间的关系，将这些空间细节融入低分辨率的多光谱图像中。多光谱图像全色锐化方法框架如图 3.1 所示。

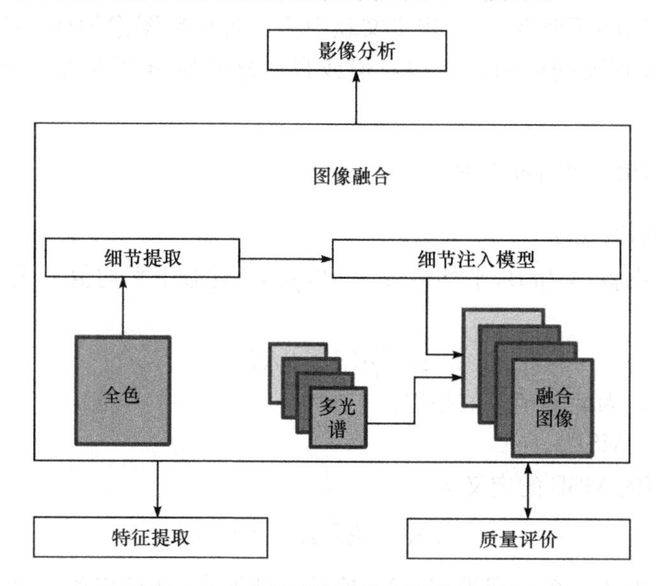

图 3.1　多光谱图像全色锐化方法框架

星载传感器的不断进步，促进了全色锐化方法的飞速发展。近十年出现的仪器将全色和多光谱的尺度比由 2 增加至 4，其中包括较窄的蓝波段、较宽的全色波段与近红外波段，蓝波段使自然色或“真”色得以呈现。全色图像包含近红外波段，可以避免早期方法中大气散射的问题，因此极大促进了全色锐化数据质量评价工具和其他融合方法的发展。事实上，如强度-色调-饱和度[61]、比值变换[122]和主成分分析[232]等方法提供了优秀的高分辨率可见光与多光谱融合图像，但忽略了光谱信息高质量融合的需求[261]，这些方法常用于目视判读。光谱信息的高质量合成对大部分基于光谱特征的遥感应用尤为重要，如岩石和土壤植被的分析[106]。

实际上，多光谱图像的全色锐化质量评价是一个争议很大的问题[32,33,37,66,148,158,261,278]。最重要的问题是，如果以全色图像的最高分辨率进行质量评价，那么光谱和空间质量评价的结果会与之相反，产生矛盾；如果空间分辨率不增强，则光谱失真最小。所谓光谱-空间失真折中方法，是因为不能正确定义和测量光谱与空间的失真[246]。为了评估多光谱和全色数据的融合质量，光谱质量以原始多光谱数据为参考，而空间质量以原始全色图像为参考。多数方法对融合前的数据和融合后的数据进行一个直接比较，这是折中方法。为了解决这个问题，一些人提出新的失真度测量定义[32,148]，不依赖无法获取的真实高分辨率多光谱数据，而是假设可以获取这样的数据，则失真为零。

3.2.1 质量评价统计指标

无论是标量图像，还是矢量图像，都存在很多质量指标和失真度的相关定义，用以测量图像间的相似度[169]。很多文献中全色锐化后图像的评价指标基本保持一致。因此，没有证据证明基于香农熵或自信息的质量评价方法可以解决这类问题。

1. 标量图像质量评价指标

1) 均值偏差($\Delta\mu$)

两个标量图像 A 和 B，平均值 $\mu(A)$ 和 $\mu(B)$ 近似于平均值 $\overline{A}$ 和 $\overline{B}$，均值偏差定义为

$$\Delta\mu \stackrel{\text{def}}{=} \mu(A)-\mu(B) \tag{3.1}$$

$\Delta\mu$ 为失真，因此其理想值是零。

2) 均方差(MSE)

A 和 B 间的 MSE 的定义为

$$\text{MSE} \stackrel{\text{def}}{=} E[(A-B)^2] \tag{3.2}$$

期望值近似于一个空间平均。MSE 是一种失真，其理想值为零，且仅当 $A=B$ 时成立。

3) 均方根差(RMSE)

A 和 B 之间的 RMSE 的定义为

$$\text{RMSE} \stackrel{\text{def}}{=} \sqrt{E[(A-B)^2]}=\sqrt{\text{MSE}} \tag{3.3}$$

期望值是由空间平均近似的。RMSE 是一种失真，其理想值为零，且仅在 $A=B$ 时成立。

4) 标准均方根差(NRMSE)。

A 和 B 之间的 NRMSE 的定义为

$$\text{NRMSE} \stackrel{\text{def}}{=} \frac{\sqrt{E[(A-B)^2]}}{\mu(B)}\times 100\% \tag{3.4}$$

期望值近似于空间平均。NRMSE 是一种失真，因此其理想值为零，且仅在 $A=B$ 时成立。NRMSE 通常用百分率表示，尤其当 A 是测试图像而 B 是基准图像时。

5)（交叉）相关系数（CC）

A 和 B 之间的 CC 的定义为

$$\mathrm{CC} \stackrel{\mathrm{def}}{=} \frac{\sigma_{A,B}}{\sigma_A \sigma_B} \tag{3.5}$$

式中，$\sigma_{A,B}$ 为 A 和 B 的协方差 $E[(A-\mu(A))(B-\mu(B))]$；σ_A 为 A 的标准差，用 $\sqrt{E[(A-\mu(A))^2]}$ 表示；$\sqrt{E[(B-\mu(B))^2]}$ 为 B 的标准差。CC 的值在[−1,1]区间。如果 CC=1 意味着是全平均偏差和增益系数导致的 A 与 B 不同。CC=−1 则意味着 B 对 A 是负的（A 和 B 始终可能因增益和偏差而不同）。CC 作为一个相似性指标，它的理想值为零。

通用图像质量指标（UIQI）[262]用来衡量两个标量图像 A 和 B 的相似性，其定义为

$$Q = \frac{4\sigma_{A,B} \cdot \bar{A} \cdot \bar{B}}{(\sigma_A^2 + \sigma_B^2)[(\bar{A})^2 + (\bar{B})^2]} \tag{3.6}$$

式中，$\sigma_{A,B}$ 为 A 和 B 的协方差；$\bar{A}$ 和 $\bar{B}$ 为平均值；σ_A^2 和 σ_B^2 分别为 A 和 B 的方差。

式(3.6)可以等价为三个因子的乘积，即

$$Q = \frac{\sigma_{A,B}}{\sigma_A \cdot \sigma_B} \frac{2\bar{A} \cdot \bar{B}}{[(\bar{A})^2 + (\bar{B})^2]} \frac{2\sigma_A \cdot \sigma_B}{(\sigma_A^2 + \sigma_B^2)} \tag{3.7}$$

第一个因子是 A 和 B 的相关系数，根据柯西-施瓦兹不等式，第二项通常小于等于 1，并且对于 B 的平均值相对于 A 的偏差敏感。CC 的值介于[−1,1]，当且仅当 $A=B$ 时，CC 等于 1；当且仅当 $B=2\bar{A}-A$ 时，CC 等于−1，即 B 是 A 的负数。如果 $\bar{A}$ 和 $\bar{B}$ 是非负的，则其他项的范围是[0,1]。因此，Q 的动态范围是[−1,1]，对于所有的像素点，当且仅当 $A=B$ 时，Q 得到理想值 1。为了增加式(3.7)中三个因子的鉴别能力，所有统计都是基于合适的 $N \times N$ 像素图像块计算的，得到的 Q 值也是平均所有图像块得到的全局分数。

2. 矢量图像质量评价指标

1）光谱角制图（SAM）

给定两个光谱矢量 V 和 $\hat{V}$，都有 L 分量，其中 $V=\{v_1, v_2, \cdots, v_L\}$ 是原始的光谱像元矢量 $v_L = A^{(l)}(m,n)$，而 $\hat{V}=\{\hat{v_1}, \hat{v_2}, \cdots, \hat{v_L}\}$ 是融合低分辨率多光谱数据得到的失真矢量，也就是 $\hat{v_l} = \hat{A}^{(l)}(m,n)$，SAM[273] 表征两个矢量的光谱角绝对值，即

$$\mathrm{SAM}(V,\hat{V}) \stackrel{\mathrm{def}}{=} \arccos\left(\frac{\langle V,\hat{V}\rangle}{\|V\|_2 \cdot \|\hat{V}\|_2}\right) \tag{3.8}$$

SAM(A,B)是由式(3.8)定义的，$E[\mathrm{SAM}(a,b)]$中 a 和 b 分别表示多光谱图像 A 和 B 的一般像素矢量元素。SAM 通常用角度来表达，如果 A 和 B 的光谱相同它就等于零，也就是所有像素矢量差异仅为 A 和 B 的模不同。

2) 相对平均光谱误差(RASE)

RASE[217]是一个误差指标，表达融合图像质量的全局误差，通过如下公式计算，即

$$\mathrm{RASE} \stackrel{\mathrm{def}}{=} \frac{100}{\sum_{l=1}^{L}\mu(l)} \sqrt{L\sum_{l=1}^{L}\mathrm{MSE}(l)} \tag{3.9}$$

式中，$\mu(l)$为第 l 波段的平均值；L 为波段数。光谱数据越相似，RASE 值越低。

3) 相对整体维数综合误差(ERGAS)

ERGAS[260]是由式(3.9)改进的另一个全局误差指标，即

$$\mathrm{ERGAS} \stackrel{\mathrm{def}}{=} 100\,\frac{d_{\mathrm{h}}}{d_{\mathrm{l}}} \sqrt{\frac{1}{L}\sum_{l=1}^{L}\left(\frac{\mathrm{RMSE}(l)}{\mu(l)}\right)^{2}} \tag{3.10}$$

式中，$d_{\mathrm{h}}/d_{\mathrm{l}}$ 为全色图像和多光谱图像空间分辨率的比值，如 IKONOS 卫星和 QuickBird 卫星的数据是 1/4；$\mu(l)$为 l 波段的平均值；L 为多光谱波段的数目。较低的 ERGAS 值表明多光谱数据之间更为相似。$Q4$ 是 UIQI 在多光谱上的扩展，适用于有 4 个波段的图像。三位作者在文献中介绍了该指标在多光谱图像全色锐化质量评价中的应用[33]。设 a、b、c 和 d 分别表示 4 波段多光谱图像在 4 个波段指定像素位置的辐射值，并且对应 B、G、R 和 NIR 波长。$Q4$ 由不同因素决定，包括每个光谱波段和光谱角的相关性、平均偏差、对比度变换。超复数相关系数衡量光谱向量的对齐程度，如果光谱失真，则相关系数会偏低。因此，辐射度和光谱的失真可以用一个参数表达。令

$$\begin{aligned} Z_A &= a_A + \mathrm{i}b_A + \mathrm{j}c_A + \mathrm{k}d_A \\ Z_B &= a_B + \mathrm{i}b_B + \mathrm{j}c_B + \mathrm{k}d_B \end{aligned} \tag{3.11}$$

分别表示 4 波段参考多光谱图像和融合结果，且都表示为四元数或超复数。$Q4$ 指标的定义为

$$Q4 \stackrel{\mathrm{def}}{=} \frac{4\left|\sigma_{Z_A Z_B}\right| \cdot \left|\bar{Z}_A\right| \cdot \left|\bar{Z}_B\right|}{\left(\sigma_{Z_A}^2+\sigma_{Z_B}^2\right)\left(\left|\bar{Z}_A\right|^2+\left|\bar{Z}_B\right|^2\right)} \tag{3.12}$$

式(3.12)可以写成三项的乘积，即

$$Q4 = \frac{\left|\sigma_{Z_A Z_B}\right|}{\sigma_{Z_A} \cdot \sigma_{Z_B}} \cdot \frac{2\,\sigma_{Z_A} \cdot \sigma_{Z_B}}{\sigma_{Z_A}^2+\sigma_{Z_B}^2} \cdot \frac{2\left|\bar{Z}_A\right| \cdot \left|\bar{Z}_B\right|}{\left|\bar{Z}_A\right|^2+\left|\bar{Z}_B\right|^2} \tag{3.13}$$

第一个测量是 Z_A 和 Z_B 的超复数相关系数的模，它对相关性损失和两个数据集的光谱失真敏感。第二个测量对比度的变化。第三个测量所有波段平均偏差。整体期望由 $N\times N$ 像素块的平均值估算。因此，$Q4$ 更依赖 N 的值。最终，$Q4$ 是平均整个图像得到的全局性指标。或者，由整个图像获得的最小的 $Q4$ 值可以表

征一个局部质量。$Q4$ 的值域为[0,1]，当 $A=B$ 时，$Q4=1$。近来，$Q4$ 可以处理波段数为 2 的任何幂次的图像[116]。

3.2.2 全色锐化融合评价准则

单独使用任意一个统计指标，都不足以保证质量评估的正确性。一个适于操作且能准确测量光谱和空间信息保持度的准则才是好的准则。在 Wald 等[261]的论文发表之前，质量的定义是不全面的，建立在经验标准之上，通常只能测量空间信息。例如，Chavez 等[66]提出以锐化和插值波段之间改变像素的百分比(在公差 $-\varepsilon\sim\varepsilon$)评价全色锐化图像，这个百分比应该尽可能小，否则会得到过增强的结果。然而，任何人都可能注意到 0% 表示没有空间增强。因此，阈值 ε 对基于改变或未改变像素的质量标准定义意义重大。进一步，像素改变的最优百分比与具体场景有关。

1. Wald 准则

融合图像质量评价普遍接受的准则是 Wald 等[261]首先提出的。Ranchin 等[216]和 Thomas 等[246]在论文中都对这种方法进行了讨论。这个准则要求融合图像必须满足以下三个特性。

第一个特性称为一致性，要求任何一个融合后的图像 $\hat{A}$ 一旦退化到它的原始分辨率，就要与其原始图像 A 尽可能相同。为了实现这一点，融合图像 $\hat{A}$ 可以退化到与 A 相同的分辨率，记为图像 $\hat{A}^*$。$\hat{A}^*$ 必须与 A 非常接近。在空间增强后需要测量光谱的一致性，对说明融合图像具有必要的光谱和空间的质量要求，一致性是必要不充分条件。

第二个特性称为合成特性，任何一个使用高分辨率图像融合成的图像 $\hat{A}$ 应该和理想图像 A_{I} 相同。相应的传感器(如果存在)应该符合高分辨率图像的分辨率。这里认为图像是标量图像，即多光谱图像的一个波段。统计一个融合后图像和它的理想高分辨率参照图像的标量像素值来测量相似度。除了多光谱图像各个波段之间的标准相似性指标，通过多光谱图像的全部光谱可以检查合成特性。为了检查多光谱图像的多光谱性质，即融合后的全部波段，高分辨率图像融合成的图像 $\hat{A}$ 的多光谱矢量应该和理想图像 $\overrightarrow{A_{\mathrm{I}}}$ 的多光谱矢量相同，相应的传感器(如果存在)应该符合高分辨率图像的空间分辨率。

合成特性的第二部分也称为第三个特性。这两个合成性质通常不是直接验证的，$\overrightarrow{A_{\mathrm{I}}}$ 一般是无法获取的。因此，合成常在退化的空间尺度按照图 3.2 的流程检查，使用包含适当全色和多光谱数据集比率因子的低通滤波器得到空间退化。由原始图像集 $\overrightarrow{A}$ 和全色图像获得多光谱图像 $\overrightarrow{A^*}$ 和全色图像 P^*。全色图像退化到多光谱图像的分辨率，图像 $\overrightarrow{A}$ 按照尺度比例退化到更低的分辨率。融合方法应用于这两组图像可以获得一组与原始多光谱图像分辨率相同的融合图像。将该融合图像作为参照,则第二个、第三个特性可以进行验证。值得注意的是,假设在退化空间尺度上的相似性检查与假设在全尺度上的相同检查是一致的,那么合成性质的实现是一个充要条件。换言之,融合后观察到的图像质量与在全尺度上融合后观察到的图像质量接近。这一点是至关重要的,尤其是对采用数字滤波器来分析全色图像的方法。事实上,无论何时在退化的空间尺度上进行仿真,将融合方法中低频滤波器和低频抽样滤波器进行级联,全尺度上的融合只使用前者;退化尺度上的融合使用前者与后者的级联,因此退化尺度上的融合使用了不同的滤波器[14]。这也解释了那些在退化尺度上产生可接受的空间分辨率增强的方法,用于全尺度时增强效果比较差[158]的原因。

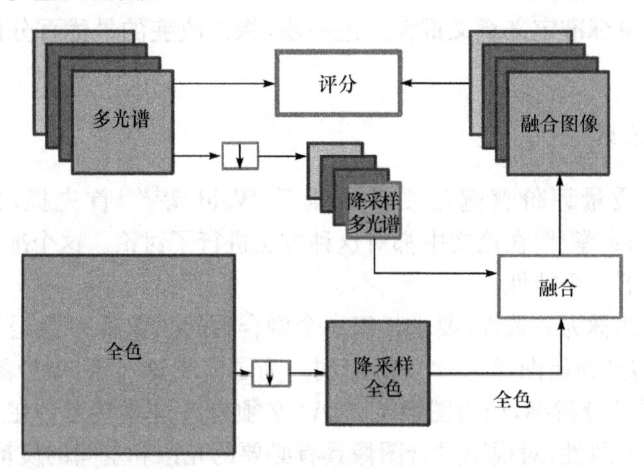

图 3.2　评估 Wald 的综合性质的流程

2. Zhou 准则

作为 Wald 准则的替代,评价融合质量的问题可能要在整个空间尺度上解决[278],而不能用空间退化。光谱和空间的失真可根据原始低分辨率多光谱和高分辨率全色图像来计算。光谱失真计算每个波段,即融合波段和插值原始波段的平均绝对差,空间质量通过融合多光谱波段与全色图像每个波段的空间细节相关系数测量。这些细节通过拉普拉斯算子滤波器提取,结果空间细节相关系数原则上应尽可能接近 1,尽管在原论文[278](Zhou、Civco 和 Silander)及后续论文里没有给出证据。

3. 无参考质量(QNR)准则

QNR 准则[32]评价全色锐化的图像不需要高分辨率多光谱图像作为参考。

QNR 包含两个指标，一个是光谱失真，另一个是空间失真。这两个指标结合会产生一个统一的质量指标。然而，在很多情况下它们是分开的。空间和光谱的失真借助 UIQI 生成的一对标准图像的相似性来进行测评。

光谱失真 D_λ 是利用低分辨率多光谱图像和融合图像来计算的。因此，为了确定光谱失真，分别在低分辨率和高分辨率上计算波段间的 UIQI 值。两个尺度上相应 UIQI 值的不同会导致全色锐化过程引入光谱失真。因此，光谱失真可以用数学公式表示为

$$D_\lambda = \sqrt[p]{\frac{1}{N(N-1)}\sum_{l=1}^{N}\sum_{\substack{r=1\\ r\neq l}}^{N} \left| Q(\widetilde{M}_l,\widetilde{M}_r) - Q(\hat{M}_l - \hat{M}_r) \right|^p} \tag{3.14}$$

式中，$\widetilde{M}_l$ 为低分辨率第 l 个光谱波段；$\hat{M}$ 为多光谱图像全色锐化后的波段；$Q(A,B)$ 为 A 和 B 之间的 UIQI 值；N 为多光谱波段光谱的数量；指数 p 用来放大差值的整数，默认值为 1。

空间失真由这样的两种 UIQI 值决定：其一是 MS 波段和尺度缩放为与 MS 相同的 PAN 波段图像之间的 UIQI 值；其二是融合后的 MS 波段与全尺寸 PAN 波段之间的 UIQI 值。这两个值的差异给出了空间失真的度量，即

$$D_s = \sqrt[q]{\frac{1}{N}\sum_{l=1}^{N} \left| Q(\widetilde{M}_l, P_L) - Q(\hat{M}_l, P) \right|^q} \tag{3.15}$$

式中，P_L 为退化到多光谱分辨率的全色图像；P 为高分辨率的全色图像；指数 q 为默认值。

QNR 准则的原理如下。

(1) 每对低分辨率多光谱波段间的关系（由 UIQI 计算）不随分辨率的改变而改变。

(2) 每个多光谱波段和全色图像的低分辨率图像间的关系，应该与每个全色锐化多光谱波段和全分辨率全色图像的关系保持一致。

(3) 高、低分辨率相似值的差反映失真，既有光谱的(MS-MS)，又有空间的(MS-PAN)。

为了测量两个灰度图像的相似度，QNR 早期的方法用互信息代替 UIQI[30]。

4. Khan 准则

Khan 准则借鉴了 Wald 准则的一致性、Zhou 准则的高通滤波空间细节匹配和 QNR 准则的空间失真定义，可在全尺度上分别定义光谱和空间质量。统一的框架是：全色锐化图像可认为是一个低通项（相当于原始插值低分辨率多光谱图像）和一个高通项（相当于从注入的全色图像中提取的空间细节）的总和。这些成分取自数字滤波器过滤的融合图像，低通滤波与含相应光谱通道的 MTF 模

型匹配，高通滤波与 MTF 的补充匹配，也就是说，高通滤波器就是全滤波器减去低通滤波器。光谱质量正是通过这些低通成分来评估的，而空间质量则依赖高通部分。

在实际使用中，多光谱通道 MTF 的高斯模型提供低通部分。这些部分被去除，然后借助 $Q4$[33] 测量原始低分辨率多光谱数据的相似性，如果波段数不为 4 的矢量数据，也可采用 $Q4$ 作为相似性指标。在抽取前，高通部分由融合图像减去经低通滤波后的图像获得。在多光谱图像上采用的高通滤波器也可以提取全色图像的高通细节。UIQI[262] 由每个融合多光谱波段和全色图像的细节来计算。$UIQI_H$ 可以测量全色图像空间结构在高分辨率下的相似性，每个波段的 UIQI 取平均值可以得到 $UIQI_H$。低分辨率多光谱图像和全色图像空间退化版本的高通细节提取和匹配过程不断重复，这个过程可以由一个精心挑选的截止频率为 1∶4 的滤波器实现。这样就得到了低分辨率的全色图像空间结构（$UIQI_L$）的相似性测量指标。最后，以 $UIQI_L$ 和 $UIQI_H$ 的差作为空间失真的测量。

3.2.3 高光谱全色锐化质量评价

高光谱全色锐化的情况，将在第 8 章中介绍。空间和光谱一致性测量的定义和它们在多光谱全色锐化中的定义是完全相同的。然而，大部分波段与全色图像波长间隔不重叠，实验是在全色图像的空间尺度上展开的，低分辨率高光谱数据融合后图像的光谱相容性比空间相容性更加重要，如用 QNR 或 Khan 准则测定时，后者尤其重要。除了全尺度光谱一致性测量，Wald 的综合性质可以在退化空间尺度上检查。因此，在原理上，空间退化需要全部光谱波段的 MTF[14]。在这种情况下，相较于波段指标或波长，式(3.4)可以突出波长在融合精度上的趋势，如作为一个全色图像工具[17]的波长函数。

3.2.4 热红外与可见近红外融合质量评价

依靠高分辨率可见光的图像，对热红外波长范围或近红外光谱范围（宽频全色图像并不是必需的）的图像进行锐化遇到的问题可能超出遥感范围。在这种情况下，融合图像与原始热图像的一致性是辐射测量的一致性，也可以通过一个标量指标测量，如式(3.6)。依据 Wald 相容性性质，空间质量可以被测量，如用 3.2.2 节介绍的 Zhou 准则中的空间细节相关系数。

只要热图像波段的光谱存在多样性，也就是成像仪器将热波长分成一些子波段并生成对应的图像，可见光-近红外锐化就近似于多光谱全色锐化。然而，可见光-近红外和热红外（TIR 或 LWIR）波段不重叠，以及热红外波段的弱光谱多样性（颜色合成显示为灰色和无色），使得合成波段之间的光谱一致性不像单个波段的辐射一致性要求那么严格。类似于单波段情况，增强 V-NIR 图像的空间相容性可以用本章提到的任何一个全尺度的准则测量。

3.3 光学图像与 SAR 图像融合质量评价

光学图像和 SAR 图像融合需要单独作为一节来论述,因为这个问题不能并入全色锐化质量来定义。换言之,相对于全色锐化,光学图像和 SAR 图像融合不存在任何参考标准,而 1m 的全色锐化图像的参考标准源自 4m 分辨率原始多光谱图像。

更进一步的问题是,光学扫描仪和 SAR 系统获得的几何结构与两个数据集在地面起伏情况下的配准极具挑战性。数字高程模型的有效性使其配准得以实现,但错误的配准会影响融合结果的质量,融合方法和标记误差可能导致较低的一致性。而这两方面的影响又不能单独测量,例如模拟一个与 SAR 图像重叠的光学图像。

将光学图像和 SAR 图像融合可分成两类。

(1) 一幅光学图像(如多光谱或多光谱+全色)可以通过一幅配准的 SAR 图像增强。简单起见,假定 SAR 图像是单波段、单偏振的,但原则上它可能有光谱特性和偏振多样性。这种情况需要存在完整的光学图像,由于云的存在,这样的图像可能较难获取或不完整。融合后的图像是一幅继承了 SAR 图像部分特性的光学图像。文献中的大部分方法(包括 Alparone 等的方法[34])将在第 10 章讨论。

(2) 一幅 SAR 图像(在任意天气下均可获得)在光谱、空间和辐射上依靠光学图像(多光谱、多光谱与全色、全色)增强,则成为一幅继承了一些光学图像特性的 SAR 图像,如光谱(颜色)信息、几何结构和纹理信息。辐射度测量增强就是通过融合的方式增强 SAR 图像的信噪比,因此这类融合是借助光学图像控制点的降斑过滤。这种方法的优势是其结果可以不必严格限制光学图像的完整性。就作者目前了解的情况,这项工作在已有文献中尚未开展深入研究。

在第一种情况下,其结果是通过 SAR 图像增强光学图像。因此,融合图像的光谱非常接近原始多光谱图像,SAR 图像空间细节融入了多光谱图像。在与原始图像匹配之前,融合结果图像要进行低通滤波和降采样。融合过程中任何配准失准导致的光谱质量损失都可以用适当的指标进行测量。另一个适合精确测量结果图像与原图像光谱偏差的指标是融合图像和差值多光谱图像的平均光谱角误差[34]。对 SAR 图像波段信息保持度的测量不易实现,要求继承 SAR 的特性,可以从融合图像中恢复纹理信息。

第二种情况目前研究较少,融合图像是 SAR 图像,依靠光学图像的去斑、光谱增强来测量增强的辐射度。这种情况下辐射保持度意味着融合后的 SAR 图像是多波段的,且它的像素是有值矢量。在这些矢量像素(如代表性的 $L1$ 和 $L2$)上取范数,可以获得接近原始SAR的标量图像。相反,彩色SAR图像的光谱角应该与增强后多光谱图像的光谱角匹配。因此,利用获取的同一场景多光谱图像配准后对SAR图像进行光谱增强,其优点在于同时保持了SAR图像的辐射一致性和多光谱图像的光谱一致性。辐射增强也需要评价指标,例如超高分辨率全色图像(通常用于去斑过程)也可以用来测量SAR图像的去斑质量[42]。

3.4 小 结

遥感融合图像的质量评价是一个重要课题,它与计算机视觉的质量指标不同,那些指标仅反映人眼观察图像的清晰度、对比度和锐度。从这个层面来说,每个指标包含两个特征参数,一个关于融合图像,另一个关于原始图像。单一图像指标,如平均梯度、自动信息或熵等,不能对遥感融合图像进行质量评价,特别是对于缺少人为参与的自动评测。文献[169]讨论了单参数指标和双参数指标的评价方法,虽然这些指标中的大多数并没有在遥感领域的科学出版物中涉及。

当用全色锐化进行自动处理时,如空间/光谱特性提取、频谱特性分析及地球物理、生物物理建模过程的相关应用,非常依赖输入数据和融合算法。然而,融合图像辐射质量通常低于原始多光谱数据的质量,空间或几何结构的质量优于原始多光谱数据的质量,堪比全色图像的质量。融合算法经过十多年的不断发展,最突出的进展是能完整保留光谱质量和光谱保真度;原始多光谱图像光谱多样性保留到全色图像的尺度上,并形成融合产品。和单次三波段组合下的色彩保真度相关的光谱质量指标可借助统计指标和合适的准则进行测量,类似于空间/几何度量标准。依据Wald准则,在退化空间尺度中评测质量的缺点在于不能够将光谱和空间的质量分开计算。

最后,理想中的光谱质量和空间质量之间折中的概念对于任意融合算法都有效,但实际上是不现实的,除非两种失真均不可测。因此,无论基于质量指标,还是融合算法,都应该重点考虑选择的指标和准则。然而,在近些年的融合算法研究中,存在很多不正确使用指标定义和评价准则的情况,同时也缺乏标准测试集。

第 4 章　图像配准与插值

4.1　概　　述

图像配准和插值是遥感应用领域中两个重要的工具，两者也是密切相关的。事实上，遥感图像的重制图往往首先需要经历一个重采样过程，这样后续的亚像素级别的平移、旋转、变形、扭曲等操作才能有效开展[185]。同时，对于涉及两类具有不同空间分辨率的遥感数据融合过程，图像插值通常是其中的第一步，也称为全色锐化。在这种情况下，初步配准的正确性就显得极为重要，因为如果两个图像没有配准，后续图像插值和图像融合将无法达到预期的效果[45]。

事实上，在近些年提出的全色锐化技术中，为了将多光谱图像的大小与某个全色图像匹配，在引入全色图像的几何细节之前，大部分解决方案都需要对多光谱图像重采样。对这一类方法而言，可以使用一个通用的准则来概括其主要处理过程，大致可以分为三步：①通过适当的插值扩展多光谱图像，使放大后的图像能与全色图像实现像素级的重叠；②从全色图像中提取低分辨率多光谱图像中所没有的高分辨率场景细节；③建立一个适合描述多光谱和全色图像关联关系的模型，将前述全色图像中提取出的几何信息添加到经过插值扩展的多光谱图像中。

如前所述，以相同的制图坐标系来配准多光谱和全色图像是上述操作必须经历的一个预处理过程。该过程能够纠正图像采样时产生的扭曲，这对于使用不同传感器或光学镜头来获取全色和多光谱图像的情况尤为关键。然而，即便是精确的配准过程也不能完全补偿所有扭曲，因此后续的操作过程都得谨慎处理，尤其是图像插值。

迄今为止，在相关研究中尚未恰当说明的另一个问题是，来自多光谱和全色图像之间所存在的微弱采样位置偏差。这种偏差普遍存在于目前主流采样设备(包括 QuickBird 和 IKONOS 等)获得的遥感图像中，并会对基于奇数分类器的图像插值结果产生不可忽视的影响，本章将会重点讨论和分析这一问题。不准确乃至错误的插值策略会严重影响融合结果，导致全色锐化最终的总体效果比使用正确插值的情况低 15%，甚至 20%。

本章后续内容的安排如下：4.2 节综述图像几何校正和配准；4.3 节介绍全色锐化应用中的图像插值问题，其中重点介绍对基于局部分段多项式核的方法；4.3.2 节回顾数字插值的基本原理，并从连续核入手推导离散核方法；4.3.5 节以解析的方式详细对比奇数和偶数数字内插核系列方法之间的差异，推导数字式分段多项式内插核，尤其是近期文献中所提出的三次内插核的系数计算方法；4.3.6节介绍如何运用奇数和偶数数字式分段多项式核解决全色锐化的问题，并以此说明只有偶数核才更适合现代传感器获取的遥感图像；4.3.7节以真实的遥感图像为例，量化分析错误的插值模式带来的全色锐化性能差异。最后，4.4节对本章内容进行总结。

4.2 图像配准

对于大部分遥感应用，尤其是全色锐化，多传感器图像配准是一个极为重要且基础的处理过程。事实上，融合来自不同采样设备的图像，尤其是光学和SAR图像，融合之前都应该精准去除其存在的差异和扭曲，以便相关数据能够更好地集中处理，如不同的采集参数及其与标称值的偏差将导致的几何变化对数据融合产生的影响。

4.2.1 定义

通常情况下，术语“配准”指的是在相同区域中一个图像和另一个参考图像坐标系之间的匹配。在配准前经常使用的一个相关技术是几何校正，该操作使遥感图像被缩放投影到标准地图空间，并可用于地理信息系统[181]。几何校正过程的重要性已经越来越迫切地体现在日益提高的空间分辨率上[249]。在几何校正(或称为几何勘误)中，经常涉及的术语包括影像配准，指提供图像四个角落(而不是其他像素)的地理坐标；地理编码，指为图像赋予地图的全部属性；正射校正，指在矫正过程中考虑地形海拔。

总体来说，当用于比较或融合的两个图像所具有的采样时间、采样分辨率、采样传感器和采样视角存在差异时，图像配准方面的问题就会较为明显。对于目前学术界常用的配准方法，将在4.2.3节和4.2.5节进行简单介绍。这其中最重要的方法是控制点映射。在该方法中，配准过程建立在合适的图像变换的基础上，并由此使两幅图像中的对应标注点相互关联。这种图像变换的选择，取决于对两幅图像中存在的扭曲类型的理解[51]。

根据相关文献的介绍，控制点映射方法主要包含如下四个代表性的步骤。

(1) 特征提取。提取图像中的显著性对象用于后续的匹配。通过这些显著性对象获得所谓的控制点。

(2) 特征匹配。通过合适的相似性度量，在遥感图像和参考图像的特征之间建立对应关系。

(3) 变换估计。通过建立的特征匹配和已选择的控制点来甄选图像对之间映射函数的类型和参数。这些参数的估计既可以参考图像的全局信息,又可以利用图像的局部信息。

(4) 图像变换。通过映射函数变换图像,其中基于插值的重采样技术用于确定非整数坐标上的图像值。

显然,只有在图像被预先几何修正的情况下,上述四个步骤(特别是特征的选择)才能精确地开展和实施[280]。

4.2.2　几何校正

异源图像的融合需要事先定义一个公共坐标系,典型的就是制式地图的经纬参照系,而不同地图投影筛选准则是保持目标的形状或方位的不变性[99,128]。通常使用某个标准参考系,如全球定位系统。将图像数据变换到以地球为中心的坐标系的通用技术称为几何校正。最为准确的几何校正形式是正射校正。该校正过程考虑地形的起伏,利用符合地图精度标准[2,163,181]的高分辨率数据和 SAR 数据[265],以及 DEM 产生正射影像。

1. 几何畸变的主要来源

遥感图像产生几何畸变的因素有很多,包括采集过程中无法避免的地形偏差、平台差异(飞机或卫星)、传感器差异(光学或 SAR)、信噪比差异(高或低)、视角差异等。

总体来说,失真的来源包括以下方面:①采集系统或观测方(平台、图像传感器、其他测量仪器);②外部因素或被观测方(大气、地球、地图投影的变形)[249]。来自采集系统内部或外部因素的几何误差源如表 4.1 所示。由于采集系统类型的不同,偏差可以分为与采集时间相关的低频率失真、中频率失真、高频率失真。

表 4.1　来自采集系统内部或外部因素的几何误差源

种类	子类	误差源
采集系统(观测方)	平台(航天器上或航空器上)	运动的变化,平台姿态的变化(低频到高频)
	传感器(VIR、SAR 或 HR)	传感机理的变化(扫描频率、扫描速率),可视角度/视角,全景效应
	测量仪器	时间的变化或漂移,时钟同步

续表

种类	子类	误差源
外部因素（被观测方）	大气	折射与动荡
	地球	曲率、旋转、地形效应
	地图	大地水准面为椭球，椭球地图

表 4.1 提及的主要几何误差源可以概括为以下几方面[249]。

仪器误差：主要是由光学系统的畸变、非线性扫描机制和非均匀采样率所产生的。它们通常是可预测的、系统性的，并且可以被地面修正。

平台的不稳定：主要会带来观测器高度和姿态上的扭曲。高度扭曲，连同传感器焦距、地面的平整度和地面地形都会改变图像的像素间距。姿态扭曲（卷曲、倾斜、偏航）可能改变光学图像的方向或形状，但不会影响 SAR 图像结果。如果观测平台存在速率的变化，则会改变图像的线性扫描间距，或产生扫描线的间隙和重叠。

地球自转的影响：地球旋转的后果是线性扫描的图像发生倾斜，如引起图像扫描线纬度坐标的偏差。而地球的曲率又会造成像素间距的变化。地球旋转对线性扫描图像几何结构的影响如图 4.1 所示。

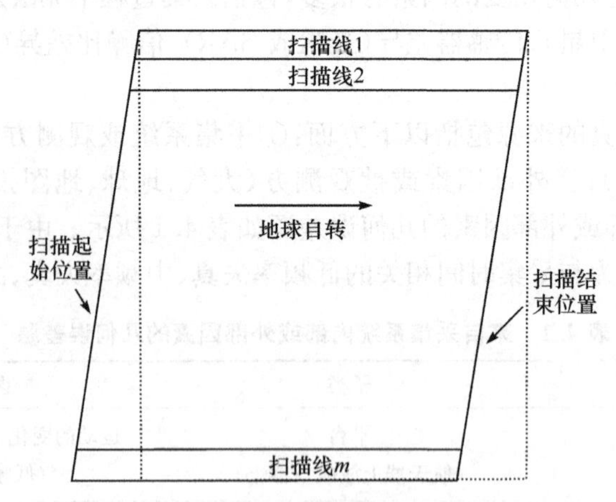

图 4.1　地球旋转对线性扫描图像几何结构的影响

（由于地球向东旋转，每一条扫描条带的起始位置都略微向东偏移）

其他传感器相关的失真：如标定参数的不准确性和全景失真。不准确的标定参数包括焦距、光学图像的瞬时视场和 SAR 获取的距离选通延迟；全景失真是传感器视场角的函数，相较于窄视场的传感器（Landsat ETM＋、SPOT-HRV），它对宽视场的传感器（AVHRR、VIRS）影响更大，可能会改变采样图像在纵坐标上的地表像素采样率。

天气干扰：每次采集时间和地点的不同所造成的图像内容差异，往往并不会去校正。对于中低分辨率图像，也是可以忽略不计的。

地图投影：会带来明显的图像形变。例如，由参考椭球体模型拟合的大地水准面所带来的形变，以及参考椭球体在切平面上投影所产生的形变。

针对这些失真的几何校正通常包含以下步骤：①两幅图像各自基于某个制式地图的坐标系，建立两幅待配准的图像之间的转换关系；②在校正之后的图像中生成一组校正点，使之具有预期标准图像的制图属性；③估计与这组校正点相关的图像像素值[181]。事实上，对该过程而言，还需要额外确定合适的校正模型和映射函数。

如图 4.2 所示，一旦图像的四个边界角被绑定到对应的地图坐标上，这个图像中各个像素的地理坐标就确定了。修正后图像的区域可以用闭合的未修正图像的矩形区域来表示。以未修正图像的四个顶角作为出发点，沿着正东和正北的方向利用最小二乘法变换获得修正后图像顶角的详细地图坐标值。一旦获得以地图坐标表示的修正后图像的顶角位置（以千米为单位），那么修正后图像像素中心的具体位置也可以相继确定下来。最后，这些带有地图坐标的像素中心转化为修正后图像的像素坐标，而被修正后图像的像素值也由此确定。对那些没有位于未修正图像区域的像素赋空值。

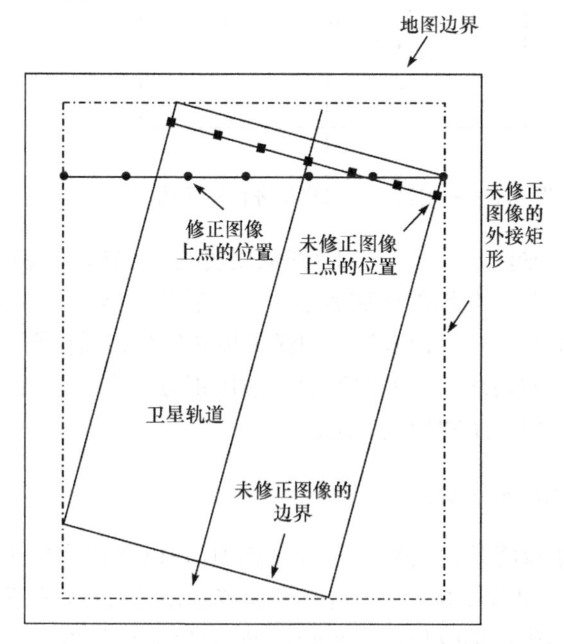

图 4.2　地图坐标系到图像坐标系转换的过程

基于适当的物理模型,几何校正可以借助与各个失真相对应的数学函数分步执行,或借助一个组合函数统一执行[249]。卫星轨道的特点、地球自转、传感器的沿轨和跨轨采样率等因素都可以用于实现上述两种校正过程。如果卫星平台的轨道参数是充分已知的,那么利用轨道参数来辅助图像校正便可以获得很高的精度。图 4.3 描述了利用轨道几何模型进行几何校正的例子,如若不然,不太精确的轨道模型将只对精度要求不高或被覆盖区域地图坐标未知的情形有效。除此之外,则应考虑使用一些二维或三维经验模型(多项式或有理函数)来生成地形和图像坐标之间的几何映射。

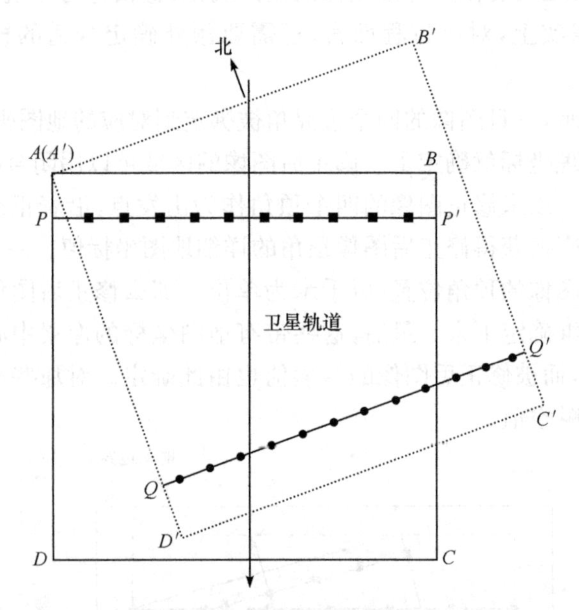

图 4.3　利用轨道几何模型进行图像几何校正的例子

图 4.3 中,未经过校正的(未加工)图像用实线框($ABCD$)表示,而校正后的图像用虚线框($A'B'C'D'$)包围的区域表示。修正后的图像其列朝向正北,其行朝向东西。子卫星轨道是能够进行未处理图像采集的星载扫描仪平台所产生的地面轨迹。未处理图像的扫描线 PP' 上的像素中心用正方形点表示,而校正后图像的扫描线 QQ' 上的像素中心用圆形点表示。

4.2.3　点映射方法:图像变换

轨道几何模型仅将几何失真纳入考察范围,并以此作为校正的先验知识。相比之下,一些不可预测的、由观测平台高度和姿态差异所导致的失真无法据此进行有效校正。一种替代性手段是定义经验模型,并以此比较校正图像和参考图上一些共同坐标处的位置偏差。以这些位置偏差作为出发点,就可以估计一个较为准确的图像变换来测量并修正当前图像存在的畸变。如果缺少足够精确的地图坐标信息,也可以通过标定一组地面控制点,并使用位置修正的方式进行图像校正。

1. 二维多项式

由易于辨认的图像特征生成的精确定位控制点能够方便地对参考地图坐标,以及采集图像之间的几何关联关系进行识别和辨认。用(x_n, y_n)表示地图坐标系的第 n 个控制点,用(X_n, Y_n)表示图像坐标系对应的点。图像中的像素坐标表示像素沿着扫描线(列)和列方向(行)的位置,而地图坐标则表示像素对应目标位置的经度和纬度。通常情况下,图像的坐标是已知的,而地图的坐标是未知的。然而,如果某些参考配准点的地图坐标是已知的,那么(x_n, y_n)和(X_n, Y_n)之间就可以建立一个映射函数,而剩下的点也可以按这个映射函数修正对应位置,即

$$\begin{cases}\hat{X}_n=(x_n, y_n)\\ \hat{Y}_n=g(x_n, y_n)\end{cases} \tag{4.1}$$

自 20 世纪 70 年代以来,二维多项式函数广泛应用于图像配准[267]。对于其最简单的形式,即一次多项式,有[103]

$$\begin{cases}\hat{X}_n=aX_0+aX_1y_n+aX_2y_n\\ \hat{Y}_n=aY_0+aY_1x_n+aY_2y_n\end{cases} \tag{4.2}$$

式中,系数 aX_0、aX_1、aX_2、aY_0、aY_1 和 aY_2 可以由控制点使用最小二乘法计算获得[181]。系数的最优解可以通过全局优化的方式获得(如整个图像使用一个单一方程),也可以通过局部优化的方式求解(如每部分图像对应一个方程)。相比之下,局部最优解更加精确,代价是计算量较大[127]。

有这样一种特殊的一阶函数(拥有 6 个未知数),即仿射变换,更加适合描述刚体扭曲的映射修正过程[51],即

$$\begin{cases}\hat{X}_n=t_x+s(x_n\cos\theta-y_n\sin\theta)\\ \hat{Y}_n=t_y+s(x_n\sin\theta-y_n\cos\theta)\end{cases} \tag{4.3}$$

式中,t_x 和 t_y 分别为在 x 和 y 轴上的偏移;θ 为旋转角度;$s(\cdot)$为放缩函数。即使反射失真[131]可以被补偿,由图像扭曲引起的包括全景失真在内的一系列类似图像内容损失的修正却较难。在这种情况下,需要用二阶多项式(12 个未知数)或更高的多项式对畸变建模,但即使在实践中,也很少使用高于三阶的多项式(20 个未知数)。事实上,相关文献已经指出三阶多项式会用在典型正射图像上,如 Landsat-TM 或 SPOT-HRV 图像上引入像素相对位置误差,一些经过地理位置标定和多传感器图像融合处理的图像也是如此,如 SPOT-HRV 和机载 SAR 图像[248]。

对于由传感器的非线性性质与观测视角差异引起的图像失真，二维多项式映射模型是无法有效修正的，同时该模型也没有考虑地面起伏方面的影响。因此，该模型主要适用于有限失真的图像，例如星下点观测图像、图像系统修正数据和平坦地面区域的小尺度图像[44]。更进一步，这些函数还适用于校正地面控制点(CPC)周围的局部失真，因此那些对输入误差非常敏感的图像需要大量均匀分布的GPC[83]来辅助修正。因此，二维多项式并不适合要求精确几何位置或有高低起伏区域的多源数据融合[249]。

2. 三维多项式

三维多项式由二维多项式扩展而来，其中增加了一个维度 z 来表征地形高度。然而，即便是考虑地形因素，三维多项式的局限性也与二维多项式情形类似：对输入误差敏感，并且适用于有大量均匀分布的 GPC 小图片块[249]，在实际使用中性能的稳定性和一致性较差。相比之下，使用有理三维多项式可以得到更好的校正结果。如果想要更好地消除图像的局部失真，则需要设计具有更高专用性的映射函数，其中最为准确的一种是曲面样条函数。虽然该方法计算量大，但是可以通过设计更加快速高效的局部自适应算法[101]来弥补。

总体来说，基于最小二乘法的校正方法是一种最常用的中等分辨率图像(如 Landsat ETM+图像，通常具有 30m 左右的地面空间采样率)的参考标定手段。尽管其图像标定的准确性取决于地面控制点的数量和分布，然而如前所述，如果校正过程使用的是全局最优的方法，那么地图和图像会存在局部差异，甚至在各个控制点上也如此。更进一步地，经验多项式对地势起伏很敏感，因此如何选择更合适的拟合多项式对 IKONOS 和 QuickBird 这类传感器输出图像的校正就变得极为关键。为了更有效地解决这个问题，IKONOS 系统的运营商为其立体图像产品提供了专用的校正多项式[181]。

4.2.4 重采样

只要计算出用于图像和其参考(地图)坐标进行关联的变换系数，就可以通过式(4.1)反变换推导出地图与图像坐标进行关联的方程组。

在地图采样网格上确定各坐标点处的像素值是关键的操作。而实际上，地图上网格点的位置可以重新映射到图像网格上，对应坐标处的像素值就可以对地图网格上对应的点进行赋值。虽然概念上很简单，但为了该过程切实可行，依然需要一些技巧。通常情况下，根据地图网格映射得到的图像坐标不是整数值，一个像素值可以直接在图像网格上确定。更普遍的情况是，这些坐标是实数值，并且需要通过其像素网格的四邻域坐标进行近似计算。在这种情况下，为了将图像像素值转换到对应地图的网格点处，就需要使用插值操作。

在实践中，这种像素插值操作通常采用以下三种模型。

(1) 最近邻插值法，即使用地图网格点反向映射后所得图像坐标最近邻位置处的像素值为其赋值。

(2) 双线性插值。相比最近邻插值，利用地图网格点反向映射后所得图像坐标最近邻的四个像素位置上的像素均值为其赋值。求取该像素均值的过程中，反向映射点和其四个最近邻像素位置的相对距离即可作为相应位置处像素值的归一化权重。这相当于同时根据 x 和 y 坐标进行线性插值。

(3) 双三次插值法。该方法建立在对地图网格反向映射像素坐标周围的多个像素值进行双三阶多项式拟合的基础上。在实际应用中，反向映射图像像素坐标周围最邻近的 16 个像素值用于估计映射图像的像素值。该插值法所需要的计算量远大于最近邻插值法或双线性插值法，其优点是没有最近邻插值法中的块效应或双线性插值法中的过度平滑问题。

4.2.5 其他配准技术

4.2.3 节描述的点映射法本质上都是基于特征的方法，因为这都涉及特征提取和特征匹配的过程。基于特征的算法既可以用于空间域操作，通过搜索封闭边缘区域、明显的边缘，将显著的对象作为控制点[84,102,164]；也可以用于频率变换域，即使用多分辨率小波变换，从小波系数中提取特征。其他类别的配准方法则是通过将校准图和参考图进行图像区域块匹配的方式来实现[103]。在局部图像的比较过程中，一些常用的相似性度量标准包括归一化互相关、相关系数、互信息，以及其他类似的测度指标[139]。一些关于最新配准技术的论述可查阅 Moigne 等[161]的文献。

4.3 图像插值

4.1 节重点介绍了全色锐化操作准则中的多光谱图像插值操作，其中来自全色图像的空间细节信息需要重新融入全色图像[151]。实际上，除了由于配准失准没有完全补偿的图像失真，不合理的操作甚至会增加插值多光谱图像和参考全色图像之间的亚像素偏移量。特别是，基于多分辨率分析[12,196,200,202,216,217,278]的全色锐化方法，本质上比基于成分替换的方法对多光谱和全色图像之间的各种拟合偏差更为敏感[45]。

在将全色空间细节融入多光谱图像之前，需要将多光谱图像扩大到与全色图像相同的尺度，这时插值就成为大多数全色锐化方法中的重要步骤。在后续子章节中,将详细阐述数字技术插值的理论基础,并介绍基于局部多项式的图像重建和对奇偶一维插值核的解析式分析。最终,作者通过 Pléiades 数据的仿真测试结果量化展示全色锐化插值的效果。

4.3.1 问题描述

理论上来说,一个图像的插值过程一般由以下两部分组成。

(1) 重建过程:以插值或者拟合逼近[100]的方式来实施。该过程以最初的离散数据作为出发点,生成重建模型底层的连续灰度曲面数据。

(2) 连续灰度曲面的重采样过程:产生一个新的、采样频率比原始数据更高的数字图像。

然而,在实际操作中,上述处理过程都需要在数字处理设备上进行,这就导致在实际的计算中不能使用连续函数。在这种情况下,必须通过特定的、能够将前两步合并起来的离散化操作,重采样图像的像素坐标及像素值可以直接通过离散计算的方式获得。作为大部分全色锐化处理过程(以整数倍尺度进行插值,根据输入的像素坐标以半像素尺寸的整数倍输出插值点阵坐标)的核心功能项,其中的插值操作可以通过数字有限脉冲响应滤波器来实现。具体过程是使用一个表示采样脉冲响应函数的离散低通滤波器内核,对以零交叉方式采样的图像进行线性卷积操作,并最终获得原始图像信号在期望尺度上的插值结果[188]。

4.3.2 数字插值的理论基础

为了推导出数字插值的相关理论,先简要回顾采用连续滤波器插值模拟信号的相关理论。

1. 基于连续核函数的插值

首先考虑由连续时间函数 $x_{\mathrm{C}}(t)$采样得到的输入序列 $x[n]$,($x[n]=x_{\mathrm{C}}(nTx)$)的情况。若满足采样定理的条件,则 $x_{\mathrm{C}}(t)$是一个具有频谱 $x_{\mathrm{C}}(j)$的带限信号,在 $|\Omega|>\Omega_N$ 的情况下频率为零。该信号序列的采样频率符合 $\Omega_x>2\Omega_N$ 条件,其中 $\Omega_x=2\pi/T_x$,T_x 是序列 $x[n]$的采样周期。在这种情况下,连续函数 $x_{\mathrm{C}}(t)$的函数值就可从卷积周期为 T_x 的连续时间归一化脉冲序列函数 $x_{\mathrm{S}}(t)$调制后的离散序列$x[n]$中恢复,即

$$x_{\mathrm{S}}(t)=T_x\sum_{n=-\infty}^{+\infty}x[n]\delta(t-nT_x) \tag{4.4}$$

低通连续时间重建核函数的冲激响应 $h_{\mathrm{R}}(t)$的频率响应为

$$x_{\mathrm{C}}(t)=x_{\mathrm{S}}(t)*h_{\mathrm{R}}(t)=T_{x}\sum_{n=-\infty}^{+\infty}x[n]h_{\mathrm{R}}(t-nT_{x}) \tag{4.5}$$

式中，* 为线性卷积[199]。脉冲序列函数的归一化保证了 $x_{\mathrm{S}}(t)$ 和 $x_{\mathrm{C}}(t)$ 有相同的波形维数。

在频域空间，一组信号的基础频率周期可以通过去除所有采样频率 Ω_x 的整数倍缩放版本 $X_{\mathrm{c}}(\mathrm{j}\Omega)$，在输入序列 $x[n]$ 的周期性傅里叶变换 $X\mathrm{e}^{\mathrm{j}w}=X(\mathrm{e}^{\mathrm{j}\Omega T_x})$ 结果中筛选获得。这等价于挑选那些归一化周期为 2π 整数倍（即频率为 $\omega=\Omega T_x$）的值，用于表示数字信号序列的标准频谱空间。

这样一来，连续时间函数值 $x_{\mathrm{C}}(t)$ 可以在更高的采样频率 $\Omega_y(\Omega_y=L\Omega_x)$ 和采样周期 $T_y=T_x/L$（插值因子 $L>1$）上通过重采样的方式重建出来，并且插值生成的信号序列 $y[m]$ 的采样频率比原始信号 $x[n]$ 的频率高出 L 倍。而该重建序列 $y[m]$ 的归一化频谱 $Y(\mathrm{e}^{\mathrm{j}\omega})$ 相当于原始信号周期 $X_{\mathrm{C}}(\mathrm{j}\Omega)$ 的多倍放大版，等价于在归一化频率 $\omega=\Omega T_y$ 上增加了多个周期为 2π 的整数倍值[199]。

2. 基于离散核函数的插值

插值序列 $y[m]$ 可以等价地以离散卷积的方式获得。图 4.4 展示了一个以尺度倍数 L 对输入序列 $x[n]$ 进行离散插值的流程图。

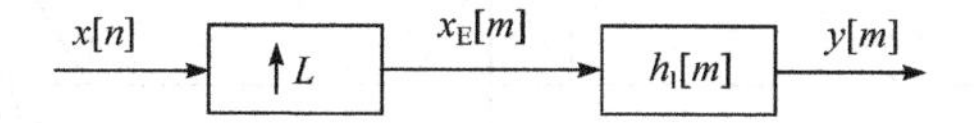

图 4.4　输入序列 $x[n]$ 的 L 倍尺度放大的离散插值流程图

首先，在原始序列 $x[n]$ 中的两个连续样本之间插入 $L-1$ 个空样本，形成一个离散时间序列 $x_{\mathrm{E}}[m]$，从而使 $x[n]$ 扩展到插值序列 $y[m]$ 的长度。$x_{\mathrm{E}}[m]$ 的归一化频谱 $X_{\mathrm{E}}(\mathrm{e}^{\mathrm{j}\omega})$ 是 $X_{C}(\mathrm{j}\Omega)$ 周期的重复，经过振幅的缩放和相位上的旋转，使之位于 $2\pi/L$ 的整数倍。归一化频谱 $y[m]$ 的重建可以通过使用离散低通核 $h_{\mathrm{I}}[m]$ 来完成该过程要求能够移除 2π 的整数倍的所有频谱复本。经过上述操作，$h_{\mathrm{I}}[m]$ 的归一化频率响应 $H_{\mathrm{I}}(\mathrm{e}^{\mathrm{j}\omega})$ 是连续时间低通滤波器频率响应的 2π 周期扩展。这样，冲激响应 $h_{\mathrm{I}}[m]$ 可以通过对连续时间冲激响应 $h_{\mathrm{R}}(t)$ 以 $T_y=1/L$ 为周期采样获得[199]。

图 4.5 描述了原始序列 $x[n]$、上采样序列 $x_{\mathrm{E}}[m]=x[n]\uparrow L$ 和插值序列 $y[m]=x_{\mathrm{E}}[m]*h_{\mathrm{I}}[m]$ 在 $L=3$ 时的数字插值。这三个信号的频谱分别是 $X(\mathrm{e}^{\mathrm{j}\Omega T_x})$、$X(\mathrm{e}^{\mathrm{j}\Omega T_x/3})$ 和 $X(\mathrm{e}^{\mathrm{j}\Omega T_x/3})\cdot H_{\mathrm{I}}(\mathrm{e}^{\mathrm{j}\Omega T_x/3})$。由图 4.5(b) 可知，频率轴上的数值没有按照各自的采样频率间隔进行归一化，可以避免出现如图 4.5(a) 所示的时域空间图中的尺度差异。

即使实现脉冲响应信号 $h_{\mathrm{I}}[m]$ 是线性时不变的，整个系统（低通滤波后上采

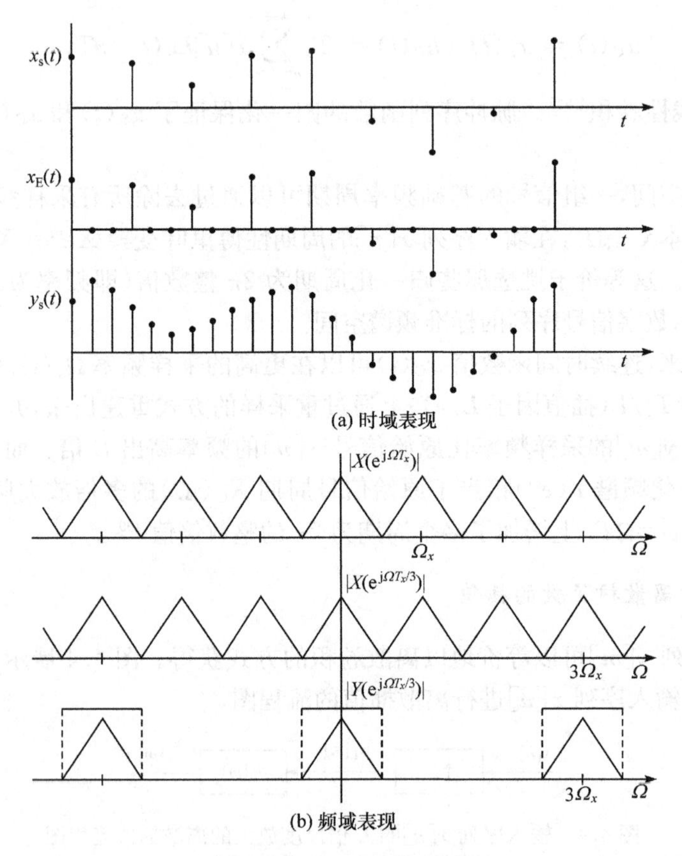

图 4.5　$L=3$ 时的数字插值

样)以冲激响应$h_E[n,m]$来表示时是线性时变的。也就是说,如果输入信号经历了整数倍 δ 的采样值平移,输出信号值并不会产生相同的平移量,除非 δ 是 L 的倍数。特别地,$h_E[n,m]$在时间轴 m 上以周期值 L 反复,这样以 L 为时间步长的插值器可以视为一个具有线性周期时变的离散时间系统。

$x[n]$和 $y[m]$之间的 I/O 关系可以使用一个多相结构来表示,从而 $y[m]$序列可以视为 L 个长度为 m/L 的子序列的交叉重叠。尽管所有的滤波器都是由$h_I[m]$派生而来的,从输入序列 $x[n]$开始计算每一个输出子序列都需要使用一个不同的滤波器。因此,计算过程中和扩充零样本的乘积操作就被忽略了,同时整个计算过程也更加快速,这一点在 L 较大的情况下尤为明显[76,186]。

4.3.3　理想情况和实际情况

为了获得最优图像重建效果,相关研究文献提出大量的插值函数方案[177,188,207,223,233]。从理论角度看,连续数值表面上的点可以由采样值精确地恢复，如果原始信号是带限信号，采样频率需要高于奈奎斯特频率，也就是两倍信号带宽。在这种情况下，插值函数就是一个理想的低通滤波器，即 sinc 函数。

理想情况下，这个过程需要无限大的图像和无限长的插值滤波器。然而，原始的图像大小是有限的，而图像插值在所处理数据量很大的情况下又必须具有足够快的速度。因此，常用的插值方案多基于少量样本以局部运算的方式进行[62]。

在这些局部差值方法中，基于分段局部多项式的实现方案在计算复杂性和重构图像的质量之间可以获得较好的权衡[206,233]。相反，理论上最优的 sinc 插值函数在实际使用中则需要借助加窗(windowing)技术来实现，本质上是一个通过对无限冲激响应平滑截断来避免吉布斯振铃效应的计算技巧。由此产生的结果是，通过有限时间插值器拟合得到的近似 sinc 函数的插值效果要比加窗处理之后的 sinc 函数更加有效，尤其是这种拟合方式能够完全去除后者存在的信号波纹效应。

4.3.4　分段局部多项式核函数

分段局部多项式的图像插值方法在相关研究中使用广泛，尤其是最近邻、线性和立方插值方法。最近邻(零阶)、线性(一阶)和立方(三阶)插值方法在全色锐化中使用广泛，并可以在常用的图像处理工具集中找到。然而，最近邻核方法本质上只是对输入样本的重复，所以在实践中只能用于实时性要求高、生成图像质量要求低的场合，其较差的选择性频率响应很容易产生块效应。而二次(二阶)插值方法在过去被认为不适用于图像上采样，因为其转换结果具有的非线性相位会引起较为明显的图像扭曲[223,266]。实际上，上述结论在后续的研究中认为是不正确的，这主要是因为先前关于无图像畸变且性能与三阶核函数处理效果相当的插值方法的一些假设存在错误。

偶数阶和奇数阶插值之间的一个重要区别是，由于偶数阶插值本身的对称性和相位的线性性质，如果以偶数倍缩放尺度来插值，那么最近邻和二次插值方法对图像采集时会产生半像素错位[207]。相反，如果忽略插值因子，线性和立方插值器可以设计为零相位、奇长度的滤波器，从而使滤波产生的图像和原图像之间没有任何位移偏差。然而，由于现代多光谱和全色相机的采集特性(其点扩散函数以每个像素中间为中心)，偶数阶滤波器的这个明显缺点在进行图像全色锐化时可能会变成一种显著的优势。本章的剩余部分将表明，这种插值错位的直接后果是全色和多光谱图像之间需要进行补偿的位移量会明显增大。在多数情况下，若尺度因子是奇数，则移位长度是整数；若尺度因子是偶数，则移位长度等于一个整数加上半个整数。可以明显看出，全色和多光谱图像之间的尺度比例等同于多光谱图像的插值缩放因子。因此,如果尺度比例为奇数,就必须使用奇数滤波器。这时,各阶的拟合多项式都是可用的。相反,如果两个尺度之间的比例是偶数,那么最近邻和二次插值法能够产生更好的多光谱和全色图像数据叠加。但是,值得重点提醒的是,线性和立方滤波器也可以设计成偶数滤波器并应用于多光谱图像的插值。

4.3.5 分段局部多项式核函数的推导

分段局部多项式核函数可以有效地应用于数字式插值。为了获得插值核函数的相关系数,需要首先研究连续时序信号插值核,在后续章节关注其偶数或奇数式插值方法。

1. 连续时间局部多项式核函数

4.3.2 节已经展示了插值序列 $y[m]$可以通过数字低通滤波器过滤上采样序列 $x_E[m]$获得。这个滤波器的冲激响应为 $h_I[m]$,可以通过采样连续时间冲激响应 $h_R(t)$得到,采样周期为 $T_y=T_x/L$。

连续时间滤波器 $h_R(t)$的设计方式如下。理想插值 sinc 函数因拥有无限的长度而不能作为有限冲激响应滤波器来使用,因此就将研究重点放在多项式逼近下的 sinc 表达式。在这种情况下,插值曲线可以表示为具有单个样本宽度的多个多项式段(分段局部插值)的组合。

如果用 p 表示各个拟合多项式的阶数,该组合拟合方案中的各个多项式可以视为对原始信号序列中 $p+1$ 个样本的最近邻插值。因此,如果 $p+1$ 是偶数,那么多项式段的阶数就是奇数(线性和立方重构函数),且每个拟合多项式起始并终止于各个相邻的样本点;反之,如果 $p+1$ 是奇数,多项式段的阶数就是偶数(零阶和二阶重构函数),且每个拟合多项式开始和结束于两个相邻采样点的中间[88]。表 4.2 显示了在等间隔采样下,零阶、线性、二次和立方重构函数的冲激响应$h_R(t)$[89]。在不失一般性的情况下,采用 $T_x=1$ 的假设不仅在理论上成立,还能起到简化符号表示的效果。在插值重构过程中,连续函数 $x_C(t)$的每个值都通过以底层的像素坐标选择正确的分段插值多项式 $h_R(t)$与各个信号值 $x_C(n)$相乘后获得。该卷积过程使用的插值函数 $h_R(t-n)$系数符合 $t-\frac{p+1}{2}\leqslant n\leqslant t+\frac{p+1}{2}$。

表 4.2　分段局部多项式内核的连续时间冲激响应

多项式次数	连续时间冲激响应 $h_R(t)$	
$p=0$ (零阶)	1 0	$\|t\|\leqslant\frac{1}{2}$ 其他
$p=1$ (线性)	$1-\|t\|$ 0	$\|t\|\leqslant 1$ 其他
$p=2$ (二次)	$-2\|t\|^2+1$ $\|t\|^2-\frac{5}{2}\|t\|+\frac{3}{2}$ 0	$\|t\|\leqslant\frac{1}{2}$ $\frac{1}{2}<\|t\|\leqslant\frac{3}{2}$ 其他
$p=3$ (立方次)	$\frac{3}{2}\|t\|^3-\frac{5}{2}\|t\|^2+1$ $-\frac{1}{2}\|t\|^3+\frac{5}{2}\|t\|^2-4\|t\|+2$	$\|t\|\leqslant 1$ $1<\|t\|\leqslant 2$ 其他

2. 奇数和偶数局部多项式核函数

现在考虑一个特殊的数字插值核函数，该核函数在连续时间冲激响应 $h_R(t)$ 上输出的离散冲激响应为 $h_I[m]$。对该核函数而言，最重要的设计参数是 $h_I[m]$ 的长度，其中 M 是系数的个数。当且仅当冲激响应是对称的，即 $h_I[m]=h_I[M-1-m]$ 时[199]，若 $M=2\tau+1$（τ 可以不为整数），则滤波器的线性相位会有一个 τ 样本的输入延迟。该约束条件可以通过两个奇偶滤波器产生的不同的冲激响应来实现，其中相应滤波器的奇偶性取决于 M 数值的奇偶性质，如图 4.6 所示。

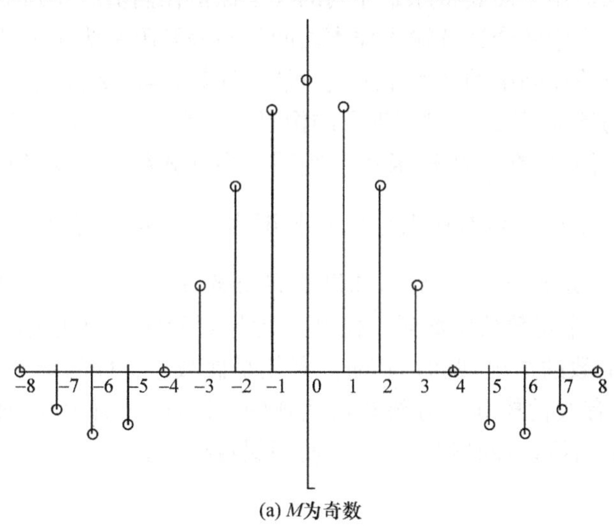

(a) M为奇数

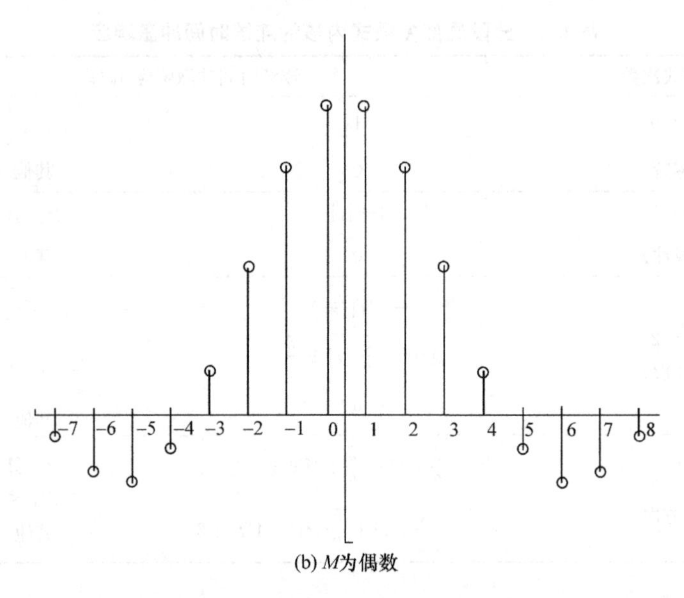

(b) M为偶数

图 4.6 对 1∶4 的插值处理过程而言，使用线性相位冲激响应滤波器时两种可能的对称冲激响应波形

（为了提高可阅读性，M 值为奇数和偶数的情况下其滤波器的原点放置于 $(M-1)/2$ 和 $M/2-1$ 处，也就是说滤波器本身不具有因果性，且时间轴仅进行相应的平移处理）

如果 M 是偶数，对称中心在两个样本 $M/2-1$ 和 $M/2$ 之间，同时滤波延迟 $\tau=(M-1)/2$ 不是整数，经过扩展的信号序列中的样本都处于原始信号不存在的位置。相反，如果 M 是奇数，对称中心在中间样本 $(M-1)/2$ 上，滤波延迟是个整数。这种滤波器形式适用于需要将原始序列的样本保留在插值后序列中的情况。

由于冲激响应中两个连续输入样本之间的间隔被限制为 $1/L$，增加 M 值则意味着会有更多原始序列中的样本用来进行插值计算，样本数大约是 M/L。考虑使用分段多项式的情况，该计算过程涉及的像素个数为 $q=p+1$，其中 p 是各个多项式的阶数。按此假设，在奇数核函数中使用的多项式核长度为 $M=q(L-1)+2\left[\frac{q+1}{2}\right]-1$，而在偶数核函数中对应的核长度为 $M=pL$。需要注意的是，当核函数为奇数时，M 一定是奇数。因此，如果 L 是奇数，$L-1$ 就是偶数且 M 一定是奇数。其结果是，一个奇数核函数对于任意 q（即任意阶的多项式函数）都是可用的。再考虑偶数核函数的情况，此时 M 的值必须是偶数。这样的结果是，q 的值必须是偶数，而且只有线性核和立方核是可实现的。因此，不管怎样，如果 L 为奇数，那么在进行卫星图像处理时就没有必要使用偶数核函数。

相反，如果 L 是偶数，那么 $L-1$ 就是奇数，而 M 也是奇数，也就是说奇数核函数只有在 q 是偶数时才可以得到，典型的例子包括线性核和立方核。如果 q 是奇数，如最近邻或二次核，那么只有偶数滤波器是可用的；同时，作为相应的结果，输入和输出信号序列之间将发生一个非整数的半像素偏移，此外还包括一系列额外的整数样本偏移。但是，如果 L 是偶数，偶数滤波器也可以通过线性和立方多项式拟合获得，因为在任意 q 值下 M 都必须为偶数。

到目前为止，介绍了信号处理中常用的因果滤波器，这些滤波器主要适用于时间函数信号，因为这些滤波器只能处理那些对用户而言已有的值。然而，在处理数字图像时，总是首选无因果关联的滤波器，因为图像的信号总能一次性获得而不需要考虑时间尺度约束。不同的是，具有对称冲激响应的因果滤波器总是存在非零线性相位项，这会导致一个非零的延迟 τ，而该延迟会根据滤波器长度是奇数还是偶数而相应地表现为奇数或偶数。如果离散脉冲响应是奇数长度，那么无关联滤波器是零相位滤波器；否则，会存在一个非零线性相位项和一个亚像素延迟 τ，其在偶数滤波器时体现为半个像素的长度。接下来的讨论中，将考虑无关联滤波器，在此情况下，奇数滤波器将具有零相位和零延迟，而偶数滤波器则带有半个像素延迟的线性相位。

表 4.3 和表 4.4 展示了数字 LTI 低通有限冲激响应滤波器 $h_{\mathrm{I}}[m]$ 在 $L=2$ 和 $L=3$ 时核函数的系数。可以看到，这些核函数的系数总是等同于插值的比例因子。这些系数的具体数值则表明使用有限算术的实现方案往往更加可取。

表 4.3　数字 LTI 低通有限冲激响应滤波器 $\{h_{\mathrm{I}}[n]\}$ 在 $L=2$ 时核函数的系数

滤波类型	奇数	偶数
$p=0$（零阶）	不可行	$\{1,1\}$
$p=1$（线性）	$\left\{\frac{1}{2},1,\frac{1}{2}\right\}$	$\left\{\frac{1}{4},\frac{3}{4},\frac{3}{4},\frac{1}{4}\right\}$
$p=2$（二次）	不可行	$\left\{-\frac{1}{16},\frac{3}{16},\frac{14}{16},\frac{14}{16},\frac{3}{16},-\frac{1}{16}\right\}$
$p=3$（三次）	$\left\{-\frac{1}{16},0,\frac{9}{16},1,\frac{9}{16},0,-\frac{1}{16}\right\}$	$\left\{-\frac{3}{128},-\frac{9}{128},\frac{29}{128},\frac{111}{128},\frac{111}{128},\frac{29}{128},-\frac{9}{128},-\frac{3}{128}\right\}$

表 4.4 数字 LTI 低通 FIR 滤波器$\{h_I[n]\}$在 $L=3$ 时核函数的系数

滤波类型	奇数
$p=0$ (零阶)	$\{1,1,1\}$
$p=1$ (一次)	$\left\{\frac{1}{3},\frac{2}{3},1,\frac{2}{3},\frac{1}{3}\right\}$
$p=2$ (二次)	$\left\{-\frac{1}{18},0,\frac{5}{18},\frac{14}{18},1,\frac{14}{18},\frac{5}{18},0,-\frac{1}{18}\right\}$
$p=3$ (三次)	$\left\{-\frac{2}{54},-\frac{4}{54},0,\frac{18}{54},\frac{42}{54},1,\frac{42}{54},\frac{18}{54},0,-\frac{4}{54},-\frac{2}{54}\right\}$
滤波类型	偶数
$p=0$ (零阶)	不可行
$p=1$ (一次)	$\left\{\frac{1}{6},\frac{3}{6},\frac{5}{6},\frac{3}{6},\frac{1}{6}\right\}$
$p=2$ (二次)	不可行
$p=3$ (三次)	$\left\{-\frac{35}{1296},-\frac{81}{1296},-\frac{55}{1296},\frac{231}{1296},\frac{729}{1296},\frac{1155}{1296},\frac{1155}{1296},\frac{729}{1296},\frac{231}{1296},-\frac{55}{1296},-\frac{81}{1296},-\frac{35}{1296}\right\}$

图 4.7 展示了插值因子 $L=2$ 时，奇数和偶数长度的多项式核函数的归一化幅值响应。对数尺度(量级)的图表表明，多项式核函数无论在通带，还是阻带信号段都没有波纹。图 4.7(a)和图 4.7(b)来自 Aiazzi 等论文[12]，表明这些对数尺度图表中所显示的结果与多项式的前 11 阶表达形式相关。使用该低通滤波器进行两倍插值是为了完全去除由奈奎斯特频率定义的信号频带的上半部分(也就是归一化图表中的 0.5 阈值)，而保留其下半部分。因此，理想的插值器是一个具有无限长度的 sinc 函数，它的频率响应应该是带有虚线垂直边缘的矩形区域标出的部分。

因此，无论信号的通带，还是阻带，滤波器的频率响应越接近理想的矩形，对应插值操作的效果就越好。在这个意义上，图 4.7(a)表明随着多项式阶数的增加，最终得到的零相位滤波器的滤波效果也随之变好。当使用立方插值($p=3$)替代线性插值($p=1$)时，这种优势提升最为明显。图 4.7(c)显示了只允许偶数的滤波器长度和奇数阶插值器的偶数滤波器实现方案。突出的现象是，偶数滤波器的频率响应不穿过阴影交叉区域的中心点(0.25、0.5)，但是在多项式阶数增加时，对应响应曲线到该点的距离总是趋近于零。最近邻插值(零阶多项式)的响应是 sinc

响应主瓣的 1/2。它有足够的通带,但在阻带上有较少的选择性。相反,偶数长度的线性插值器在阻带存在充分的选择性响应,但在通带的响应较差。四阶和偶数式三阶插值器相比则拥有更加优越的工作特性,只不过后者的性能在阻带信号处理方面略优。

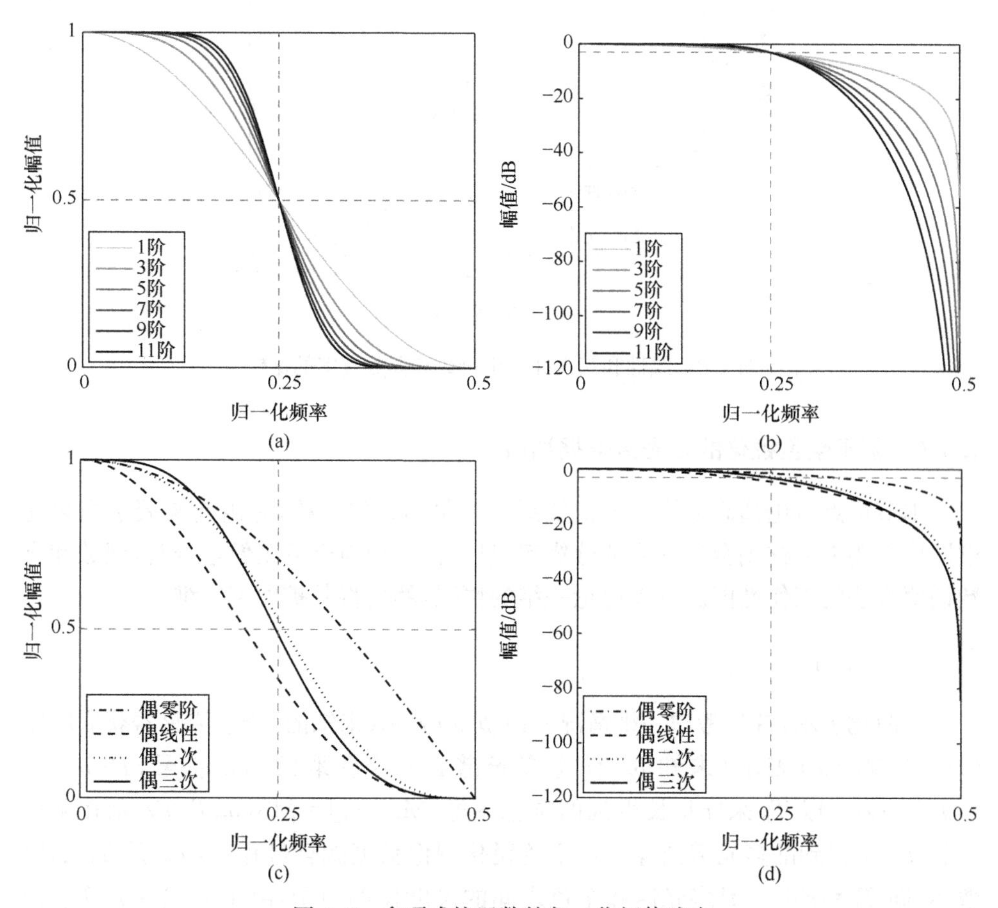

图 4.7　多项式核函数的归一化幅值响应

((a) 插值的阶数是 1、3、5、7、9、11 奇数长度的零相位对称核(线性放缩);(b) 对数放缩尺度;
(c) 插值的阶数是 0、1、2、3 偶数长度线性相位对称核(线性放缩);(d) 对数放缩)

图 4.8 比较了线性和三次插值中奇数和偶数方案下的频率响应。值得注意的是,虽然偶数长度线性插值工作性能不如奇数长度的线性插值(振幅在截止频率低于 0.5 时,在频域通带保留的信号量较少);对三次插值器而言,其奇偶长度实现的性能几乎完全相同,只是前者奇数长度方案有微弱的优势。从本质上来说,它们的频率响应只取决于相位项的不同,是零或有半个采样长度的迁移。因此,偶数三次插值器极好的性能可以在更适合进行偶数插值的环境中体现出来,如全色锐化。

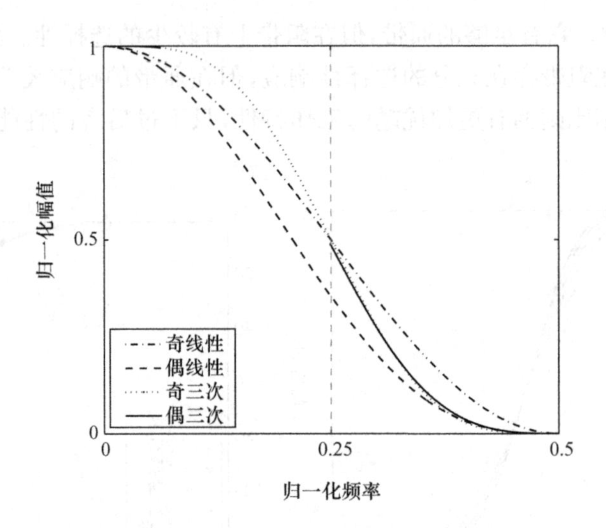

图 4.8 线性和三次插值中奇数和偶数方案的比较

4.3.6 基于全色锐化的多光谱数据插值

本节重点讨论超高分辨率成像仪图像采集的几何结构,并由此来展示当多光谱图像需要上采样到全色图像的分辨率,且无偏差地与全色图像重合时,偶数和奇数插值方法的工作性能。首先讨论一维的情况,然后将其扩展到二维。

1. 一维情况

为简化表示,首先考虑一维情况。由 $p(x)$ 表示(未知的)全色传感器获取的图像信号,$\mathrm{MS}(x)$ 表示(未知的)任意多光谱成像仪获取的图像信号,$P[n_{\mathrm{p}}]=P(n_{\mathrm{p}}T_{\mathrm{p}})$ 表示以 T_{p} 采样步长得到的全色图像,$\mathrm{MS}[n_{\mathrm{m}}]=\mathrm{MS}(n_{\mathrm{m}}T_{\mathrm{m}})$ 表示在采样步长 T_{m} 下得到的多光谱图像。在全色锐化图像数据融合过程中,T_{m} 是 T_{p} 的整数倍,即 $T_{\mathrm{m}}=rT_{\mathrm{p}}$,$r$ 是多光谱和全色之间的尺度比例因子,由于 $n_{\mathrm{p}}T_{\mathrm{p}}=n_{\mathrm{m}}T_{\mathrm{m}}$,因此 $n_{\mathrm{p}}=rn_{\mathrm{m}}$。

假设全色和多光谱传感器对相同场景区域成像,采样范围起始于 $x=0$,终止于 $x=X-1$。为全色图像假定一个统一的采样步长,则依赖全色传感器的采样点将分布于坐标 $x_i=i(i=0,1,\cdots,X-1)$。如果各个传感器的点扩散函数(PSF)靠近每个像素的左侧,那么多光谱的采样点就会与全色图像在坐标 $x_i=ri\left(i=0,1,\cdots,\dfrac{X}{r}-1\right)$处对齐。这种情况下,原始多光谱图像可以在全色图像尺度上通过插值恢复重建出来。对于全色图像的每一个点,只有多光谱波段上的 $r-1$ 个点需要计算,对此选用一个奇数滤波器是最理想的插值方案。

然而,卫星传感器的实际情况是所有的 PSF 都集中在相应像素的中间,以至于多光谱传感器各个采样点的坐标变为

$$x_i=\frac{r-1}{2}+ri,\quad i=0,1,\cdots,\frac{X}{r}-1 \tag{4.6}$$

若比例因子 r 是奇数,则延迟 τ 是全色图像坐标的整数偏移且不需要对插值图像进行重采样,此时奇数长度的滤波器依旧是最合适的。然而,通常 r(多数仪器 $r=4$)是偶数,则延迟 τ 会变成非整数。这样一来,插值后的图像像素将位于整数偏移坐标的中心。由此可见,为了获得完美的多光谱和全色图像叠加结果,插值多光谱波段值必须通过偶数长度的滤波器获得。

2. 二维情况

现在将一维情况延伸到二维。图 4.9 为真实的多光谱和全色成像仪图像获取的几何信息。这两种情况下,多光谱波段与全色分辨率比例为偶数(2 和 4)和奇数(3)。在之前的情况中,多光谱像素位于 2×2 像素或 4×4 像素全色像素块的中间。多光谱和全色像素的栅格本质上是沿着行和列平移了半个像素大小。

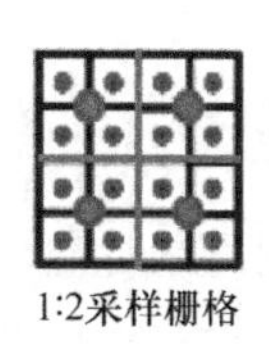

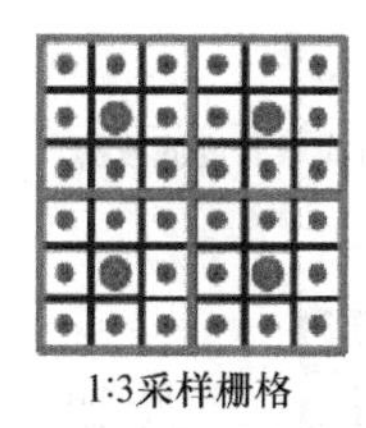

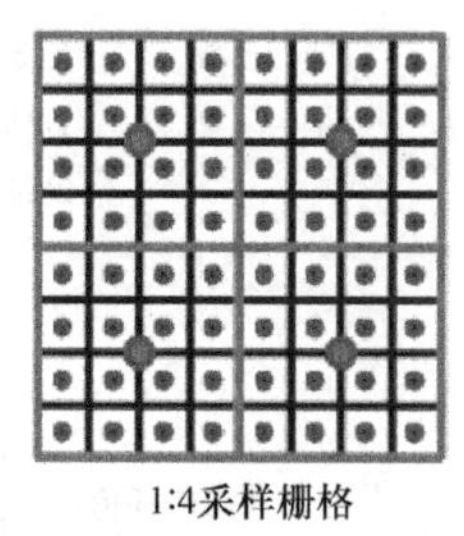

图 4.9　多光谱和全色图像在 1∶2、1∶3 和 1∶4 图像尺寸比例下相应像素获取模式的几何信息

利用奇数滤波器插值能产生与全色栅格具有间隔的多光谱栅格,但是半个像素大小的位置偏差依旧存在。根据式(4.6)进行插值后,多光谱像素和全色像素栅格之间就会产生一个像素的平移偏差。

为了介绍得更加清楚,回顾一下奇数和偶数滤波器是如何对多光谱图像进行插值的,4 倍插值可以分解为两步 2 倍插值。图 4.10(a)为最初的 2×2 像素块大小下的多光谱像素集、中间的 2 倍插值像素集结果,以及最终 4 倍插值后的像素集结果,这些结果都是通过奇数长度的插值滤波器实现的。可以明显看出,最后的插值结果不仅包含原始图像的像素,还包含第一步 2 倍插值扩展过程中产生的中间像素值。

与之相对,图 4.10(b)展示了由偶数长度插值器得到的最初、中间和最后的多光谱像素结果。不同于奇数插值方法,偶数插值的输入和输出栅格总是包含一个

半像素大小的位移偏差量，同时由于每一个插值阶段输出的像素栅格与输入栅格之间都存在像素偏差，最终的输出图像也就不包含原始的输入图像像素。如果将最终的图像输出与图 4.9 中的结果进行比较，能较为明显地发现，在全色尺度上插值得到的多光谱像素栅格是完美地叠加到采集设备生成的全色像素栅格上的。反之，如果 4 倍插值是通过奇数滤波器获得的，那么多光谱像素的输出栅格就会产生相对于全色图像栅格沿行列方向上的一个半像素偏移量。对该偏移量中的整数部分而言，可以通过对插值后的图像施加一个刚性变换进行补偿。而对其中的小数偏移量而言，只能通过重采样的方式来处理，这意味着需要采用另一种插值方法，对等间隔的采样栅格加半个像素的偏移量。需要注意的是，如果上述 4 倍插值方式只使用单独的步骤来实现，那么最终的插值位置偏差就将只包含小数部分。

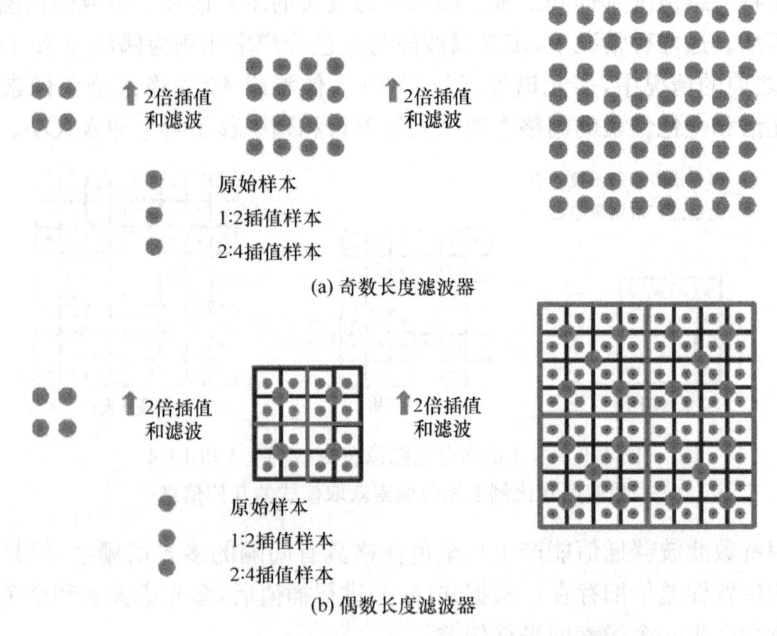

图 4.10　通过两步 2 倍插值实现的 4 倍插值效果示意图

需要注意的是，在使用奇数滤波器进行插值时，最终的插值结果将包含原始的和中间插值产生的像素样本，但是使用偶数滤波器就不具备此特性。

4.3.7　全色锐化中插值过程的效果评价

对插值过程的评价是通过考察其正确性对最终全色锐化结果的影响来实现的。在简单展示了用于仿真测试的数据集之后，本节重点研究分析一系列全面的实验结果。特别是在分析过程中还包括具有不同阶数奇偶插值器用于包含或不包含相对位移图像的情况。

1. 评价准则

对实验结果的量化评估依据 Wald 准则(见 3.2.2 节)中的合成属性来进行。对于每一个融合仿真实验,都需要计算图像到图像之间的矢量指数,如 SAM[式(3.8)]、ERGAS[式(3.10)]、$Q4$[式(3.12)]。

2. 数据集

1999～2002 年,法国国家空间研究中心发起一项研究计划,目的是评价多光谱全色锐化方法。在这项研究中,实验图像的来源是航空遥感数据,包含农村、城市和沿海等九个各不相同的地形场景。选取五种最有效的插值方法,利用该数据集进行性能比较,评价形式既有判读专家的主观评价,也有基于统计标准的客观定量评价。Pléiades 仿真数据集也用于 IEEE 数据融合委员会大赛[37]。

利用航空平台收集的 4 波段 60cm 分辨率多光谱数据,基于 CNES 开发的算法生成如下融合结果。

(1) 分辨率为 80cm 的全色图像,融合过程主要包括:①对绿波段和红波段进行平均;②用全色扫描器的标准 MTF 进行计算(奈奎斯特频率幅度约 10%);③对上一步输出结果进行 80cm 的重采样;④添加系统噪声;⑤用反向滤波和小波去噪恢复理想图像。

(2) 和全色图像空间分辨率等同的 4 波段星载多光谱数据,每个波段都用标称 MTF 获得,具体实现方式是通过不可分零相位有限冲激响应滤波并重采样至 80cm。

(3) 由 80cm 分辨率的多光谱图像仿真合成具有 3.2m 分辨率(分辨率比全色图像低 4 倍)的 4 波段多光谱图像,对每个波段应用 MTF 滤波,并对输出结果沿着行列进行 4 像素间隔的像素抽取。

由于上面的全色图像通过绿波段、红波段合成而来,且该过程全部使用零相位有限冲激响应滤波器,因此具有 80cm 分辨率的多光谱图像和全色图像实现了完美的配准,而 3.2m 分辨率的多光谱图像则和 80cm 分辨率的全色图像呈现出奇对齐的效果。但是,图像并没有体现出图 4.9 中所描绘的典型情况,即偶对齐的效果。为了产生具有偶对齐性质的 3.2m 多光谱数据,Pléiades 的光谱 PSF(可作为零相位不可分有限冲激响应滤波器)被替换为线性相位滤波器,而这些滤波器的构建手段是对原有的有限冲激响应滤波器系数进行带有半像素偏移的重采样(图 4.6)。

最后,80cm 全色(涉及多光谱原始数据)和两个 3.2m 多光谱图像(一个用奇数对齐,另一个用偶数对齐)用于融合仿真和质量评价。全色仿真图像的大小约为

5000×20000 像素。多光谱图像大小则是 1250×5000 像素。本章用图卢兹城的场景举例说明。

使用仿真数据的主要优点是,融合性能的客观评估可以用在与用户产品相同的空间尺度上,这不同于在商业数据的空间退化上进行的融合评估,后者的插值过程依靠在图像抽取前使用衰减滤波器来避免最终融合结果中的混叠效应。因此,插值问题和图像抽取问题互不可分,除非仿真数据有全分辨率的参考图像,如当前采用的实验设置。

3. 结果和讨论

本章介绍的融合仿真实验在合成的 Pléiades 数据上进行测试,测试图像既包括在 Laporterie-Déjean 等[158]和 Alparone 等[37]使用的具有 3.2m 分辨率的、以奇对齐方式配准到 80cm 分辨率全色图像上的原始多光谱数据,也包括其他特定生成的偶对齐到全色图像上的多光谱图像。需要注意的是,前一种合成图像是不真实的,因为全色图像本身由多光谱图像合成而来,而后一种合成图像则准确地符合真实星载数据(IKONOS、QuickBird、GeoEye、WorldView 等)具有的"多光谱-全色"匹配特性。

这一系列仿真的目的是突出正确插值的优势,即不会在扩展后的多光谱和全色数据之间引入误差。此外,插值的性能指标($Q4$、ERGAS 和 SAM)与插值阶数相关,也与局部插值多项式的阶数相关。在仿真实验中,主要考虑阶数为 1、3、7、11 的奇数滤波器和阶数为 0(最近邻插值)、1、2、3 的偶数滤波器。需要指出的是,这其中具有奇数阶的偶数滤波器多项式拟合,如三阶多项式,近期才出现在相关文献中。实际上,奇数滤波器的工作性能经过多年的研究论证基本上满足全色锐化的要求,只有涉及多光谱-全色的图像采集几何信息或 4:2:0 的视频解码色度分量抽取等特殊应用场合,才有必要采用偶数滤波器。

基于 à-trous 小波变换的典型融合方法的相关实验结果表明这两种类型的插值在性能上的差异。图 4.11 给出了基于 ATW 的融合方法的 SAM、ERGAS 和 $Q4$ 值,其中考虑输入数据集的不同对齐方式,即多光谱和全色图像之间奇偶对齐,以及奇偶函数下的插值滤波器的多项式拟合形式。从最终得到的实验结果来看,插值的性能随着多项式的阶数而发生变化。

值得注意的是,在 4 倍插值时,只有在奇对齐数据的奇数滤波器和偶对齐数据的偶数滤波器情况下,全色图像和插值之后的多光谱图像才能呈现较好的图像重叠效果。而其他两个组合(偶数滤波器,奇数据;奇数滤波器,偶数据)则会引入 1.5 个像素的对角线偏移。配准偏差是奇偶滤波器某类性能低于另一类的主要原因。

从图 4.11 所示的小波融合结果可以看到,对于任意一种合适的奇数滤波器,融合性能随插值多项式的阶数增加而稳步提升。然而，在线性和第 11 阶插值之间大约 2/3 的性能增量由立方核函数实现，这无疑是最好的折中方式。对于偶数滤波器，这种性能的改进并不是单调递增的，至少对 SAM 和 $Q4$ 而言并非如此。相比最差插值结果的偶数线性插值方法而言，最近邻插值法显然更值得尝试。图 4.7(c)所示的两个滤波器的频率响应表明，通带的保存比通带外侧抑制更为重要，这也是最近邻插值广泛应用于全色锐化的原因之一。在这些偶函数滤波核中，Dodgson[89]介绍的二次核具有优于最近邻和线性内插的性能，但立方核函数一直是最优的。

所有的指标都已说明配准精度直接影响最终插值性能的好坏。考虑多光谱和全色图像配准失准引起的颜色偏移，SAM 更适合描述色调上的变化，但是对几何特征差异的描述能力不强。这种效果可从图 4.12 融合前后图像的对比中看出，该图同时还展示了一个高分辨率的参考原型。图像的尺度经过了精心设置，为的是能够体现出插值后细微的栅格位移偏差量(1.5 像素)。这也是参与实验的高分多光谱图像、原始的全色图像，以及融合后的生成图像都带有明显锐化效果的原因。正确的插值应该通过使用一个具有偶数处理长度的滤波器实现。在此过程中始终使用的都是双三次插值。当使用偶函数插值方法时，ATW 输出的结果是最好的。相比之下，由于插值方法的错误，使用奇函数插值得出的结果较差。

一些文献已经讨论了全色锐化过程中最合适的插值技术。一些作者建议使用最近邻或双三次插值。推荐使用双三次插值的主要原因是其输出结果更接近于理想化的插值 sinc 函数所给出的结果。另一些人认为最近邻优于双三次插值方法，因为前者不会改变图像像素的辐射测量值，这一点和双三次插值不同。真实的情况是，在数据是偶对齐时，最近邻优于双三次插值，因为最近邻作为偶数长度的滤波器补偿了插值后多光谱到全色图像之间的 1.5 像素位移；双三次插值，至少就其标准奇函数滤波器而言，达不到这样的效果。图 4.11 重点展示的是，当多光谱和全色图像之间符合偶对齐条件时，最近邻的性能将在各评价指标上显著优于双三次奇数插值(平均有 10%的性能增量)。然而，最近邻插值比偶长度的三次插值差约 5%。然而，这样的差别仅取决于插值的质量，而不是被忽略的图像对齐问题。

如图 4.12 所示，多光谱参考图像准确地叠加到全色图像上，插值前原始多光谱数据是与全色图像偶对齐的，如图 4.9 中 1∶4 的例子。原始多光谱数据的偶数滤波器的插值在多光谱和全色图像之间趋于无变化，奇数滤波器的插值在多光谱和全色图像之间引入了 1.5 像素对角线位移。奇数和偶数双三次插值图像 ATW 的融合产品说明错误的奇插值造成顶部可见的颜色偏差。

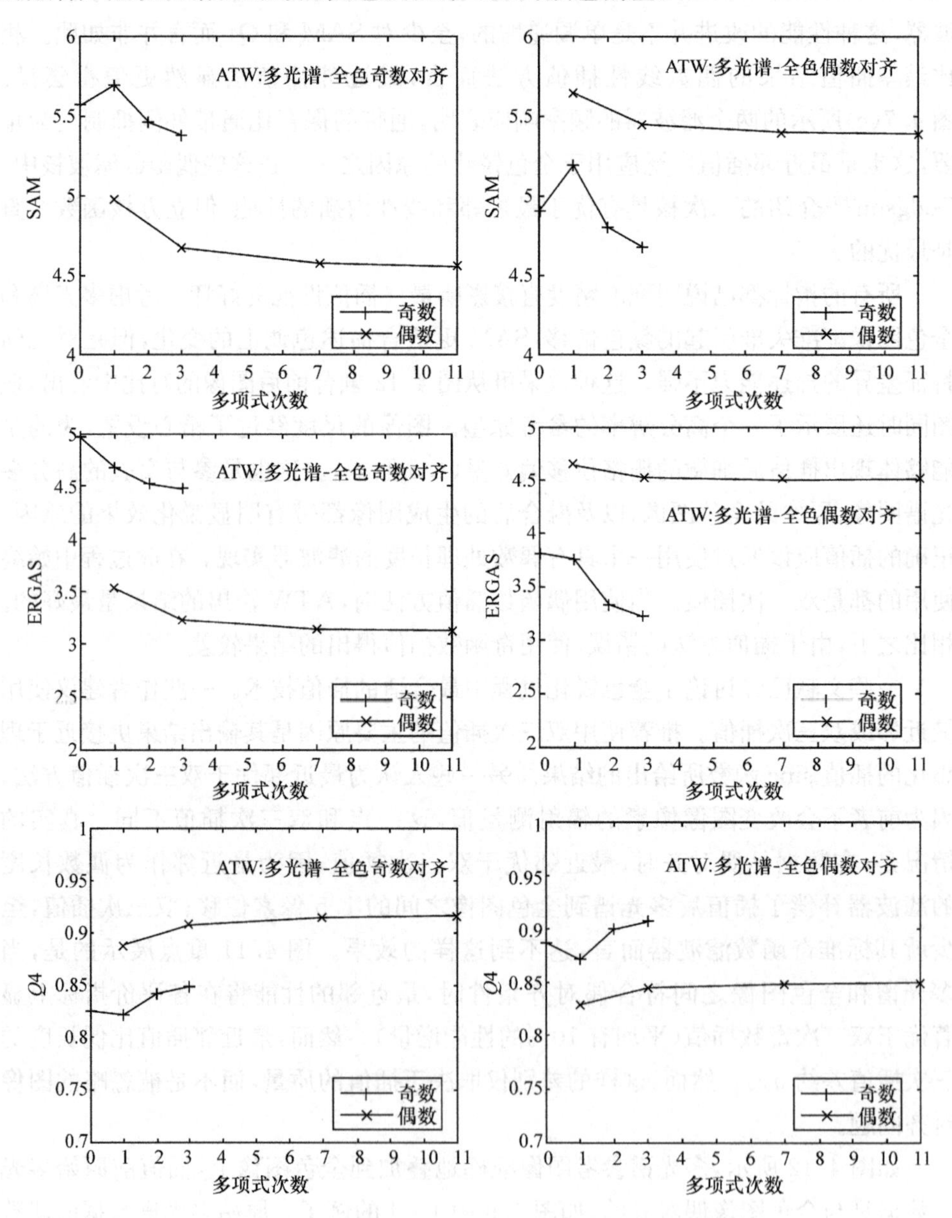

图 4.11 失真(SAM、ERGAS)和质量(Q4)指标衡量
多光谱和全色图像不同对齐方式下的小波融合结果

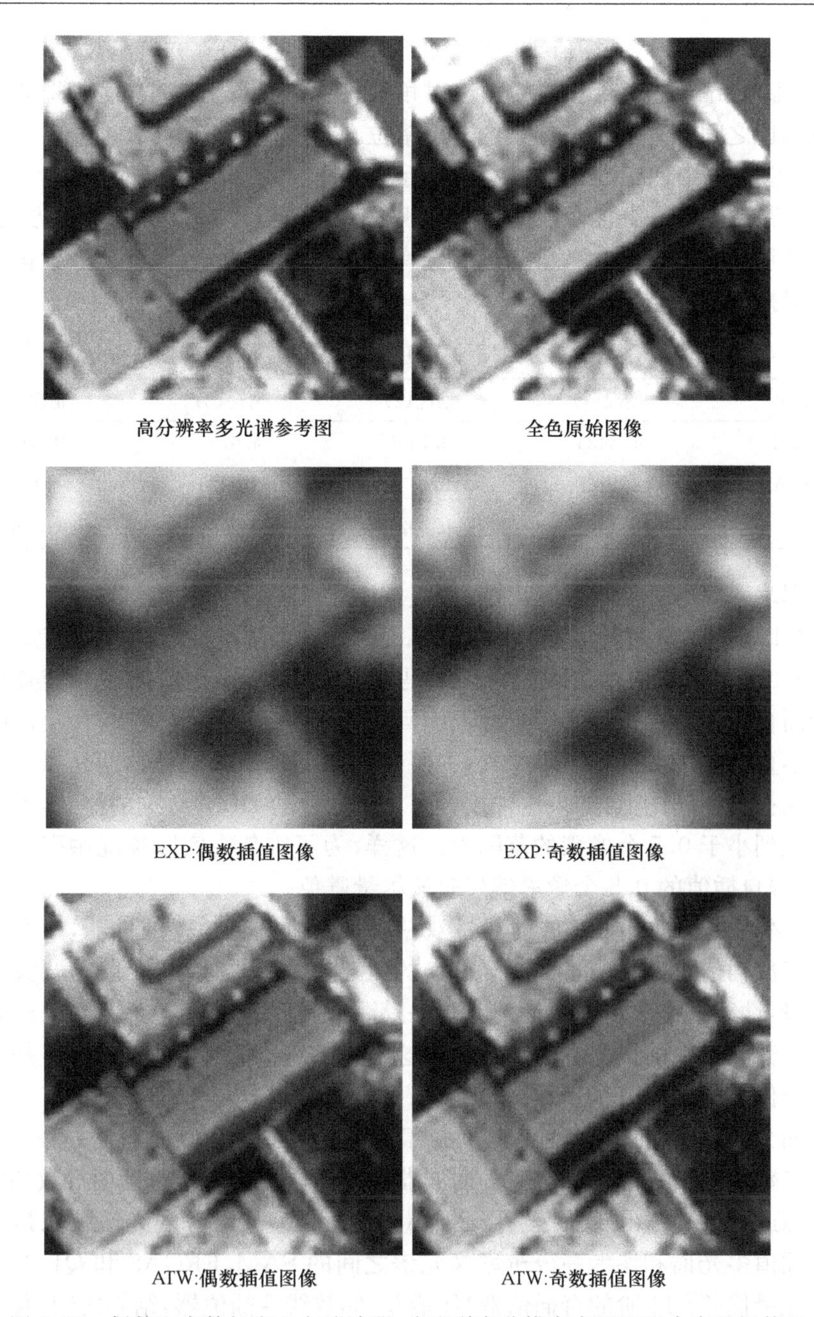

图 4.12　偶数和奇数长度立方滤波器、多光谱高分辨率参照和融合产品插值的全色和多光谱细节的真彩色构成(所有图标的像素大小为 64×64)

最后举个例子,假设在偶对齐的多光谱数据上使用三次核进行插值,使用 ATW 融合方法。表 4.5 列出了以下四种情况的性能指标。

(1) 不考虑偶对齐，插值采用一个传统的零相位(奇)立方核函数。

(2) 偶对齐通过一个像素的刚性对角线移位进行部分补偿，使所得的多光谱与全色图像之间只存在半个像素的对角错位。

(3) 偶对齐由偶函数立方核函数进行全部补偿。

(4) 偶对齐完全由含奇核函数的常规三次插值以半像素重对齐的方式，实现方式为使用另一个奇函数二倍插值后选择对角线多相的分量，整数像素偏移在第二个阶段插值前后进行补偿。

表 4.5　不同偶对齐数据的插值算法质量/失真指标的性能得分

指标	情况(1)	情况(2)	情况(3)	情况(4)
SAM	5.4434	4.7405	4.6769	4.6633
ERGAS	4.5161	3.3559	3.2120	3.1957
*Q*4	0.8426	0.9029	0.9084	0.9093

根据表 4.5 的性能指标输出结果，应该注意以下三点内容。

(1) 1.5 个像素的对角线偏移降低 ATW 融合方法的性能，需要避免。

(2) 1.5 个像素的对角线偏移误差是可以接受的，至少对能够完美叠加的仿真数据而言是如此。在涉及经过地理编码生成图像的仿真实验中，一定范围空间变化的不重合度一般低于 1 个像素，主要是因为多光谱和全色数据是以其自身的尺度分别投影在制图上，如果这种投影有对应场景的 DEM 数据的制约，不重合度可以降低到小于 0.5 个像素的范围内。这样，为了避免在实际情况中引入额外的偏移量，源自插值的 0.5 个像素偏移应该尽量避免。

(3) 本章提出的偶数滤波器通过双三次插值可达到这样的性能，而奇数滤波器需要三次插值之后再通过 0.5 个像素的双三次重采样才能达到，需要大约 2 倍的操作量，性能上比单步偶数插值略胜一筹。这是因为 sinc 类函数的采样效果在采集样本数为奇数的情况下更加精确。这也包括最大采样数的情况，但是在采集样本数为偶数的情况下则不然(图 4.6)。

下面介绍一种可以更好地帮助理解插值对全色锐化影响的仿真方法。奇对齐和偶对齐数据集分别用正确类型的滤波器做插值，也就是说，分别用奇数和偶数滤波器。因此，插值多光谱图像与用于质量评估的 80cm 参考多光谱图像是完全重叠的。插值多光谱和参考高分辨率多光谱之间的 SAM、ERGAS 和 *Q*4 如图 4.13 所示。在最优(第 11 阶的奇插值器)和最差(偶数线性插值器)结果之间，每个评价指标之间的性能差距平均为 12%～15%。这种性能差距使插值的重要性超过任何来自配准方面的错误和问题，并解释了为什么最近邻插值在任何时候总是优于线性插值。相比图 4.11 中类似的图表，在相同数据集和相同插值的情况下，也就是将全色图像的空间细节重新注入多光谱图像之后，可以发现ERGAS 和 *Q*4 发生明显改善，SAM 基本上没有任何变化（甚至略为降低）。这一现象说明 SAM 数据集和频谱信息之间呈现负相关性，同时对空间信息上的提升不敏感。

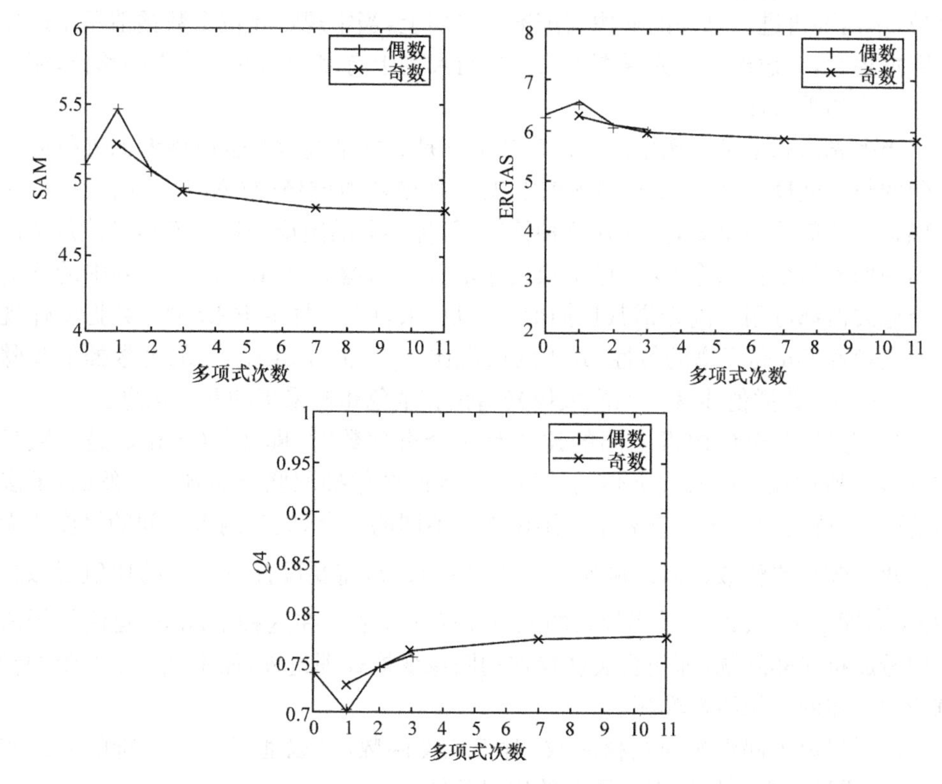

图 4.13　插值多光谱和参考高分辨率多光谱之间的 SAM、ERGAS 和 Q4

4.4　小　　结

图像配准和插值具有相同的重要程度，本章主要关注插值部分。由同平台获取的、经过数据提供商初步配准的遥感数据，其最终的插值工作还是需要用户自己来完成。根据这种观点，作为图像融合第一步的图像插值就变得极为重要，正确插值可以保持待融合数据之间精确的配准，也有助于保证最终融合图像的质量。在这种情况下，来自不同传感器数据内部的几何信息一致性就显得不可或缺。

在对配准技术进行简要综述之后，图像插值的效果以视觉（主观）和定量（客观）的方式进行评估，发现融合效果在很大程度上取决于插值精度和扩展后的多光谱波段与全色图像之间的系统性偏移。

值得注意的是，双三次插值作为一种精度和计算之间的最佳折中方案，可以进行分步计算。其中，不仅可使用奇数长度的常规零相位滤波器，还可使用偶数长度的线性相位滤波器。这一点很关键,因为后一种实现方案恰好能较好地实现商业多光谱和全色图像中的数据对齐格式,进而消除数据集中原本存在的 0.5 个像素移位,不需要再进行额外的亚像素配准。事实上,当常规零相位奇数插值用于这样的数据集时,其输出的多光谱图像必定在行和列上有多于 0.5 个像素的移位,还需要进一步的重采样。

当多光谱和全色图像之间的尺度比 r 不是 2 的幂级数时也应该考虑进行如上类似的数据处理。Hyperion 高光谱数据与高级陆地成像仪(ALI)全色数据($r=3$)融合的插值并不重要,因为在这种情况下,传感器的图像采样几何信息使每个高光谱的像素与全色图像 3×3 像素块的中心完美重叠。表 4.4 最后一列中的任何一个滤波器都可用于高光谱数据插值。相反,来自上采样的 PRISMA 数据将体现 30m 全色和 5m 高光谱的特性,其中的尺度比 $r=6$ 需要由 $L=3$ 的奇数插值步骤与 $L=2$ 的偶数插值步骤来匹配成像光谱仪和全色相机采集的几何信息。

当多光谱和全色像素之间的比值是一个有理数时,即 p/q(p 和 q 是整数且 $p>q$),插值过程可以通过 p 倍的插值与 $1/q$ 的图像抽取联合实现[6]。然而,更多的情况是,待处理的多光谱和全色图像来自不同的平台,同时两者之间的尺度比无法由两个较小的整数近似。例如,$7/5<\sqrt{2}<10/7$,需要设置 p 和 q 的比值近似式中的$\sqrt{2}$,即 $p/q\approx\sqrt{2}$,并采用较长的滤波器完成插值。在这种情况下,建议将插值近似看成重采样问题,即包含旋转操作的图像变换处理过程,而不是基于有限冲激响应滤波器的图像线性卷积。

最后讨论了偶数多项式核函数,对于此类函数,可以通过高于三阶的方式实现,其采样过程必须指出连续函数的边界条件[88]。

第 5 章　基于多分辨率分析的图像融合

5.1　概　　述

图像融合技术整合多源数据信息生成一个数据产品，并利用遥感影像的空间和光谱特征进行优势互补。图像全色锐化的典型例子是在同一场景内全色图像的空间分辨率要远高于多光谱或高光谱图像，因此通过图像融合技术利用全色图像来提高多光谱或高光谱图像的空间分辨率。先前的图像全色锐化技术已经证明融合产品的光谱失真可以通过将高频分量加入重采样的多光谱数据来消除，目前已有许多采用 MRA 方法的研究。

本章的主要目标是证明 MRA 方法是一个统一的框架。此框架适用于现有的融合方法，也可以在此基础上进行优化和改进。本章介绍几类主要的 MRA 及其在图像融合中的应用。5.2 节介绍 MRA 的基本定义和原理。5.2.1 节和 5.2.2 节主要介绍 ATW 及其特征。5.4.1 节和 5.4.2 节具体介绍小波框架。5.4.2 节和 5.5 节介绍当多光谱与全色影像的空间尺度变化率不是 2 的指数关系，而是任意的整数或者是有理数时，其他类型 MRA 的应用。

可分小波只能通过有限的方向获取，非分离小波包括多个方向的基本要素。非分离小波的结果是方向敏感的尺度空间分析结果。非分离小波的这一特性应用在图像融合方法中，对方向性空间信息具有高度的敏感性，参见 5.6 节。

5.2　多分辨率分析

本节以二进制信号情况为例，简要介绍 MRA 的理论基础，即在图像尺度以底数为 2 的幂函数值方式变化的情况下进行分析。因此，输出的频率波段结果显示出倍频结构，即频带范围随着频率增加而成倍增加。这样的约束条件可以放宽，以便应用于更普适的分析[49]，参见 5.5 节。

令 $L^2(\mathbb{R})$ 表示实数平方可积函数希尔伯特空间，标量积 $\langle f,g\rangle = \int f(x)g(x)\mathrm{d}x$。含有限能量连续信号 f 的 J 阶 MRA 是 f 到 $\{\phi_{J,k},\{\psi_{j,k}\}_{j\leqslant J}j\leqslant J\}_{k\in\mathbb{Z}}$ 的投影[81]。

基函数 $\phi_{j,k}(x)=\sqrt{2^{-j}}\phi(2^{-j}x-k)$ 通过对相同函数 $\phi(x)$ 的变换与伸缩得到，且满足 $\int\phi(x)\mathrm{d}x=1$。集合 $\{\phi_{j,k}\}_{k\in\mathbb{Z}}$ 张成一个子空间 $V_j\subset L^2(\mathbb{R})$。$f$ 到 V_j 的投影给出了一个 f 在 2^j 的近似值 $\{a_{j,k}=\langle f,\phi_{j,k}\rangle\}_{k\in\mathbb{Z}}$。

类似地，基函数 $\psi_{j,k}(x)=\sqrt{2^{-j}}\varphi(2^{-j}x-k)$ 是相同函数 $\psi(x)$ 转换和膨胀的结果，$\psi(x)$ 称为小波，且满足 $\int\psi(x)\mathrm{d}x=0$。集合 $\{\psi_{j,k}\}_{k\in\mathbb{Z}}$ 张成子空间 $W_j\subset L^2(\mathbb{R})$。由 f 在 W_j 上的投影得到 f 的小波系数 $\{w_{j,k}=\langle f,\psi_{j,k}\rangle\}_{k\in\mathbb{Z}}$，代表两个连续近似值之间的细节：数据添加到 V_{j+1} 后得到 V_j。因此，W_{j+1} 是 V_{j+1} 在 V_j 中的补集，即

$$V_j=V_{j+1}\oplus W_{j+1} \tag{5.1}$$

利用子空间 V_j 实现 MRA，它们有下列属性[178]。

$$\begin{cases}V_{j+1}\subset V_j, \quad j\in\mathbb{Z}\\ f(x)\in V_{j+1}\Leftrightarrow(2)\in V_j\\ f(x)\in V_j\Leftrightarrow f(2^jx-k)\in V_0, \quad k\in\mathbb{Z}\\ \bigcup_{-\infty}^{+\infty}V_j \text{ 在 } L^2(\mathbb{R})\text{ 中和 }\bigcap_{-\infty}^{+\infty}V_j=0\\ \phi\in V_0,\text{则}\{\sqrt{2^{-j}}\phi(2^{-j}x-k)\}_{k\in\mathbb{Z}}\text{是 }V_j\text{ 的基}\\ \psi\in V_0,\text{则}\{\sqrt{2^{-j}}\psi(2^{-j}x-k)\}_{k\in\mathbb{Z}}\text{是 }W_j\text{ 的基}\end{cases} \tag{5.2}$$

最终，J 阶的 MRA 得到以下分解，即

$$L^2(\mathbb{R})=(\bigoplus_{j\leqslant J}W_j)\oplus V_J \tag{5.3}$$

所有函数 $f\in L^2(\mathbb{R})$ 可以做以下分解，即

$$f(x)=\sum_k a_{J,k}f(x)=\sum_k a_{L,k}\tilde{\phi}_{j,k}(x)+\sum_{j\leqslant J}\sum_k w_j\,\psi_{j,k}(x) \tag{5.4}$$

为了得到较好的重建结果，对偶函数 $\tilde{\phi}(x)$ 和 $\tilde{\psi}(x)$ 进行缩放可以得到 $\tilde{\phi}_{J,k}(x)$ 和 $\{\tilde{\psi}_{j,k}(x)\}_{j\in\mathbb{Z}}$。

利用滤波器组可以由精到粗进行多尺度分析[81]，即

$$\begin{aligned}\phi(x)&=\sqrt{2}\sum_i h_i\phi(2x-i)\\ \psi(x)&=\sqrt{2}\sum_i g_i\phi(2x-i)\end{aligned} \tag{5.5}$$

式中，$h_i=\langle\phi,\phi_{-1,i}\rangle$；$g_i=\langle\psi,\phi_{-1,i}\rangle$。

尺度函数的归一化意味着 $\sum_i h_i=\sqrt{2}$。同样，$\int\psi(x)\mathrm{d}x=0$ 意味着 $\sum_i g_i=0$。信号 f 的 MRA 可用低通分析滤波器 $\{h_i\}$ 和高通分析滤波器 $\{g_i\}$ 的组合来进行，即

$$
\begin{aligned}
a_{j+1,k} &= \langle f, \phi_{j+1,k} \rangle = \sum_i h_{i-2k} a_{j,i} \\
w_{j+1,k} &= \langle f, \psi_{j+1,k} \rangle = \sum_i g_{i-2k} a_{j,i}
\end{aligned} \tag{5.6}
$$

结果是，f 在尺度 2^j 连续的近似值由低通滤波获得，每个滤波器实现一个降采样过程。降采样之后，f 在尺度 2^j 的小波系数由尺度 2^{j-1} 处的高通滤波近似值获得。

信号重建可直接用式(5.1)推导，即

$$
a_{j,k} = \langle f, \phi_{j,k} \rangle = \sum_i \tilde{h}_{k-2i}\, a_{j+1,i} + \sum_i \tilde{g}_{k-2i}\, w_{j+1,i} \tag{5.7}
$$

式中，系数$\{\tilde{h}_i\}$和$\{\tilde{g}_i\}$定义了综合滤波器。

如果小波分析用于一个离散信号序列(原始信号样本$\{f_n=(nX)\}$)，其中 $X=1$ 视为一个连续函数 $f(x)$在 V_0 上的投影系数。较低分辨率子空间和到它的正交补集的系数可由两个数字滤波器$\{h_i\}$和$\{g_i\}$(低通和高通)的脉冲响应系数 f_n 离散卷积的二次采样获得[178]。$\{h_i\}$和$\{g_i\}$的输出分别代表原始信号$\{f_n\}$的平滑近似和信号的快速变化细节。

为了实现原始信号的重建，近似值和细节信号的系数被$\{h_i\}$和$\{g_i\}$的对偶滤波器或合成滤波器进行上采样和滤波(综合滤波器$\{\tilde{h}_i\}$和$\{\tilde{g}_i\}$，它们分别是低通滤波器和高通滤波器)。二阶小波分解和重构的方案如图 5.1 所示，其中$\{f_n\}$是离散的 1-D 序列，$\{\hat{f}_n\}$是分析/合成阶段后的重构序列。由图可知，小波表示与子波段分解方法密切相关[255]。

序列$\{\hat{f}_n \equiv f_n\}$可通过小波子波段用综合滤波器$\{\tilde{h}_i\}$和$\{\tilde{g}_i\}$重构。

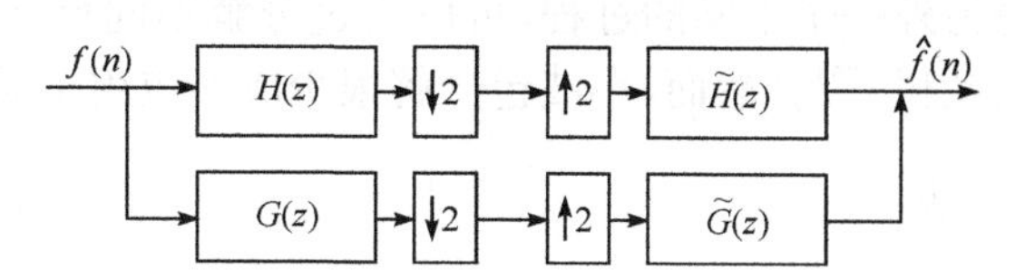

图 5.1　二阶小波分解(分析)和重构(综合)

5.2.1　正交小波

函数 $\psi(x)$和 $\phi(x)$可通过信号的正交分解来构建。W_{j+1}是 V_{j+1}在 V_j 上的正交补集。如果要完美重构，不能彼此独立地选择这些滤波器。综合滤波器由反向冲激响应的滤波器组成[178,255]，即 $\tilde{h}_n=h_{-n}$和 $\tilde{g}_n=g_{-n}$。正交镜像滤波器(QMF)满足$g_n=(-1)^{n-1}h_{-n}$等约束[80,81]，因此 $G(\omega)=H(\omega+\pi)$。能量补偿性质(频域中规定$|H(\omega)|^2+|G(\omega)|^2=1$)可以消除图 5.1 所示的降采样引发的重叠二重分析/综合组合，因为$|H(\omega)|^2+|H(\omega+\pi)|^2=1$。由于系数一定是偶数，正交镜像滤波器设计较难保证脉冲响应滤波器在零系数(即零相位)周围对称。

5.2.2 双正交小波

如果放宽正交约束条件，可以得到更适合图像处理的对称滤波器。而且，同一组里的滤波器不再要求具有相同的尺寸，可以彼此独立设计。为了得到完全重构，滤波器组的共轭滤波器必须满足两个条件[74]，即

$$\begin{aligned} H(\omega)\widetilde{H}^*(\omega)+G(\omega)\widetilde{G}^*(\omega)&=1 \\ H(\omega+\pi/2)\widetilde{H}^*(\omega)+G(\omega+\pi/2)\widetilde{G}^*(\omega)&=0 \end{aligned} \tag{5.8}$$

前者表明数据可以实现由一个尺度到另一个尺度的正确恢复，后者表示由降采样引起的恢复补偿，即混叠补偿。合成滤波器由满足下列条件的分析滤波器得到，即

$$\begin{aligned} \tilde{h}_n&=(-1)^{n+1}g_{-n} \\ \tilde{g}_n&=(-1)^{n+1}h_{-n} \end{aligned} \tag{5.9}$$

抽样或非抽样双正交小波在图像处理中有极其广泛的应用。

5.3 多级不平衡树结构

小波分解可递归使用，即小波变换的低通输出将进一步分解成两个序列。这一过程得到一系列小波分解层，这些层表示不同尺度下的信号。若低通信号分解重复 J 次，可得到 $J+1$ 个序列。其中一个序列表示原始信号的近似信号，该信号包含零附近原始谱的($1/2^j$)部分；另外 J 个序列是重要原始信号的细节信息，结果的结构构成了 DTW 的非平衡树。

小波包分解是另外一个不同的过程，可以通过分解不同尺度下的逼近和细节系数构建一个满二叉树[179]。然而，小波包分解很少成功应用于遥感影像融合。

5.3.1 严格抽样方法

如图 5.2 所示，信号被分解成 3 层。这种表示方法称为抽样小波，或者严格子带采样小波。在抽样小波变换下，$a_{j,n}$ 和 $w_{j,n}$ 表示第 J 层分解后的近似(即低通滤波)和细节部分(高通滤波或带通)。

基于 DTW 的融合方法提出了新的基于 MRA 的图像全色锐化方法[106,165,217,272,278]。

5.3.2 平移不变法

以上描述的 MRA 方法不保留转换不变性，即经过移动的原始信号样本隐含一个相应的平移小波系数。

图 5.3 给出一种等价表示，它是对图 5.2 调整输出降采样环节及上采样滤波器得到的[255]。最后降采样前的系数表示为 $\tilde{a}_{j,n}$ 和 $\tilde{w}_{j,n}$，这种表示可以称为非抽样

离散小波变换,或过采样离散小波变换。

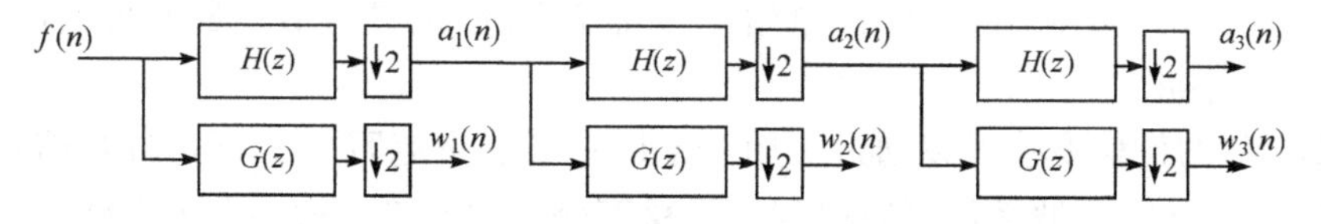

图 5.2　抽样小波分解的三阶方案($J=3$)

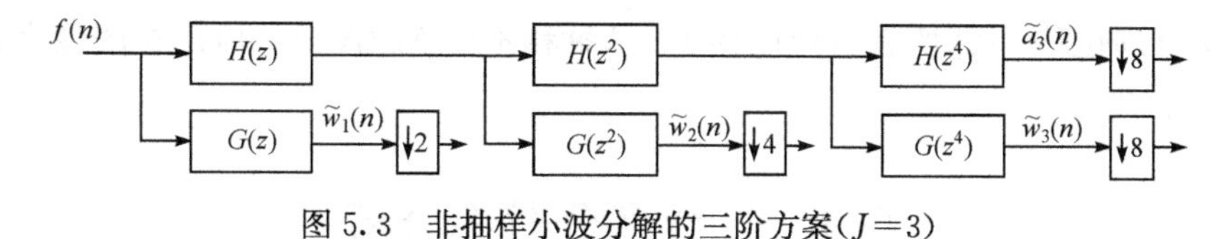

图 5.3　非抽样小波分解的三阶方案($J=3$)

需要注意的是,系数 $a_{j,n}(w_{j,n})$可由降采样 $\hat{a}_{j,n}(\hat{w}_{j,n})$乘以因数 2^j 得到。这两种情况均可以达到完美重构。在非抽样情况下,低通和高通系数可以通过对原始信号进行滤波得到。实际上,由图 5.3 可见,在 J 层分解中,序列 $\hat{a}_{j,n}$和$\hat{w}_{j,n}$可通过对原始信号 f_n 滤波得到,等价滤波带宽满足下式,即

$$
\begin{aligned}
H_j^{\text{eq}}(\omega) &= \prod_{m=0}^{j-1} H(2^m\omega) \\
G_j^{\text{eq}}(z) &= \left[\prod_{m=0}^{j-2} H(2^m\omega)\right]\cdot G(2^{j-1}\omega)
\end{aligned}
\tag{5.10}
$$

一个非抽样小波分解在 $J=3$ 时的等价分析滤波器的频率响应如图 5.4 所示。

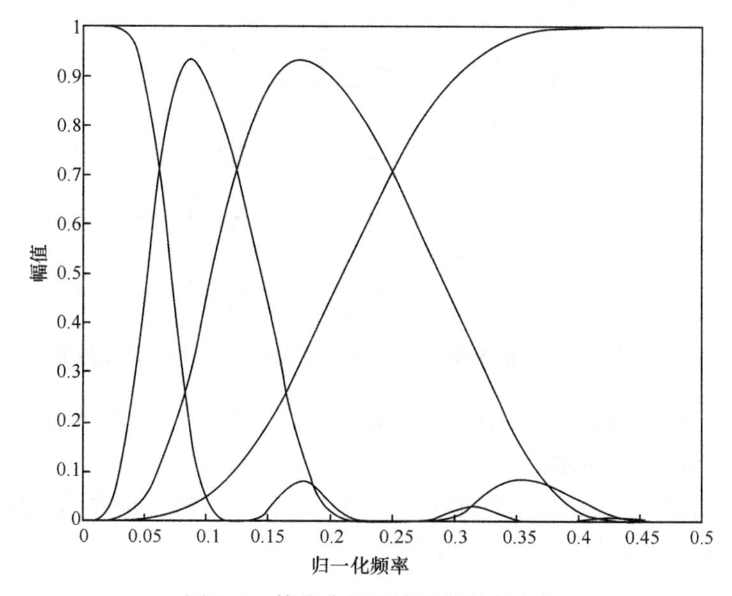

图 5.4　等价分析滤波器的频率响应

除去最左边的低通滤波器,其他的滤波器均为带通滤波器,带宽随 J 的增加近似地减少了 1/2。文献[80]指出,原始滤波器 h 和 g 是具有 $L=8$ 个系数的 Daubechies-4 小波。

DTW 的位移变换可以通过应用 Beylkins 算法来克服[47]。通过计算信号中所有可能的位移的小波系数可以得到一个移不变小波变换。这一点大大减少了计算的复杂度。在每一个尺度下,对原始影像和圆位移图像进行 DTW:①所有行位移 1;②所有列位移 1;③所有行列位移 1。这种移不变 MRA 已经应用在图像全色锐化研究中[214]。

5.4 二维多分辨率分析

一维信号的小波理论可以很容易地应用到二维案例中。图像信号是一个有限的能量函数 $f(x,y)\in L^2(\mathbb{R}^2)$,并且多分辨率近似是 $L^2(\mathbb{R}^2)$向量子空间的序列。

在 $L^2(\mathbb{R}^2)$可分离多分辨率近似的特定情况下,每一个向量空间 V_{2^j} 可以分解为两个相同子空间的张量乘积,即

$$V_{2^j}=V_{2^j}^1\oplus V_{2^j}^1 \tag{5.11}$$

图 5.5 显示了在 j 层尺度下,从 A_j 图像获取近似图像 A_{j+1} 的分解方案。首先,图像沿行进行分解,然后沿列进行分解。W_{j+1}^{LH}、W_{j+1}^{HL} 和 W_{j+1}^{HH} 分别表示水平、垂直和对角线的信息。

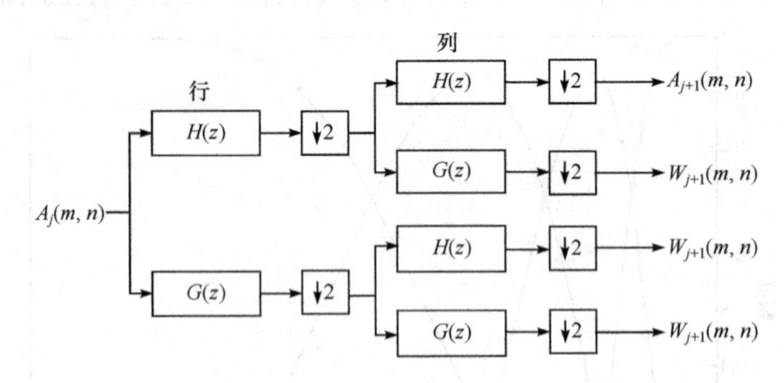

图 5.5　图像 A_j 到近似图像 A_{j+1} 的分解及水平、垂直和对角线细节图像

图 5.5 中的空间频率的分区平面显示在图 5.6 中。一个严格抽样,且非平稳的图像分解如图 5.7 所示。

此次分析是非平稳的,是通过降采样操作中每一步滤波步骤的直接结果。因此,根据图像不连续性生成的小波系数可能会消失。

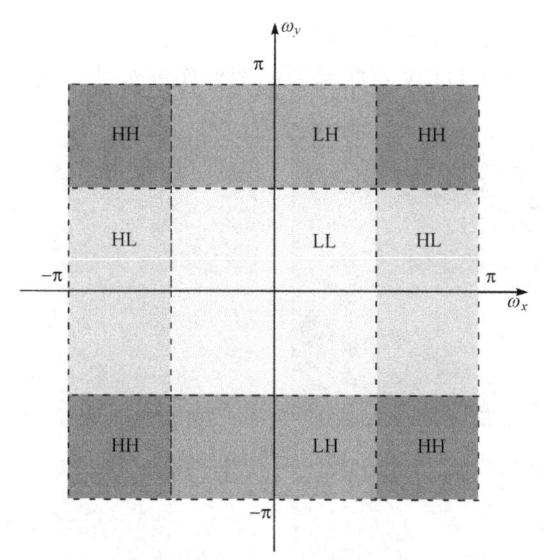

图 5.6　DWT 和 UDTW 的空间频率平面划分：深度分解($J=1$)的四个子带对应于标记为 LL、HL、LH 和 HH 的区域，这取决于各自沿着图像平面的 x 和 y 轴滤波器(L=低通，H=高通)

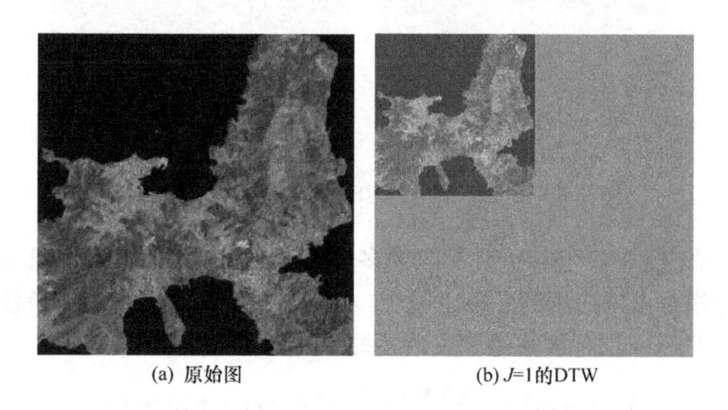

图 5.7　意大利 Elba 岛的测试 RS 图像(地球资源卫星 4TM 波段 5)

5.4.1　二维非抽样可分离分析

平移不变性是图像处理的关键特性。为保持这种平移不变性，许多学者引入静态小波的概念[194]。降采样操作被抑制，但是用 2^j 对滤波器进行上采样，即在任意两个连续系数之间插入 2^j-1 个零进行扩展(图 5.8)，即

$$
\begin{aligned}
h_k^{[j]} &= h_k \uparrow 2^j = \begin{cases} h_{k/2^j}, & k=2^j m, m\in\mathbb{Z} \\ 0, & \text{其他} \end{cases} \\
g_k^{[j]} &= g_k \uparrow 2^j = \begin{cases} g_{k/2^j}, & k=2^j m, m\in\mathbb{Z} \\ 0, & \text{其他} \end{cases}
\end{aligned}
\tag{5.12}
$$

式(5.12)的频率响应分别为 $H(2^j\omega)$ 和 $G(2^j\omega)$[255]。图 5.8 展示了一个图像平稳分解的例子,其中 UDTW 系数是原始图像像素数的 4 倍。

图 5.8　图 5.7(a)中的 RS 图在 $J=1$ 下的 UDTW

Mallat 在文献[178]中介绍了图像多分辨分析。然而,用于平稳小波分解的一维滤波器组也可以应用到二维空间中,对图像的行和列分别进行滤波处理。由 j 层分解得到 $j+1$ 层分解的滤波关系递推公式为

$$
\begin{aligned}
A_{j+1}(m,n) &= \sum_k \sum_l h_k^{[j]} h_l^{[j]} A_j(m+k,n+1) \\
W_{j+1}^{\mathrm{LH}}(m,n) &= \sum_k \sum_l g_k^{[j]} h_l^{[j]} A_j(m+k,n+1) \\
W_{j+1}^{\mathrm{LH}}(m,n) &= \sum_k \sum_l h_k^{[j]} g_l^{[j]} A_j(m+k,n+1) \\
W_{j+1}^{\mathrm{LH}}(m,n) &= \sum_k \sum_l g_k^{[j]} g_l^{[j]} A_j(m+k,n+1)
\end{aligned}
\tag{5.13}
$$

式中,(m,n) 表示一个像素位置;A_j 为原始图像在尺度 2^j 上的近似值,给出了低频成分的部分波段为 $[0,\pi/2^j]$。图像细节包含在三个二维高频零均值信号 W_j^{LH}、W_j^{HL} 和 W_j^{HH} 中,以符合水平、垂直和对角线三个细节方位。第 j 层小波系数给出了高频信息的边界 $[\pi/2^j,\pi/2^{j-1}]$。

由于阻止了每一次滤波之后的降采样，非抽取模式下的每一层分解图像都保持原始尺寸。因此，每一层分解都会产生相当多的冗余项。一个 J 层分解将产生多于 $3J+1$ 倍的系数。

基于非抽样离散小波变换的全色锐化最早由 Garzelli、Soldati[120] 和 Aiazzi[12,20] 等提出，并由 González-Audícana 等[126]、Pradhan 等[214]、Buntilov 和 Bretschneider [53]、Garzelli 和 Nencini[115] 相继采用。

非抽样多分辨率分析中低通滤波器 h 的频率响应如图 5.9 所示。

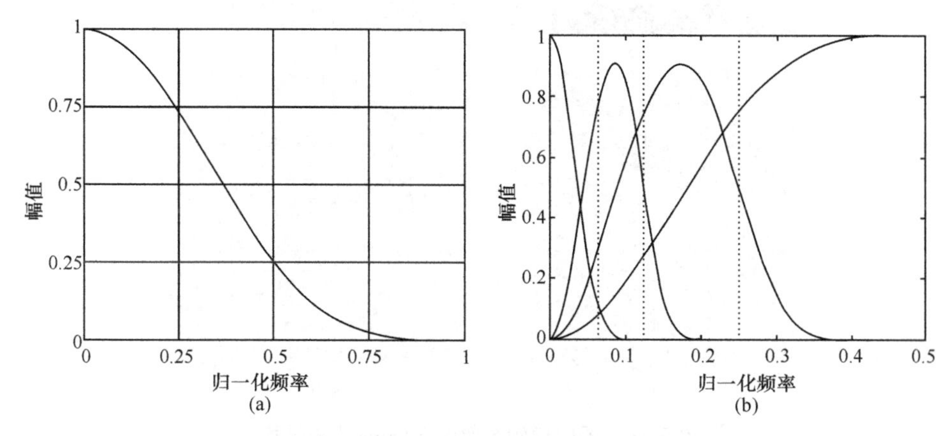

图 5.9　非抽样多分辨率分析中低通滤波器 h 的频率响应

((a) Starck 和 Murtagh 介绍的 5-tap 高斯型滤波器；(b) 从 Starck 和 Murtagh 的 5-tap 原型获得的 1∶4 分析(即 $K=2$) 的等效滤波器组 h_k^* 和 $g_k^*=\delta(n)-h_k^*$)

5.4.2　à-trous 分析

à-trous 小波变换是由滤波器组 $\{h_i\}$ 和 $\{g_i=\delta_i-h_i\}$ 定义的一种非正交 MRA 算法，其中 Kronecker 算子 δ_i 是一个全通滤波器。这些滤波器并不是正交镜像滤波器，所以在抽取模式下，滤波器组不能完成完美重建。在不抽取模式中进行第 j 层分解之前，低通滤波器被 2^j 上采样。因此，à-trous 小波算法又称为“with holes”。在二维空间中，滤波器组变换为 $\{h_k h_l\}$ 和 $\{\delta_k\delta_i-h_k h_l\}$，也就是说在相同尺度 $2^0=1$ 下，二维细节信息是由两个连续近似值的像素差给出的。标准低通滤波器通常是零相位对称的。对一个 J 层分解来说，à-trous 小波算法会产生多于像素 $J+1$ 倍的小波系数。一个遥感影像三级小波分解的示例如图 5.10 所示。

降采样域[12] 中一个有趣的特性是，在第 k 层分解近似值 $A_k(n)$ 和细节信息 $W_k(n)$ 的系数序列，直接通过等效滤波器组对原始信号滤波获得。该特性是不抽取域的一个重要属性，即

$$
\begin{aligned}
h_k^* &= \bigoplus_{m=0}^{k-1}(h\uparrow 2^m) \\
g_k^* &= \left[\bigoplus_{m=0}^{k-2}(h\uparrow 2^m)\right]\bigoplus(g\uparrow 2^{k-1})=h_{k-1}^*\bigoplus(g\uparrow 2^{k-1})
\end{aligned}
\tag{5.14}
$$

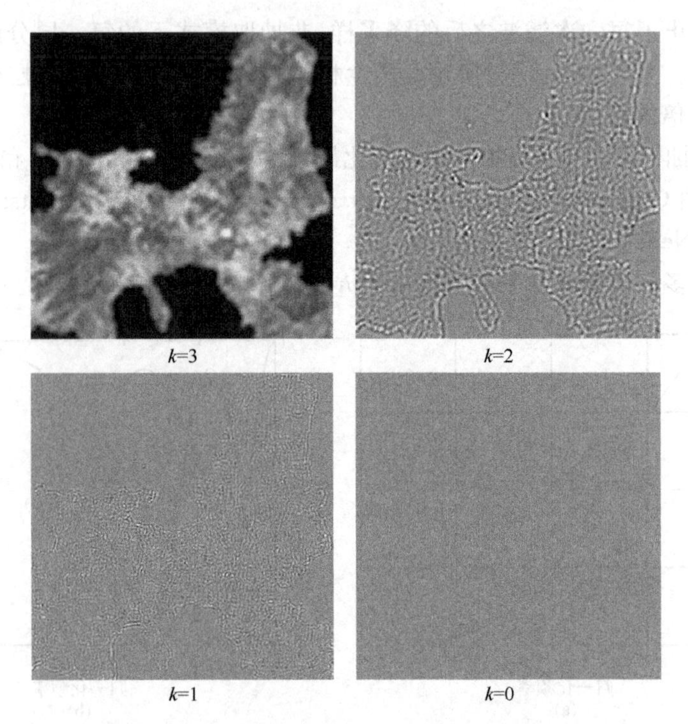

图 5.10　遥感样例图像的 à-trous 小波转换
(通过 $K=3$ 的 0 阶是通过图 5.9(b)中滤波器组实现的)

在频域中,有

$$H_k^*(\omega) = \prod_{m=0}^{k-1} H(2^m\omega)$$
$$G_k^*(\omega) = \left[\prod_{m=0}^{k-2} H(2^m\omega)\right]G(2^{k-1}\omega) = H_{k-1}^*(\omega)G(2^{k-1}\omega) \tag{5.15}$$

ATW 已广泛用于基于 MRA 的全色锐化算法,最初由 Núñez 等提出[196]。

5.5　高斯和拉普拉斯金字塔

拉普拉斯金字塔(LP)是在多分辨率小波分析引入之前提出的,源自高斯金字塔(GP)的带通图像分解。GP 是一种利用递归衰减图像数据集(低通滤波和抽取)多分辨率的图像表示法。

一种改进的 LP 方法,即增强 LP(ELP)[46],可以看成 ATW 的一种,也是图像递归通过低通滤波和降采样生成的低通子带,后者经重新扩展并从原始影像中逐像素地减去,然后生成均值为 0 的二维细节图像。可分离的二维滤波器输出将沿行和列向降采样生成下一层的近似图像。细节信息可以由原始图像与低通近似图像扩展后的差表示。不同于基带近似,如果不实现完美重构,那么二维细节信号就不能被抽取。

令 $G_0(m,n) \equiv G(m,n), m=0,1,\cdots,M-1, n=0,1,\cdots,N-1, M=u\times 2^K, N=V\times 2^K$,作为一个灰度图像。经典伯特的 GP[54]用两个抽样因子定义,即

$$\begin{aligned} G_k(m,n) &= \text{reduce}_2[G_{k-1}](m,n) \\ &\stackrel{\text{def}}{=} \sum_{i=-L_r}^{L_r}\sum_{j=-L_r}^{L_r} r_2(i)\times r_2(j)\cdot G_{k-1}(2m+i,2n+j) \end{aligned} \tag{5.16}$$

式中,$k=1,2,\cdots,K$,K 是大小为 $u\times v$ 的顶、根或基带近似值;$m=0,2,\cdots,M/2^k-1$;$n=0,1,\cdots,N/2^k-1$;k 用来确定金字塔的级。

二维衰减低通滤波器作为一个线性对称核的外积被给出,一般为奇数滤波器,即$\{r_2(i), i=-L_r,\cdots,L_r\}$。在这种滤波器结构下,近通滤波的输出信号通常比信号半宽低 3dB。这个低通滤波器主要用于减小信号混叠效应,但该信号处理手段往往被很多信号处理方案忽视[54]。

根据 GP,ELP 可以在 $k=0,1,\cdots,K-1$ 上确定,即

$$L_k(m,n) \stackrel{\text{def}}{=} G_k(m,n) - \text{expand}_2[G_{k+1}](m,n) \tag{5.17}$$

式中,$\text{expand}_2[G_{k+1}]$表示第 $K+1$ 个 GP 级扩展,与下面的 K 阶匹配,即

$$\text{expand}_2[G_{k+1}](m,n) \stackrel{\text{def}}{=} \sum_{\substack{i=-L_e \\ (j+n)\bmod p=0}}^{L_e}\sum_{\substack{j=-L_e \\ (i+m)\bmod p=0}}^{L_e} e_2(i)\times e_2(j)\cdot G_{k+1}\left(\frac{i+m}{2},\frac{j+n}{2}\right) \tag{5.18}$$

式中,$m=0,1,\cdots,M/2^k-1$;$n=0,1,\cdots,N/2^k-1$;$k=1,2,\cdots,K-1$。

二维低通滤波器的扩展被给定为一个线性对称奇数大小核$\{e(i), i=-L_e,\cdots,L_e\}$的外积,必须在信号带宽的 1/2 处截断来抑制上采样引入的光谱图像[255]。$(i+m)/2$ 和$(j+n)/2$ 的非整数值的和项被置为零,相应地插入零。为得到一个完整的图像描述,基带近似值 $L_K(m,n)\equiv G_K(m,n)$与带通 ELP 联合在一起使用。

属性的增强[46]主要依赖零相位扩展滤波器[255],该滤波器是在一个半带宽处被强制截断,并且可以独立于抑制滤波器进行选择。由于 ELP 的每一层几乎与其他层不存在约束,因此相比 Burt 与 Adelson[54]的 LP 方法,它在处理图像压缩时更具有优势[18]。

图 5.11 显示了 GP 和 ELP 应用于典型的光学遥感影像中的效果。注意 GP 的低通倍频结构和 ELP 的带通倍频结构。倍频 LP 最多被 4/3 因子过采样(当基带为一个像素宽时)。由于低通后的抽取操作,数据开销保持稳定。例如,在比例尺 $p=2$ 的倍频分解中,即频率倍频分解,文献[7]确定了多项式内核系数个数为 3

(1 阶)、7(3 阶),11(5 阶)、15(7 阶)、19(9 阶)和 23(11 阶)的情况。多项式起源于插值,可以表示对非零采样的 n 阶多项式拟合结果。7-抽头多项式内核广泛用于生成双三次插值函数。值得注意的是,单边带滤波器具有偶数阶系数,零阶除外。以上滤波器的频率响应都绘制在图 4.7(a)和图 4.7(b)中,根据采样频率是离散信号带宽二倍原则,频率归一化多项式核函数系数列于表 4.3 和表 4.4[12]。

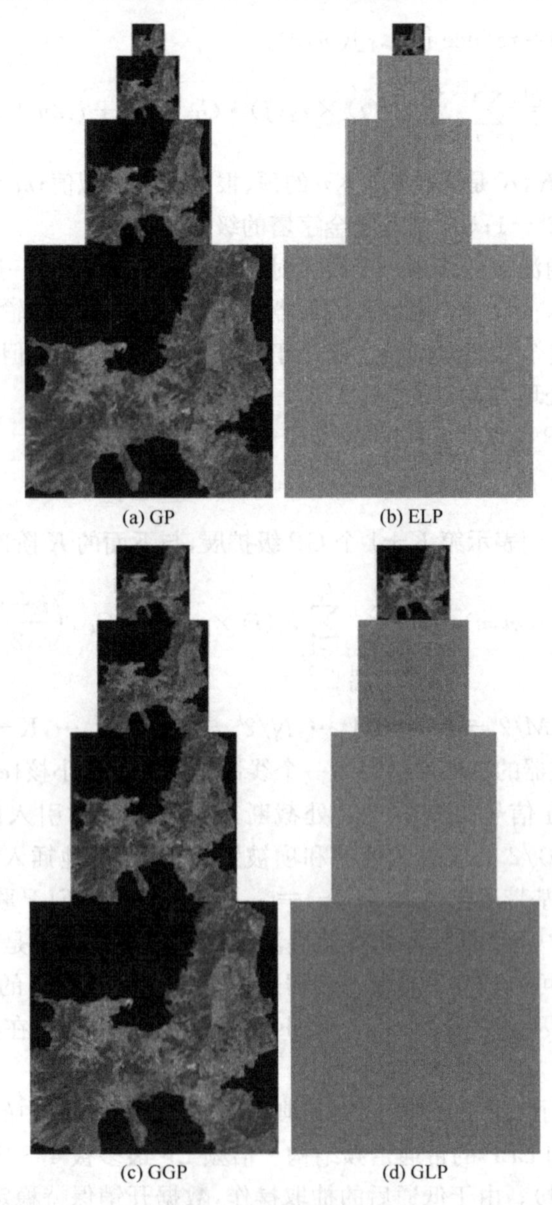

(a) GP (b) ELP

(c) GGP (d) GLP

图 5.11 尺度比 $p/q=1/2$ 的 GP 和 ELP 以及尺度比 $p/q=3/2$ 的 GGP 和 GLP

该滤波器需要权衡选择性(锐截止频率)和计算成本(非零系数的数量)两方面因素。尤其是没有扩散时,锐截止频率情况通常无法保证,因此把频率响应绘制到对数尺度上,这是它最大的特点。

新的基于 LP 的融合算法已经应用于 Aiazzi 等[7-11]及 Alparone 等[35]的研究中。Blanc[49]、Argenti 和 Alparone[40]研究了非二值化图像融合改进的滤波器组[49]。Aiazzi[4]针对多光谱和全色图像的多尺度变化率全面比较了 DWT 和 LP 融合方法。

当所需要的尺度比不是 2 的指数而是一个有理数时,为了处理缩减和扩张比例算子,式(5.16)和式(5.18)需要泛化。

整数尺度因子 p 的衰减定义为

$$\text{reduce}_p[G_k](m,n) \overset{\text{def}}{=} \sum_{i=-L_r}^{L_r} \sum_{j=-L_r}^{L_r} r_p(i) \times r_p(j) \cdot G_k(pm+i, pn+j) \tag{5.19}$$

减少滤波器$\{r_p(i), i=-L_r, \cdots, L_r\}$必须在第 p 个带宽上截断,以防止混叠的引入。类似地,p 的膨胀定义为

$$\text{expand}_p[G_k](m,n) \overset{\text{def}}{=} \sum_{\substack{i=-L_e \\ (j+n) \bmod p=0}}^{L_e} \sum_{\substack{j=-L_e \\ (i+m) \bmod p=0}}^{L_e} e_p(i) \times e_p(j) \cdot G_k\left(\frac{i+m}{p}, \frac{j+m}{p}\right) \tag{5.20}$$

用于膨胀低通滤波器$\{e_p(i), i=-L_e, \cdots, L_e\}$必须在第 p 个带宽处截断。$(i+m)/p$ 和$(j+n)/p$ 的非整数值的和项被置为零,对应于间隔的零样本。

如果 p/q 是期望的尺度比例,式(5.16)可以修改成用 q 的膨胀和 p 的衰减的串联产生一个广义的高斯金字塔(GGP)[153],即

$$G_{k+1} = \text{reduce}_{p/q}[G_k] \overset{\text{def}}{=} \text{reduce}_p\{\text{expand}_q[G_k]\} \tag{5.21}$$

式(5.18)变成了 p 倍的膨胀和 q 倍的衰减,即

$$\text{expand}_{p/q}[G_k] \overset{\text{def}}{=} \text{reduce}_q\{\text{expand}_p[G_k]\} \tag{5.22}$$

对于 $k=0,1,\cdots,K-1$ 且含两个相邻层的 p/q 比例因子的 GGP[7],L_k 可以定义为

$$L_k(m,n) \overset{\text{def}}{=} G_k(m,n) - \text{expand}_{p/q}[G_{k+1}](m,n) \tag{5.23}$$

将式(5.21)代入,式(5.23)也可以写为

$$L_k(m,n) \overset{\text{def}}{=} G_k(m,n) - \text{expand}_{p/q}\{\text{reduce}_{p/q}[G_k]\}(m,n) \tag{5.24}$$

为生成完备的多分辨率描述,并且适合在 p/q 尺度比下进行图像拼接,p 与 q 互质,用于生成所有可能的特征表达,同时避免不同的且没必要的多余滤波器。光谱 LP 需要考虑基带近似 $L_k(m,n) \equiv G_k(m,n)$。图 5.11(c)和图 5.11(d)表示 GGP 和 GLP 的采样图像。有理数尺度比图像融合参见 Aiazz 等的研究[5,19]。

5.6 不可分离多分辨率分析

作为从一维基小波的可分离扩展形式,二维小波可以分离边缘的不连续点,但刻画的轮廓并不平滑。此外,可分离小波只能获取有限方向的信息,这是一个重要而独特的多维信号特性[87]。不可分的MRA不但可以在空间或尺度域使用从粗到精的分辨率进行图像近似,而且包含多个方向的基本要素,远远超过可分小波提供的方向信息。为了获取光滑的图像轮廓,不可分MRA包含不同纵横比的多种细长形状的基本要素。

曲波变换(CT)在概念上是多尺度金字塔,该金字塔包含每个长度尺度的多个方向和位置,以及精细尺度上的针状元素。轮廓波通过C2(两次连续可微)轮廓,获得二维分段光滑函数的最佳近似率。

在图像融合的应用中,曲波已经直接应用于图像锐化,参照Garzel等的研究[118],在Shah、Younan和King的研究中,轮廓波已经应用于基于主成分分析的方法[229]。

另一种方式的不可分MRA是双树复离散小波变换,在Ioannidou和Karathanassi的研究中[140],该方法已经应用于图像锐化。

5.6.1 曲波

曲波的主要优势在于它可以将一系列长度和宽度的叠加函数表示为一条曲线。CT是一种多尺度变换,但与小波变换不同,它包含定向要素。曲波基于脊波变换(RT)通过带通滤波将图像分割成不相交的尺度。定位窗口的边长会在每间隔一个二进子带后放大一倍,因此曲波变换基本属性的处理(要素长度为$2^{j/2}$)要考虑第j层子带的分析与合成。实际上,曲波变换包含块脊波变换在ATW框架中的应用[242],如图5.12所示。

应用J尺度的ATW算法。此变换在尺度2^{j-1}上分解一个图像f为其粗版本C_J和细节$\{d_j\}_{\{j=1,2,\cdots,J\}}$。在最好的规模水平$d^1$,选择最小的块$Q_{\min}$。对于给定的尺度$j$,将$d_j$按式(5.25)划分大小块,即

$$Q_j=\begin{cases}2^{\frac{j}{2}}Q_{\min}, & j\text{ 为偶数}\\ 2^{\frac{j-1}{2}}Q_{\min}, & j\text{ 为奇数}\end{cases}\tag{5.25}$$

应用脊波变换到每个块。

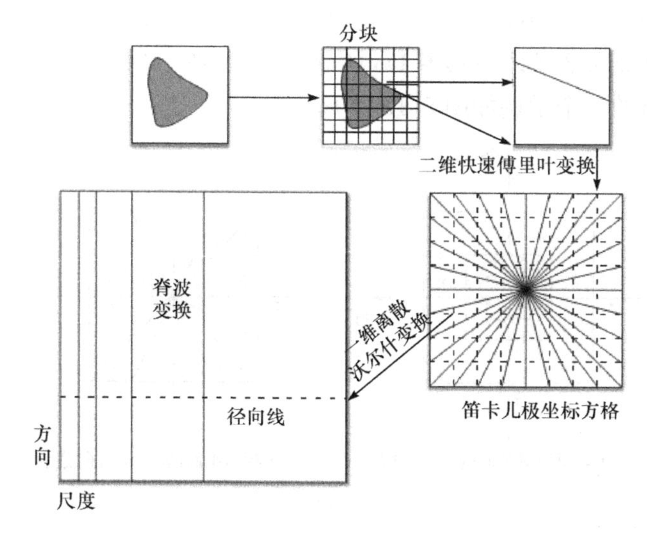

图 5.12　用于图像正方块的离散脊波变换流程图

另外，块分区可以被一系列重叠的块代替，块的大小可以适当增加。例如，任意两个相邻块重叠的 50%的 2 倍。在曲波合成的过程中，通过双线性插值生成的重叠区域用来生成合成影像的多层 ATW 细节以消除图像重建过程中可能产生的块效应。

5.6.2　轮廓波

非降采样轮廓波变换(NSCT)最早是作为二进多尺度变换，由 Do 和 Vetterli 提出[87]，是一个强大而灵活的工具，可以实现二维信号的稀疏表示。多分辨率、局部特征、方向性，以及各向异性是它的主要特征。尤其是，方向性允许处理表示图像特征的内部方向性要素，从而克服可分离变换中最著名的限制[211]。此外，NSCT 还具备图像处理过程中的基本性质——平移不变性。相比其他方向性变换，为子带分解定义一个等价滤波器是 NSCT 的另外一个优势。

NSCT 可以看成非降采样金字塔(NSP)和非降采样方向滤波器组(NSDFB)的结合体。前者用于生成全局的多尺度或多分辨率，以及属性信息，而后者主要生成多方向属性。NSP 的实现通过与 Burt LP 相似的结构，不同的是在分析步骤中 NSP 没有采用任何降采样器。NSP 同样可以等价地看成 ATW。图 5.13(a)为 NSP 在频率分割的示例。

对于通过 NSDFB 获取多方向性属性，Bamberger 和 Smith[43]，以及 Do 和 Vetterli[87]的研究描述了 NSDFB 的最大抽取对应部分。严格采样方向性滤波器组中的基本块是双通梅花型滤波器组，通过使用这些非采样滤波器的组合和楔形支撑可以在频率域实现[87]。图 5.13(b)为 8 子带分割。方向滤波器组结构中最重要的结果是，第 K 个通道可以看成一个等价的二维滤波器和最终等价降采样矩阵 M_k。最终的等价降采样矩阵参考 Do 的研究[85]。NSCT 是 NSP 和 NSDFB 的级联，NSCT 分割的一个示例如图 5.13(c)所示。

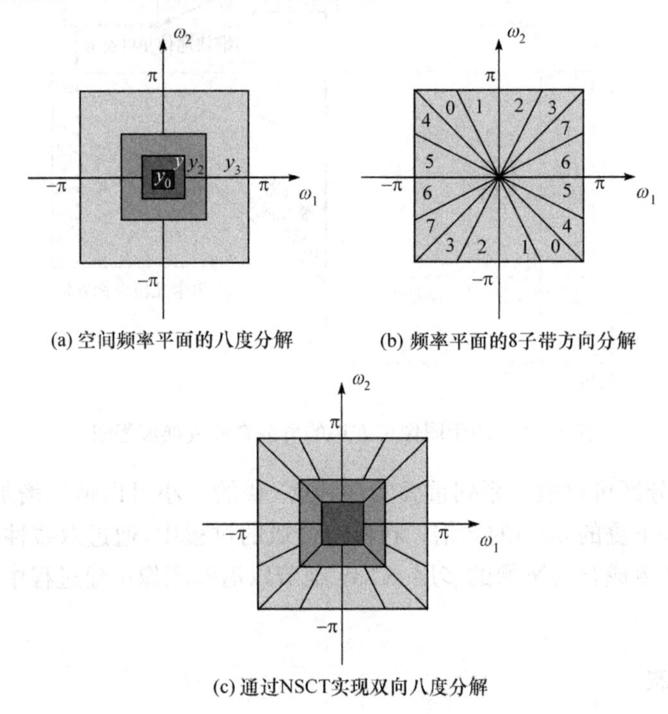

(a) 空间频率平面的八度分解　　(b) 频率平面的8子带方向分解

(c) 通过NSCT实现双向八度分解

图 5.13　NSCT 的空间频率分析

令 $A_{J,\mathrm{eq}}(Z)$和 $B_{J,\mathrm{eq}}(Z)$为低通和带通等效滤波器，其中 J 是 NSP 和 $1\leqslant j\leqslant J$ 的最大深度。令 $U^{2^{l_j}}(Z)$为实现 NSDFB 的等效滤波器，其中2^{l_j}是在第 j 个多分辨率水平定向输出通道的数量。考虑上述给出的定义，一个 NSCT 的等效滤波器可以表示为

$$
\begin{aligned}
H_{J,\mathrm{eq}}^{(\mathrm{low})}(Z) &= A_{J,\mathrm{eq}}(Z) \\
H_{j,k,\mathrm{eq}}(Z) &= B_{j,\mathrm{eq}}(Z)U_{k,\mathrm{eq}}^{2^{l_j}}(Z)
\end{aligned}
\tag{5.26}
$$

式中，$1\leqslant j\leqslant J$；$0\leqslant k\leqslant 2^{l_j}$。

5.7　小　　结

本章主要描述图像融合中的 MRA 方法。给出了从严格二进制小波到过完备表达式的 MRA 正式概念，从简单的尺度空间分解到更精确的不可分尺度空间方向方法。本章主要给出了四种可分方法。

(1) DWT。DTW 主要应用于数据压缩，它在融合中的不足是缺乏平移不变性，并且由于融合过程中小波系数在分析和合成时发生了改变，为避免分解中产生严重混叠，频率选择性滤波器不再对合成阶段进行补偿[271]。

(2) UDWT。DTW 的抽取版本，变换是平稳的且不存在混叠方面的不足。然而，用混合的低通和高通滤波分离处理生成的小波细节平面并不能表示不同尺度下轮廓的连接框架。该方法适用于对数据进行去相关，但是当只能用无混合低通、高通的模仿采集设备的方法进行融合时，不推荐使用该方法。

(3) ATW。由于缺少抽取和混合可分的滤波，该方法可以将图像在空间频率域分解为几乎不相交的带通通道，并且不丢失空间频率域高通细节的连续性，如纹理和边缘。这个特征非常有利用于图像融合。此外，特征滤波器很容易设计，可以解决与 2 的指数不同的整数尺度比例问题。

(4) GLP。LP 实质上是一种非严格意义上的抽取 ATW。低通部分被抽取是高通细节通过融合被增强，相对于 ATW，使得 GLP 减少了混叠。此外，GLP 过程中的插值过程，使得 GLP 也适用于多光谱和全色之间这种小数尺度比的融合。最终，由于抽取过程只涉及低通成分，基于 GLP 的图像锐化方法很少会受到多光谱影像内部混叠的影响，并生成相反的混叠模式细节，参见 9.3.2 节。

不可分 MRA 方法，跟曲波变换与 NSCT 相同，可以获取多个尺度的方向信息，因此可以使图像融合方法对方向性的空间信息更敏感。由于不可分分析方法计算量巨大，不可分 MRA 方法近几年并没有得到广泛应用。ATW 和广义拉普拉斯在成本方面更有优势，除非是应用特定的非线性细节注入变换域。

MRA 方法的特点是采用原型低通空间滤波器设计特定的带通分解。当 MRA 方法应用于锐化时，这个原型滤波器还定义了如何从全色影像中提取高空间频率信息图像融合到多光谱影像中。由于高通滤波可以提取空间细节，基于 MRA 的图像锐化算法本质上对光谱失真不敏感，但不能进行空间增强。因此，应该通过优化基于 MRA 图像锐化的空间滤波方法进行优化。该优化过程应该在考虑了传感器的物理模型，以及多光谱和全色传感器空间响应的前提下进行。

第6章　基于谱变换的多波段图像融合

6.1 概　述

在低分辨率多光谱图像上常采用基于光谱变换的图像融合方法。其基本思想是多光谱图像插值到全色图像分辨率，对像素进行光谱变换，将其中主要成分替换为全色图像，再通过光谱逆变换产生锐化后的多光谱图像。为了得到更好的光谱匹配，在替换成分之前，全色图像与所选成分之间须先进行直方图匹配。这个成分通常为亮度分量。这类方法相当于把全色图像和亮度成分进行直方图匹配后，将细节信息融入多光谱图像中以产生锐化的多波段图像[26]。

常用于锐化多波段的光谱变换方法主要有 IHS 变换、PCA 变换，以及由 Gram-Schmidt 正交化过程推出的 GS 变换。本章着重介绍各种变换的基本原理，并讨论相关的融合方法。

理解多光谱图像融合中光谱变换的概念，其主要核心思想是：光谱变换的目标是由红-绿-蓝颜色空间转换到更接近人类主观色彩感知的其他空间[123]。

此外，亮度分量的主观感知比色彩分量的主观感知强烈。因此，在图片和视频的数字表示上对色彩分量(即 U 和 V 或 C_b 和 C_r)进行 4 倍降采样，而亮度分量 Y 不进行任何退化。一个高分辨率黑-白图像可联合两个低分辨率色彩分量生成高分辨率彩色图像，这个原理构成全色锐化融合的基础。经过 25 年的发展，基于光谱变换的方法旨在克服三波段的限制及找到 RGB 颜色系统的标准亮度-色度表示。

6.2 RGB 到 IHS 的变换及其实现

1985 年发射的 SPOT 或 SPOT-1 上配备了一台多光谱扫描仪和全色成像仪。从此，IHS 变换广泛用于多光谱图像融合[61,64,94]，但当时只能处理三个波段。实际上，早期设备如从 SPOT 到 SPOT-5，蓝色波段是缺失的，可获得的波段为绿、蓝和近红外，但转换思想是相同的。

RGB 模型相当于一个笛卡儿坐标系上的立方体[162]系统，其中黑色位于原点，红、绿、蓝在 x、y 和 z 轴用归一化后的值表示，如图 6.1 所示。从原点(黑色)开始到相对顶点(白色)，立方体的对角线包含相等红、绿、蓝值的像素，可以认为是从黑色到白色的灰度范围。相反,在单位立方体内或其表面非对角线上的点对应于彩色点。具体而言,立方体中不在坐标轴上的其他三个顶点表示黄色、青色和品红色。

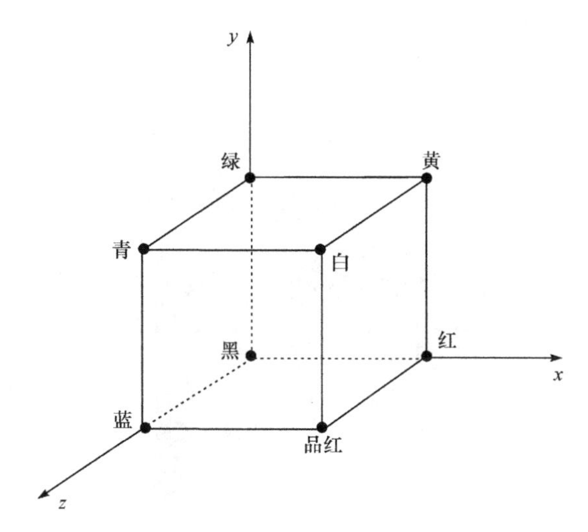

图6.1　笛卡儿坐标系中的RGB模型

IHS变换是第一个用于全色锐化融合的变换,主要是因为变换后与人类色彩感知的一些参数相关,如强度、色调和饱和度[144,172],这三个分量被认为是视觉认知空间的正交轴。更具体地,强度给出一个像素亮度的量度(即光的总量);色调表示波长的平均,对于给定的像素,其值由红、绿、蓝的相对比例来确定;饱和度是指颜色相对于灰色的纯度,而且取决于白光与色调混合的总量[61]。

因此,一个纯粹的色调是完全饱和的,色调和饱和度定义了像素的色度。

6.2.1　线性IHS变换

早在20世纪初,Munsell提出IHS颜色模型并广泛的应用该模型[162]。为了更好地描述颜色,Munsell采用三个参数来反映人类感官认知。最开始,他称这些参数为色调、明度和彩度(对应于现在的色调、强度和饱和度)。如图6.2所示,由Munsell设计的颜色空间可以由圆柱坐标系来描述,其中强度(明度)对应圆柱的轴线z轴,饱和度(彩度)对应垂直于z轴,色调对应绕z轴的角度。

从立方RGB空间到圆柱IHS空间的标准转换流程如下[162]。

(1) 由笛卡儿坐标系描述的RGB颜色立方体沿着黑色点(原点)旋转得到中间笛卡儿坐标系(v_1,v_2,I),使得I相当于原立方体对角线新的z轴,用以表示像素强度级别。笛卡儿坐标系的R、G和B轴围绕I轴对称分布。v_1轴是前者R轴在与I轴正交的平面上的投影。在此平面上,v_2轴正交于v_1轴。为使目前的文献

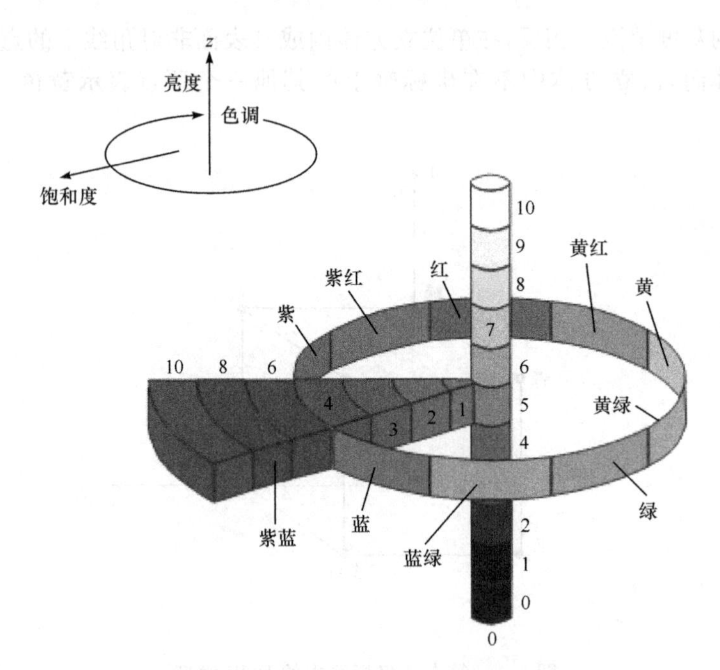

图 6.2　以圆柱坐标系描述 Munsell 颜色空间

适用于先前的符号,中间笛卡儿坐标系重新命名为(I, v_1, v_2)。

(2) 对旋转的 RGB 颜色立方体进行转换,如中间笛卡儿坐标系(I, v_1, v_2)到 IHS 圆柱坐标系。

在文献[28]中,圆柱形 IHS 的定义有多个版本。

(1) Kruse 和 Raine[154]提出一种适用于原始定义的转换并应用在 PCI Geomatica 中。颜色模型的方程式为

$$\begin{bmatrix} I \\ v_1 \\ v_2 \end{bmatrix} = \begin{bmatrix} \frac{1}{\sqrt{3}} & \frac{1}{\sqrt{3}} & \frac{1}{\sqrt{3}} \\ -\frac{1}{\sqrt{6}} & -\frac{1}{\sqrt{6}} & \frac{2}{\sqrt{6}} \\ -\frac{1}{\sqrt{2}} & \frac{1}{\sqrt{2}} & 0 \end{bmatrix} \begin{bmatrix} R \\ G \\ B \end{bmatrix} \tag{6.1}$$

$$H = \arctan\frac{v_2}{v_1};\quad S = \sqrt{v_1^2 + v_2^2} \tag{6.2}$$

逆变换为

$$v_1 = S\cos H;\quad v_2 = S\sin H \tag{6.3}$$

$$\begin{bmatrix} R \\ G \\ B \end{bmatrix} = \begin{bmatrix} \frac{1}{\sqrt{3}} & -\frac{1}{\sqrt{6}} & -\frac{1}{\sqrt{2}} \\ \frac{1}{\sqrt{3}} & -\frac{1}{\sqrt{6}} & \frac{1}{\sqrt{2}} \\ \frac{1}{\sqrt{3}} & \frac{2}{\sqrt{6}} & 0 \end{bmatrix} \begin{bmatrix} I \\ v_1 \\ v_2 \end{bmatrix} \tag{6.4}$$

(2) 由 Harrison 和 Jupp[132]介绍，并由 Pohl 和 van Genderen[212]提出的一个类似的变换，即

$$\begin{bmatrix} I \\ v_1 \\ v_2 \end{bmatrix} = \begin{bmatrix} \frac{1}{\sqrt{3}} & \frac{1}{\sqrt{3}} & \frac{1}{\sqrt{3}} \\ \frac{1}{\sqrt{6}} & \frac{1}{\sqrt{6}} & -\frac{2}{\sqrt{6}} \\ \frac{1}{\sqrt{2}} & -\frac{1}{\sqrt{2}} & 0 \end{bmatrix} \begin{bmatrix} R \\ G \\ B \end{bmatrix} \tag{6.5}$$

$$H = \arctan\frac{v_2}{v_1}; \quad S = \sqrt{v_1^2 + v_2^2} \tag{6.6}$$

和

$$v_1 = S\cos H; \quad v_2 = S\sin H \tag{6.7}$$

$$\begin{bmatrix} R \\ G \\ B \end{bmatrix} = \begin{bmatrix} \frac{1}{\sqrt{3}} & \frac{1}{\sqrt{6}} & \frac{1}{\sqrt{2}} \\ \frac{1}{\sqrt{3}} & \frac{1}{\sqrt{6}} & -\frac{1}{\sqrt{2}} \\ \frac{1}{\sqrt{3}} & -\frac{2}{\sqrt{6}} & 0 \end{bmatrix} \begin{bmatrix} I \\ v_1 \\ v_2 \end{bmatrix} \tag{6.8}$$

在上述情况下，该变换矩阵是正交的，这意味着该逆矩阵等于(共轭)转置。

(3) 其他常见的圆柱形 IHS 变换是将 IHS 坐标置于 RGB 立方体内，如 Wang 等的方法[264]，即

$$\begin{bmatrix} I \\ v_1 \\ v_2 \end{bmatrix} = \begin{bmatrix} \frac{1}{3} & \frac{1}{3} & \frac{1}{3} \\ -\frac{1}{\sqrt{6}} & -\frac{1}{\sqrt{6}} & \frac{2}{\sqrt{6}} \\ -\frac{1}{\sqrt{6}} & \frac{1}{\sqrt{6}} & 0 \end{bmatrix} \begin{bmatrix} R \\ G \\ B \end{bmatrix} \tag{6.9}$$

$$H = \arctan\frac{v_2}{v_1}; \quad S = \sqrt{v_1^2 + v_2^2} \tag{6.10}$$

其逆变换为

$$v_1 = S\cos H; \quad v_2 = S\sin H \tag{6.11}$$

$$\begin{bmatrix} R \\ G \\ B \end{bmatrix} = \begin{bmatrix} 1 & -\frac{1}{\sqrt{6}} & \frac{3}{\sqrt{6}} \\ 1 & -\frac{1}{\sqrt{6}} & -\frac{3}{\sqrt{6}} \\ 1 & \frac{2}{\sqrt{6}} & 0 \end{bmatrix} \begin{bmatrix} I \\ v_1 \\ v_2 \end{bmatrix} \tag{6.12}$$

(4) 与 Wang 的方法类似,Li、Kwok 和 Wang[166]提出如下变换,即

$$\begin{bmatrix} I \\ v_1 \\ v_2 \end{bmatrix} = \begin{bmatrix} \frac{1}{3} & \frac{1}{3} & \frac{1}{3} \\ \frac{1}{\sqrt{6}} & \frac{1}{\sqrt{6}} & -\frac{2}{\sqrt{6}} \\ \frac{1}{\sqrt{2}} & -\frac{1}{\sqrt{2}} & 0 \end{bmatrix} \begin{bmatrix} R \\ G \\ B \end{bmatrix}$$

$$H = \arctan\frac{v_2}{v_1}; \quad S = \sqrt{v_1^2 + v_2^2} \tag{6.13}$$

其逆变换为

$$v_1 = S\cos H; \quad v_2 = S\sin H$$

$$\begin{bmatrix} R \\ G \\ B \end{bmatrix} = \begin{bmatrix} 1 & \frac{1}{\sqrt{6}} & \frac{1}{\sqrt{2}} \\ 1 & \frac{1}{\sqrt{6}} & -\frac{1}{\sqrt{2}} \\ 1 & -\frac{2}{\sqrt{6}} & 0 \end{bmatrix} \begin{bmatrix} I \\ v_1 \\ v_2 \end{bmatrix} \tag{6.14}$$

(5) 回顾 Tu 等提出的 HIS 圆柱体变换[252,251],即

$$\begin{bmatrix} I \\ v_1 \\ v_2 \end{bmatrix} = \begin{bmatrix} \frac{1}{3} & \frac{1}{3} & \frac{1}{3} \\ -\frac{\sqrt{2}}{6} & -\frac{\sqrt{2}}{6} & -\frac{2\sqrt{2}}{6} \\ \frac{1}{\sqrt{2}} & -\frac{1}{\sqrt{2}} & 0 \end{bmatrix} \begin{bmatrix} R \\ G \\ B \end{bmatrix}$$

$$H = \arctan\frac{v_2}{v_1}; \quad S = \sqrt{v_1^2 + v_2^2} \tag{6.15}$$

其逆变换为

$$v_1 = S\cos H;\quad v_2 = S\sin H$$

$$\begin{bmatrix} R \\ G \\ B \end{bmatrix} = \begin{bmatrix} 1 & -\frac{1}{\sqrt{2}} & \frac{1}{\sqrt{2}} \\ 1 & -\frac{1}{\sqrt{2}} & -\frac{1}{\sqrt{2}} \\ 1 & \sqrt{2} & 0 \end{bmatrix} \begin{bmatrix} I \\ v_1 \\ v_2 \end{bmatrix} \tag{6.16}$$

所有这些转换都是线性的，即它们都可以用变换矩阵来表示。这个方法可以很容易地扩展 IHS 到三波段之上，如广义 IHS 算法(GIHS)[252]。通常式(6.10)、式(6.13)和式(6.15)所描述的转换可以在任意波段数的融合方法中使用。

6.2.2　非线性 IHS 变换

基于 IHS 变换的替代方法是非线性 IHS，分别基于三角形、六角锥体和双六角锥体模型。在这种情况下，从 RGB 空间到 IHS 空间的变换矩阵是不可计算的。

1. 非线性 IHS 三角形变换

Smith 提出基于三角形模型的非线性 IHS 变换[237]，该理论在 Carper、Lillesand 和 Kiefer[61]，de Béthune、Muller 和 Binard[82] 的论文中都有提及。通过图 6.1 所示的 RGB 立方体模型的横切图，非线性 IHS 变换可由如图 6.3 所示的三角形模型表示，它垂直于亮度轴，亮度值可定义为$I=(R+G+B)/3$。

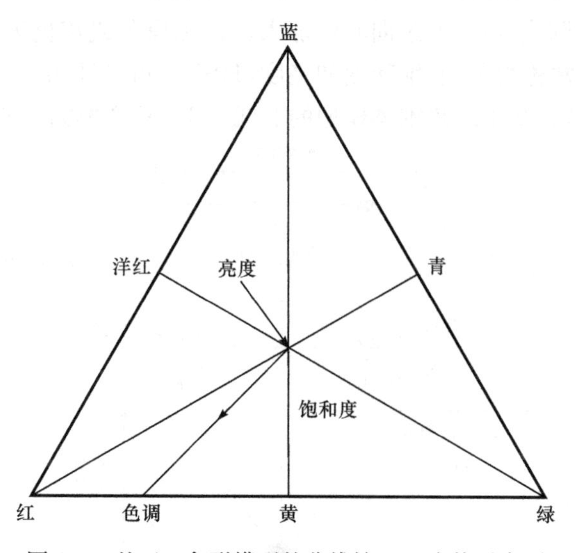

图 6.3　基于三角形模型的非线性 IHS 变换示意图

实质上，三角形本身代表二维 H-S 平面，根据位于构成 RGB 三角形的子三角形内各颜色的位置可知 H-S 坐标是环形的[122]。色调在从 0(如蓝色)到 3(回到蓝色)的范围内表达,其中 1 和 2 分别对应绿色和红色。相反,饱和度值的范围为 0(不饱和)到 1(完全饱和)。非线性三角形变换由下式给出,即

$$I=\frac{R+G+B}{3} \tag{6.17}$$

$$H=\begin{cases}\dfrac{G-B}{3(I-B)}, & B=\min(R,G,B)\\[2ex] \dfrac{B-R}{3(I-B)}+1, & R=\min(R,G,B)\\[2ex] \dfrac{R-G}{3(I-B)}+2, & G=\min(R,G,B)\end{cases} \tag{6.18}$$

$$S=\begin{cases}1-\dfrac{B}{I}, & B=\min(R,G,B)\\[2ex] 1-\dfrac{R}{I}, & R=\min(R,G,B)\\[2ex] 1-\dfrac{G}{I}, & G=\min(R,G,B)\end{cases} \tag{6.19}$$

2. 非线性 HSV 六角锥体变换

六角锥体模型试图将 RGB 颜色立方体转换成一组类似艺术家的调色模型[237],利用纯色调或颜料,通过向其中加入白色和黑色或灰色进行调色获得最终色。新的维度通常称为色调、饱和度和亮度(HSV),可表述为一个锥体(六角锥体或六边形金字塔)。基于六角锥体模型的非线性 HSV 变换如图 6.4 所示。

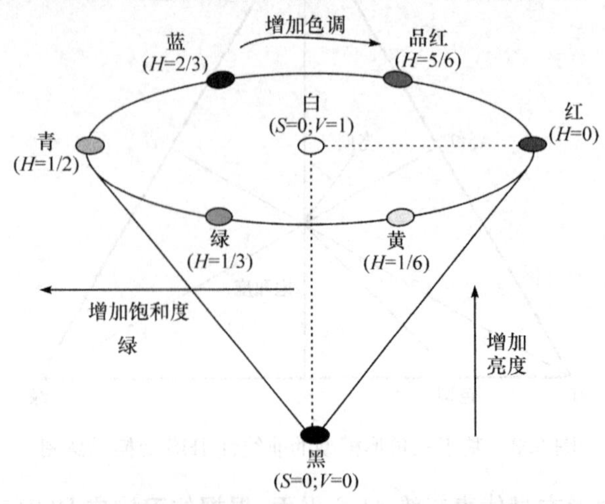

图 6.4 基于六角锥体模型的非线性 HSV 变换示意图

在六角锥体模型中，改变色调对应于绕圆心运动，而远离圆心意味着获得的图像更亮。如果饱和度增加，色彩更浓。因此，H 值被两个角度或 0～1 的值定义。在这个表述中，分配到 RGB 的色调亮度通常为 0、1/3 和 2/3，次要的黄色、青色、品红分别取中间值 1/6、1/2 和 5/6。这个六角锥体只是证明六个顶点对应于主要的和次要的颜色。关于亮度和饱和度，其定义为

$$\begin{cases} V=\max(R,G,B) \\ S=\dfrac{\max(R,G,B)-\min(R,G,B)}{\max(R,G,B)}=\dfrac{V-\min(R,G,B)}{V} \end{cases} \tag{6.20}$$

六角锥体模型推导过程如下：如果将 RGB 立方体沿着其主对角线（即垂直于对角线平面上的灰度轴）投影，就获得一个正六边形盘[237]。每个灰度值的范围都是从 0（黑）到 1（白色）的，包含在不同 RGB 子立方体内，并与之前的投影保持一致。改变灰度级，盘的大小也随之变化，黑色对应的盘则缩成一点，形成六角锥体。每个正方形盘可以选择不同的亮度，人工指定红、绿或蓝中至少有一个等于亮度，且没有更大的，从而 $V=\max(R,G,B)$。尤其要说明的是，如果红、绿或蓝有一个点等于 1，则亮度也等于 1。因此，六角锥体模型忽略了产生亮度的两个分量，在纯颜色或白色的情况下将产生相等的亮度[196]。

考虑到六角锥体中与亮度相关的盘，在盘上的单个点由色调和饱和度指定。特别是色调表示角度，而饱和度是盘中心的灰点的一个矢量长度，是给定角度的最大可能半径的矢量长度，所以在每个盘中饱和度从 0 变化到 1。对于亮度所确定的盘 $S=0$ 意味着该颜色是灰色，与色调无关，而 $S=1$ 表示一个在盘亮度的边界六边形上的彩色，从而使红色、绿色或蓝色中至少一个是 0。式（6.20）中对饱和度的推导可以在 Smith 的研究成果[237]中找到。

3. 非线性 HSL 双六角锥体变换

另一个基于 HIS 的变换类似于 HSV 六角锥体模型的非线性模型是 HSL 双六角锥体模型（色调、饱和度和亮度），其中亮度（L）和饱和度（S）的定义为

$$\begin{cases} L=\dfrac{\max(R,G,B)-\max(R,G,B)}{2} \\ S=\dfrac{\max(R,G,B)-\min(R,G,B)}{\max(R,G,B)+\min(R,G,B)} L\leqslant 0.5 \\ S=\dfrac{\max(R,G,B)-\min(R,G,B)}{2-[\max(R,G,B)+\min(R,G,B)]} L>0.5 \end{cases} \tag{6.21}$$

与 HSV 六角锥体模型类似，色调是通过穿过纯色圆的方式获得的，饱和度由与颜色圆心的距离来表示。不同的是，HSL 模型可以表示为双锥体（双六角锥体）。实际上，如果在 HSV 模型中从 $V=0$ 的黑色开始，随着 V 的增加颜色数量变

得越来越多,并且其最大值由 V 的最大值(即 1)获得,在 HSL 模型中颜色的最大数量可达到亮度的一半。超过这一点后,颜色的数量再次降低,当亮度为 1 时只存在唯一的颜色,即白色。因此,在 HSL 情况下,由白像素产生的强度是 1,而由一纯色产生的强度是 1/2。

6.2.3　多光谱图像融合中 IHS 变换的推广

本节阐述在 6.2.1 节和 6.2.2 节中介绍的 IHS 变换如何推广到图像融合方法中。

1. 线性 IHS

实际上,一个基于 IHS 的融合算法可用四个主要步骤[264]来表示。

(1) 将扩展的 RGB 多光谱波段变换到 IHS 分量,在这种情况下,强度图像 I 由扩展的多光谱波段得到,表示为$(\tilde{R},\tilde{G},\tilde{B})^{\mathrm{T}}$。

(2) 匹配全色图像直方图和强度分量直方图。

(3) 用全色图像替换强度分量。

(4) 用逆 IHS 变换获得锐化的 RGB 波段。

这样的过程对于每种变换都是通用的。因此,在逆变换之前,全色图像总是与替换后的图像进行直方图匹配。

例如,从式(6.16)开始,锐化的多光谱波段可表示为$(\hat{R},\hat{G},\hat{B})^{\mathrm{T}}$,并由下式计算获得,即

$$\begin{bmatrix}\tilde{R}\\ \tilde{G}\\ \tilde{B}\end{bmatrix}=\begin{bmatrix}1 & -\dfrac{1}{\sqrt{2}} & \dfrac{1}{\sqrt{2}}\\ 1 & -\dfrac{1}{\sqrt{2}} & -\dfrac{1}{\sqrt{2}}\\ 1 & \sqrt{2} & 0\end{bmatrix}\begin{bmatrix}P\\ v_1\\ v_2\end{bmatrix} \tag{6.22}$$

式(6.15)作用在扩展的多光谱波段向量上,获得变换后的向量$(I,v_1,v_2)^{\mathrm{T}}$,即

$$\begin{bmatrix}I\\ v_1\\ v_2\end{bmatrix}=\begin{bmatrix}\dfrac{1}{3} & \dfrac{1}{3} & \dfrac{1}{3}\\ -\dfrac{\sqrt{2}}{6} & -\dfrac{\sqrt{2}}{6} & -\dfrac{2\sqrt{2}}{6}\\ \dfrac{1}{\sqrt{2}} & -\dfrac{1}{\sqrt{2}} & 0\end{bmatrix}\begin{bmatrix}\tilde{R}\\ \tilde{G}\\ \tilde{B}\end{bmatrix} \tag{6.23}$$

通过全色图像对 I 图像的加减可得下式,即

$$\begin{bmatrix}\widetilde{R}\\ \widetilde{G}\\ \widetilde{B}\end{bmatrix}=\begin{bmatrix}1 & -\frac{1}{\sqrt{2}} & \frac{1}{\sqrt{2}}\\ 1 & -\frac{1}{\sqrt{2}} & -\frac{1}{\sqrt{2}}\\ 1 & \sqrt{2} & 0\end{bmatrix}\begin{bmatrix}I+(P-I)\\ v_1\\ v_2\end{bmatrix} \tag{6.24}$$

如果用 $\delta=P-I$ 表示，可得下式，即

$$\begin{bmatrix}\widetilde{R}\\ \widetilde{G}\\ \widetilde{B}\end{bmatrix}=\begin{bmatrix}1 & -\frac{1}{\sqrt{2}} & \frac{1}{\sqrt{2}}\\ 1 & -\frac{1}{\sqrt{2}} & -\frac{1}{\sqrt{2}}\\ 1 & \sqrt{2} & 0\end{bmatrix}\begin{bmatrix}I+\delta\\ v_1\\ v_2\end{bmatrix}=\begin{bmatrix}\widetilde{R}\\ \widetilde{G}\\ \widetilde{B}\end{bmatrix}+\begin{bmatrix}1 & -\frac{1}{\sqrt{2}} & \frac{1}{\sqrt{2}}\\ 1 & -\frac{1}{\sqrt{2}} & -\frac{1}{\sqrt{2}}\\ 1 & \sqrt{2} & 0\end{bmatrix}\begin{bmatrix}\delta\\ 0\\ 0\end{bmatrix}=\begin{bmatrix}\widetilde{R}+\delta\\ \widetilde{G}+\delta\\ \widetilde{B}+\delta\end{bmatrix} \tag{6.25}$$

$\delta=P-I$ 正是高空间频率矩阵，其被加到低分辨率多光谱波段以产生锐化图像。因此，在线性 IHS 圆柱变换的情况下，正、反变换的计算实际上对融合过程无用，仅有强度 I 的推导是必要的。这种 IHS 命名为快速 IHS[252,269]。在式(6.10)、式(6.13)和式(6.15)的情况下，全色图像和强度图像之间的差被直接注入多光谱波段，而对于式(6.2)和式(6.6)，必须使用一个乘法因子。

事实上，如果逆变换用一个一般矩阵 C 表示，则

$$\begin{bmatrix}\widetilde{R}\\ \widetilde{G}\\ \widetilde{B}\end{bmatrix}=\begin{bmatrix}c_{11} & c_{12} & c_{13}\\ c_{21} & c_{22} & c_{23}\\ c_{31} & c_{32} & c_{33}\end{bmatrix}\begin{bmatrix}I\\ v_1\\ v_2\end{bmatrix} \tag{6.26}$$

之后，用全色替换强度 I，可以得到一个比式(6.25)更一般的表达，即

$$\begin{bmatrix}\widetilde{R}\\ \widetilde{G}\\ \widetilde{B}\end{bmatrix}=\begin{bmatrix}\widetilde{R}\\ \widetilde{G}\\ \widetilde{B}\end{bmatrix}+\begin{bmatrix}c_{11} & c_{12} & c_{13}\\ c_{21} & c_{22} & c_{23}\\ c_{31} & c_{32} & c_{33}\end{bmatrix}\begin{bmatrix}\delta\\ 0\\ 0\end{bmatrix}=\begin{bmatrix}\widetilde{R}\\ \widetilde{G}\\ \widetilde{B}\end{bmatrix}+\begin{bmatrix}c_{11}\\ c_{21}\\ c_{31}\end{bmatrix}\delta \tag{6.27}$$

即逆矩阵的第一列 $(c_{11},c_{21},c_{31})^{\mathrm{T}}$ 就是融合过程中差向量 $\delta=P-I$ 的乘数。这个性质可能普遍适用于任何一种线性变换。

需要注意，利用全色图像代替亮度图像进行融合时，允许对多光谱波段进行锐化，这也导致融合结果可能失真，特别是当差向量 $\delta=P-I$ 较大时，如在全色和三个多光谱波段的光谱响应之间有少量重叠的情况下。这个问题是由于饱和度的变化，而色调并不随 IHS 融合而改变[251]。

这种线性 IHS 简化融合过程的另一个优点是它直接将原始图像扩展到超过三个波段的数据上，这已经在 GIHS 算法[252]中提过，特别是考虑近红外波段。例如，针对 IKONOS 传感器获取的图像，可以通过如下定义强度图像以显著减少光

谱失真,即

$$I=(\widetilde{R}+\widetilde{G}+\widetilde{B}+\widetilde{N})/4 \tag{6.28}$$

然后计算全色锐化波段,即

$$\begin{bmatrix}\hat{R}\\\hat{G}\\\hat{B}\\\hat{N}\end{bmatrix}=\begin{bmatrix}\hat{R}+\delta\\\hat{G}+\delta\\\hat{B}+\delta\\\hat{N}+\delta\end{bmatrix} \tag{6.29}$$

式中,$\delta=P-I$。事实上,在这个情况下,全色图像的光谱响应还包括近红外的光谱响应,因此GIHS的强度I比IHS的强度I更近似于全色。

显然,式(6.29)可以推广至K波段,即$(B_1,B_2,\cdots,B_K)^{\mathrm{T}}$,或更优于其扩展版本$(\widetilde{B}_1,\widetilde{B}_2,\cdots,\widetilde{B}_k)^{\mathrm{T}}$,即

$$\begin{bmatrix}\hat{B}_1\\\hat{B}_2\\\vdots\\\hat{B}_K\end{bmatrix}=\begin{bmatrix}\widetilde{B}_1+\delta\\\widetilde{B}_2+\delta\\\vdots\\\widetilde{B}_K+\delta\end{bmatrix} \tag{6.30}$$

式中,$\delta=P-I$,且

$$I=\frac{1}{K}\sum_{i=1}^{K}\widetilde{B}_i \tag{6.31}$$

最后,通过归结到K波段的情况,可以获得一个比式(6.27)更一般的表达式,即

$$\begin{bmatrix}\hat{B}_1\\\hat{B}_2\\\vdots\\\hat{B}_K\end{bmatrix}=\begin{bmatrix}\widetilde{B}_1\\\widetilde{B}_2\\\vdots\\\widetilde{B}_K\end{bmatrix}+\begin{bmatrix}c_{11}&c_{12}&\cdots&c_{1K}\\c_{21}&c_{22}&\cdots&c_{2K}\\\vdots&\vdots&&\vdots\\c_{31}&c_{32}&\cdots&c_{3K}\end{bmatrix}\begin{bmatrix}\delta\\0\\\vdots\\0\end{bmatrix}=\begin{bmatrix}\widetilde{B}_1\\\widetilde{B}_2\\\vdots\\\widetilde{B}_K\end{bmatrix}+\begin{bmatrix}c_{11}\\c_{21}\\\vdots\\c_{K1}\end{bmatrix}\delta \tag{6.32}$$

因此,对于包括K波段在内的每一个线性变换,$\delta=P-I$都是乘以矩阵C的逆矩阵的第一列$(c_{11},c_{21},\cdots,c_{K1})^{\mathrm{T}}$,以从扩展式中获得全色锐化的多光谱数据集。

此外,如果上述线性转换对的矩阵是正交的,那么它的逆等于它的转置,即上述转换可由矩阵C^{T}来定义。在这种情况下,δ也是左乘C^{T}第一行。

2. 非线性 IHS

如果三角形模型纳入非线性IHS融合算法的框架,式(6.18)正常扩展到矢量$(\widetilde{R},\widetilde{G},\widetilde{B})^{\mathrm{T}}$。然后,用全色图像替换$I$,将IHS逆向转换到RGB空间,保留色调和饱和度,同时也保留新锐化波段的归一化比率,即

$$\begin{cases}\dfrac{\hat{R}}{P}=\dfrac{\hat{R}}{I}\\[2mm]\dfrac{\hat{G}}{P}=\dfrac{\hat{G}}{I}\\[2mm]\dfrac{\hat{B}}{P}=\dfrac{\hat{B}}{I}\end{cases}\tag{6.33}$$

因此

$$\begin{cases}\hat{R}=\hat{R}\,\dfrac{P}{I}\\[2mm]\hat{G}=\hat{G}\,\dfrac{P}{I}\\[2mm]\hat{B}=\hat{B}\,\dfrac{P}{I}\end{cases}\tag{6.34}$$

通过一些简单的操作，结合式(6.25)对式(6.34)进行转化，可以得到下式，即

$$\begin{cases}\hat{R}=\widetilde{R}+\dfrac{\widetilde{R}}{I}(P-I)=\widetilde{R}+\dfrac{\widetilde{R}}{I}\delta\\[2mm]\hat{G}=\widetilde{G}+\dfrac{\widetilde{G}}{I}(P-I)=\widetilde{G}+\dfrac{\widetilde{G}}{I}\delta\\[2mm]\hat{B}=\widetilde{B}+\dfrac{\widetilde{B}}{I}(P-I)=\widetilde{B}+\dfrac{\widetilde{B}}{I}\delta\end{cases}\tag{6.35}$$

式中，$\delta=P-I$。因此，非线性 IHS 三角形模型的方程是线性 IHS 圆柱模型通过乘法因子加权得到的，并以此对每个波段注入细节。非线性 IHS 三角形模型等效于下面的 Brovey 变换(BT)[122]模型，也就是说式(6.35)等同于描述 Brovey 变换融合过程的方程式。然而，RGB 颜色通道式(6.35)定义的 Brovey 变换和 $I=(\widetilde{R}+\widetilde{G}+\widetilde{B})/3$ 并不等同于式(6.18)的变换。实际上，Brovey 变换是独立于色调和饱和度定义的，并且可以很容易地扩展到三个以上的波段。例如，利用式(6.28)和式(6.35)将 Brovey 变换扩展到四个波段上(红、绿、蓝、近红外)，即

$$\begin{cases}\hat{R}=\widetilde{R}+\dfrac{\widetilde{R}}{I}(P-I)=\widetilde{R}+\dfrac{\widetilde{R}}{I}\delta\\[2mm]\hat{G}=\widetilde{G}+\dfrac{\widetilde{G}}{I}(P-I)=\widetilde{G}+\dfrac{\widetilde{G}}{I}\delta\\[2mm]\hat{B}=\widetilde{B}+\dfrac{\widetilde{B}}{I}(P-I)=\widetilde{B}+\dfrac{\widetilde{B}}{I}\delta\\[2mm]\hat{N}=\widetilde{N}+\dfrac{\widetilde{N}}{I}(P-I)=\widetilde{N}+\dfrac{\widetilde{N}}{I}\delta\end{cases}\tag{6.36}$$

之后，在 K 个波段的一般情况下

$$\begin{cases} \hat{B}_1 = \widetilde{B}_1 + \dfrac{\widetilde{B}_1}{I}\delta \\ \hat{B}_2 = \widetilde{B}_2 + \dfrac{\widetilde{B}_2}{I}\delta \\ \quad \vdots \\ \hat{B}_K = \widetilde{B}_K + \dfrac{\widetilde{B}_K}{I}\delta \end{cases} \tag{6.37}$$

式中，$\delta = P - I$，I 可由式(6.31)得到。

通过在图像融合框架下比较 HSV 模型、HSL 模型与线性三角模型，可以观察到差值 $P-I$ 通常在第一种情况下更高。因为强度不是红、绿和蓝波段的线性组合，且与全色图像并不相似。因此，用 HSV 和 HSL 模型的融合图像会比用线性 HIS 模型的融合图像更加锐化，但也会引入更多噪声[73]。

6.3 PCA 变换

PCA 在图像处理领域广泛应用于多成分数据集的去相关问题，以便在输出向量成分数量减少时有效地压缩输入向量中的能量。

PCA 首先被 Hotelling 用于研究随机序列[136]，是连续随机过程的 Karhunen-Loeve 级数的离散等价[141]。PCA 变换是线性变换，是基于二阶的一些数据统计的计算，作为输入数据的协方差矩阵。

6.3.1 PCA 的去相关性

考虑一个数据集由 N_p 个观测和 K 个变量或成分构成，且通常 $N_p \gg K$。PCA 变换的目的是降低数据集的维数，使每个观测可用更低的维数 L 组成的向量表示，即 $1 \leqslant L < K$。在多光谱或高光谱数据集融合的问题中，K 是波段的个数，通常对于多光谱数据集 $K=4$，N_p 是各波段的像素数，并且只用第一个变换波段，即 $L=1$。

令数据排列为 N_p，列向量 $X(n)=\{x(m,n), m=1,2,\cdots,K\}$，$n=1,2,\cdots,N_p$，在 K 波段第 n 个像素取值，形成 $K \times N_p$ 数据矩阵。矩阵 X 被归一化，即计算原始数据矩阵 X_0 每行的平均值，并保存在一列向量 $\mu=\{\mu(m), m=1,2,\cdots,K\}$ 中，原始矩阵 X_0 减去该向量可以得到 X[240]。

零均值数据集 X 的 PCA 变换，基向量通过其协方差矩阵 C_X 的正交特征向量获得。协方差矩阵 C_X 定义为

$$C_X = E[XX^{\mathrm{T}}] \tag{6.38}$$

令 $C_X = C_X(m_1, m_2)(m_1=1,2,\cdots,K; m_2=1,2,\cdots,K)$，因此

$$C_X(m_1,m_2)=\frac{1}{N_p}\sum_{n=1}^{N}x(m_1,n)x(n,m_2) \tag{6.39}$$

事实上，C_X 是一个 $K\times K$ 矩阵，(m_1,m_2)元素是第 m_1 波段和第 m_2 波段的协方差，对角线上第 m 个元素是第m 个波段的方差。$K\times 1$ 特征向量 $\Phi_i(i=1,2,\cdots,K)$是 $\Phi_i=\{\phi_{ij},j=1,2,\cdots,K\}$，由下式给出，即

$$C_X\Phi_i=\lambda\Phi_i,\quad i=1,2,\cdots,M \tag{6.40}$$

列对齐构成 PCA 的变换矩阵 V，使 C_X 降低到它的对角线结构。C_X 是实对称矩阵，矩阵 V 一定是正交的，因为每一个实对称矩阵可以通过一个正交矩阵正交。因此，V 的逆矩阵等于它的转置矩阵，即 $V^{-1}=V^{\mathrm{T}}$。通过应用 PCA 变换矩阵，可获得一个新的 $K\times N_p$ 数据矩阵 Y，即

$$Y=V^{\mathrm{T}}X \tag{6.41}$$

其逆变换为

$$X=VY \tag{6.42}$$

式中，Y 含不相关的成分，即它的协方差矩阵 $C_Y=V^{\mathrm{T}}C_XV$，是对角阵[209]。

6.3.2　基于 PCA 变换的图像融合

在图像融合的框架下，如果 PCA 用于通用的多光谱的数据集$(B_1,B_2,\cdots,B_k)^{\mathrm{T}}$，它由 K 个波段构成并扩展到$(\widetilde{B}_1,\widetilde{B}_2,\cdots,\widetilde{B}_K)^{\mathrm{T}}$，每一个都有 N_p 个像素，一组不相关的波段$(\mathrm{PC}_1,\mathrm{PC}_2,\cdots,\mathrm{PC}_K)^{\mathrm{T}}$ 通过下面的变换计算，即

$$\begin{bmatrix}\mathrm{PC}_1\\ \mathrm{PC}_2\\ \vdots\\ \mathrm{PC}_K\end{bmatrix}=\begin{bmatrix}\phi_{11} & \phi_{12} & \cdots & \phi_{1K}\\ \phi_{21} & \phi_{22} & \cdots & \phi_{2K}\\ \vdots & \vdots & & \vdots\\ \phi_{K1} & \phi_{K2} & \cdots & \phi_{KK}\end{bmatrix}\begin{bmatrix}\widetilde{B}_1\\ \widetilde{B}_2\\ \vdots\\ \widetilde{B}_K\end{bmatrix} \tag{6.43}$$

由于信息主要集中在第一个变换波段(即 PC_1)，结合式(6.32)，一组全色锐化的多光谱波段将由下式给出，即

$$\begin{bmatrix}\hat{B}_1\\ \hat{B}_2\\ \vdots\\ \hat{B}_K\end{bmatrix}=\begin{bmatrix}\widetilde{B}_1\\ \widetilde{B}_2\\ \vdots\\ \widetilde{B}_K\end{bmatrix}+\begin{bmatrix}\phi_{11}\\ \phi_{12}\\ \vdots\\ \phi_{1K}\end{bmatrix}\cdot\delta=\begin{bmatrix}\widetilde{B}_1\\ \widetilde{B}_2\\ \vdots\\ \widetilde{B}_K\end{bmatrix}+\begin{bmatrix}\phi_{11}\\ \phi_{12}\\ \vdots\\ \phi_{1K}\end{bmatrix}\cdot(P-\mathrm{PC}_1) \tag{6.44}$$

为了评估乘数 $\Phi_1=\{\phi_{1i},i=1,2,\cdots,K\}$，考虑式(6.42)给出的逆变换，并用通用输入 $X_i(i=1,2,\cdots,K)$来表示，即

$$X_i=\sum_{j=1}^{K}\phi_{ji}Y_j,\quad i=1,2,\cdots,K \tag{6.45}$$

考虑通用输入 $X_i(i=1,2,\cdots,K)$和通用输出 $Y_j(j=1,2,\cdots,K)$间的相关系数可得

$$\operatorname{corr}(X_i, Y_j) = \frac{\operatorname{cov}(X_i, Y_j)}{\sqrt{\operatorname{var}(X_i)\operatorname{var}(Y_j)}} \tag{6.46}$$

X_i 和 Y_j 为零均值图像，则协方差为

$$\operatorname{cov}(X_i, Y_j) = E[X_i, Y_j] = E\left[\sum_{l=1}^{K} \phi_{li} Y_l, Y_j\right] = \sum_{j=1}^{K} \phi_{li} E[Y_l, Y_j] \tag{6.47}$$

如果 l 不等于 j，则 Y_l 和 Y_j 不相关，可得

$$\operatorname{cov}(X_i, Y_j) = \phi_{ji} E[Y_i, Y_j] = \phi_{ji} \operatorname{var}(Y_j) \tag{6.48}$$

进一步，有

$$\operatorname{corr}(X_i, Y_j) = \frac{\phi_{ji} \operatorname{var}(Y_j)}{\sqrt{\operatorname{var}(X_i)\operatorname{var}(Y_j)}} = \phi_{ji} \frac{\sqrt{\operatorname{var}(Y_j)}}{\sqrt{\operatorname{var}(X_i)}} = \phi_{ji} \frac{\sigma(Y_j)}{\sigma(X_i)} \tag{6.49}$$

通过使用第一个变换波段，即第一个主要成分 PC_1 和扩展数据集 $(\widetilde{B}_1, \widetilde{B}_2, \cdots, \widetilde{B}_K)^{\mathrm{T}}$，可得

$$\operatorname{corr}(\widetilde{B}_i, PC_1) = \phi_{1i} \frac{\sigma(PC_1)}{\sigma(\widetilde{B}_i)} \tag{6.50}$$

最后，乘数 $\Phi_1 = \{\phi_{1i}, i = 1, 2, \cdots, K\}$ 可以评估为

$$\phi_{1i} = \operatorname{corr}(\widetilde{B}_i, PC_1) \frac{\sigma(\widetilde{B}_i)}{\sigma(PC_1)} = \frac{\operatorname{cov}(\widetilde{B}_i, PC_1)}{\sigma(\widetilde{B}_i)\sigma(PC_1)} \frac{\sigma(\widetilde{B}_i)}{\sigma(PC_1)} = \frac{\operatorname{cov}(\widetilde{B}_i, PC_1)}{\operatorname{var}(PC_1)} \tag{6.51}$$

因此，如果考虑标准多光谱数据集 $(R, G, B, N)^{\mathrm{T}}$，其已经扩展到 $(\widetilde{R}, \widetilde{G}, \widetilde{B}, \widetilde{N})^{\mathrm{T}}$，式(6.44)变为

$$\begin{bmatrix} \hat{R} \\ \hat{G} \\ \hat{B} \\ \hat{N} \end{bmatrix} = \begin{bmatrix} \widetilde{R} \\ \widetilde{G} \\ \widetilde{B} \\ \widetilde{N} \end{bmatrix} + \left[\frac{\operatorname{cov}(\widetilde{R}, PC_1)}{\operatorname{var}(PC_1)} \ \frac{\operatorname{cov}(\widetilde{G}, PC_1)}{\operatorname{var}(PC_1)} \ \frac{\operatorname{cov}(\widetilde{B}, PC_1)}{\operatorname{var}(PC_1)} \ \frac{\operatorname{cov}(\widetilde{N}, PC_1)}{\operatorname{var}(PC_1)} \right]^{\mathrm{T}} (P - PC_1) \tag{6.52}$$

与 IHS 类似，它足以计算第一个主成分通过 PCA 变换获得的全色锐化波段。

6.4 Gram-Schmidt 变换

GS 变换基于 GS 正交化过程[134]，能够在有限或无限尺寸的欧氏空间建立正交基。本节阐述 GS 变换在图像融合上的应用，PCA 变换是一个特例。

6.4.1 Gram-Schmidt 正交化过程

GS 正交化过程可以总结如下。考虑一个由欧氏空间 V 的向量构成的集合 $\{x_1, x_2, \cdots\}$，其既可以有限，也可以无限。令 $L(x_1, x_2, \cdots, x_k)$ 是其连续的前 k 个

元素构成的子空间。因此,存在对应 V 中每个元素的集合$\{y_1, y_2, \cdots, y_k\}$,使得对于每个 k 有以下特性。

(1) 向量 y_k 与 $L(y_1, y_2, \cdots, y_{k-1})$ 中其他元素正交。

(2) 由$\{y_1, y_2, \cdots, y_k\}$生成的子空间与由$\{x_1, x_2, \cdots, x_k\}$生成的子空间相同,即 $L(y_1, y_2, \cdots, y_k) = L(x_1, x_2, \cdots, x_k)$。

(3) $\{y_1, y_2, \cdots, y_k, \cdots\}$中确定不包含可能不同于任一 k 值的常数因子。

给定集合$\{x_1, x_2, \cdots\}$, $\{y_1, y_2, \cdots\}$可由下列递归公式获得,即

$$y_1 = x_1; \quad y_{r+1} = x_{r+1} - \sum_{i=1}^{r} \frac{\langle x_{r+1}, y_i \rangle}{\langle y_i, y_i \rangle} y_i, \quad r = 1, 2, \cdots, k-1 \tag{6.53}$$

式中,$\langle \cdot , \cdot \rangle$为标量积。如果$\{x_1, x_2, \cdots, x_k\}$为有限维欧氏空间的基,则$\{y_1, y_2, \cdots, y_k\}$为相同空间中的正交基。最后,基$\{y_1, y_2, \cdots, y_k\}$可与欧几里得范数获得每个元素正交。因此,每个有限维数的欧氏空间可用正交基表示。

需要注意的是,如果 x 和 y(且 y 不是零向量)是欧氏空间中的向量,则元素 $\frac{\langle x, y \rangle}{\langle y, y \rangle} y$ 是 x 沿着 y 的投影。这说明,GS 分解过程是从 x_{r+1} 中减去所有相同 x_{r+1} 沿着正交元素$\{y_1, y_2, \cdots, y_r\}$的投影。这些映射的模型可表示为$\{\mathrm{proj}_{y_1} x_{r+1}, \mathrm{proj}_{y_2} x_{r+1}, \cdots, \mathrm{proj}_{y_r} x_{r+1}\}$。因此,可得

$$\mathrm{proj}_{y_i} x_{r+1} = \frac{\langle x_{r+1}, y_i \rangle}{\langle y_i, y_i \rangle} = \frac{\langle x_{r+1}, y_i \rangle}{\| y_i \|^2}, \quad i = 1, 2, \cdots, r \tag{6.54}$$

式中,$\| \cdot \|$为欧几里得范数。

图 6.5 列举了个两个向量在简单情况下 GS 分解的例子。

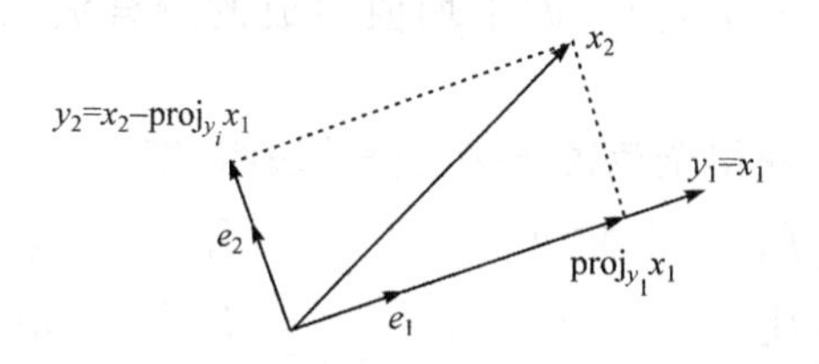

图 6.5　两个向量在简单情况下的 GS 分解

6.4.2　Gram-Schmidt 光谱锐化

GS 光谱锐化主要是利用 GS 正交化过程进行基本融合。该技术于 1998 年由 Laben 和 Brower 发明,其专利由 Kodak 获得[157]。GS 方法在集成到可视化图像处理(ENVI ©)软件包后得到广泛推广。

令 I 表示合成的低分辨率全色图像。通过采用 PCA 中相同的符号,GS 变换的输入向量在 K 波段的情况下为 $X = (I, \widetilde{B}_1, \widetilde{B}_2, \cdots, \widetilde{B}_K)^{\mathrm{T}}$,其中强度图像通过平均扩展多光谱波段获得,即

$$I=\frac{1}{K}\sum_{i=1}^{K}\widetilde{B}_i \tag{6.55}$$

之后，令 $Y=(\mathrm{GS}_1,\mathrm{GS}_2,\cdots,\mathrm{GS}_{K+1})^{\mathrm{T}}$ 为 GS 变换后的输出向量。X 和 Y 之间的关系可以表示为

$$Y=V^{\mathrm{T}}X \tag{6.56}$$

其逆变换为

$$X=VY \tag{6.57}$$

式中，V 为正交的$(K+1)\times(K+1)$上三角矩阵。事实上，V 的列构成了一组正交基，其组成对角线的非零项来自 GS 正交化过程，如 Lloyd 和 Bau 的研究所述[175]，V 的通用元素(i,j)由下式给出，即

$$V(i,j)=v_{ij}=\mathrm{proj}_{y_i}x_j,\quad i\geqslant j \tag{6.58}$$

式中

$$\mathrm{proj}_{y_i}x_j=\frac{\langle x_j,y_i\rangle}{\|y_i\|^2} \tag{6.59}$$

如果采用均值向量，可得

$$\mathrm{proj}_{y_i}x_j=\frac{\mathrm{cov}(x_j,y_i)}{\mathrm{var}(y_i)} \tag{6.60}$$

考虑 GS 正交化过程和式(6.56)，它遵循第一变换波段 GS_1 与 I 一致。因此，GS 光谱锐化方法采用之前与 I 作直方图匹配的全色图像替换 GS_1。对于新的输出向量 Y'，逆变换用来获得全色锐化的向量 $\hat{X}$，即

$$\hat{X}=VT' \tag{6.61}$$

式中，$\hat{X}=(P,\hat{B}_1,\hat{B}_2,\cdots,\hat{B}_K)^{\mathrm{T}}$，即平均值组成的融合波段由 $\hat{X}$ 的第二个元素获得。

利用式(6.32)，可获得全色锐化多光谱波段组，即

$$\begin{bmatrix}\hat{B}_1\\ \hat{B}_2\\ \vdots\\ \hat{B}_K\end{bmatrix}=\begin{bmatrix}\widetilde{B}_1\\ \widetilde{B}_2\\ \vdots\\ \widetilde{B}_K\end{bmatrix}+\begin{bmatrix}\mathrm{proj}_{y_1}x_2\\ \mathrm{proj}_{y_1}x_3\\ \vdots\\ \mathrm{proj}_{y_1}x_{K+1}\end{bmatrix}\cdot\delta=\begin{bmatrix}\widetilde{B}_1\\ \widetilde{B}_2\\ \vdots\\ \widetilde{B}_K\end{bmatrix}+\begin{bmatrix}\mathrm{proj}_I\widetilde{B}_1\\ \mathrm{proj}_I\widetilde{B}_2\\ \vdots\\ \mathrm{proj}_I\widetilde{B}_K\end{bmatrix}\cdot\delta \tag{6.62}$$

式中，$\delta=P-I$；变换矩阵的第一个元素等于输入矩阵的第一个元素，即 $y_1=I$；$(x_2,x_3,\cdots,x_{K+1})=(\widetilde{B}_1,\widetilde{B}_2,\cdots,\widetilde{B}_K)$。

对于扩展多光谱波段$(\widetilde{R}\quad\widetilde{G}\quad\widetilde{B}\quad\widetilde{N})^{\mathrm{T}}$，由式(6.60)可得

$$\begin{bmatrix}\hat{R}\\ \hat{G}\\ \hat{B}\\ \hat{N}\end{bmatrix}=\begin{bmatrix}\widetilde{R}\\ \widetilde{G}\\ \widetilde{B}\\ \widetilde{N}\end{bmatrix}+\left[\frac{\mathrm{cov}(\widetilde{R},I)}{\mathrm{var}(I)}\quad\frac{\mathrm{cov}(\widetilde{G},I)}{\mathrm{var}(I)}\quad\frac{\mathrm{cov}(\widetilde{B},I)}{\mathrm{var}(I)}\quad\frac{\mathrm{cov}(\widetilde{N},I)}{\mathrm{var}(I)}\right]^{\mathrm{T}}(P-I) \tag{6.63}$$

因此，如果取 $I=PC_1$，图像融合的 PCA 变换是 GS 光谱锐化的一个特例，即强度图像被定义为 PCA 的第一个变换波段的低分辨率数据集。

6.5 小　结

本章讨论了图像全色锐化的三个重要的变换，由 HIS 开始，然后是 PCA，最后是 GS 正交化过程。如果处理的是一个线性变换，则其变换可通过逆矩阵来说明。融合过程可以简单地通过逆矩阵第一列的第一个变换成分和全色图像之差来进行。对于正交矩阵，如 PCA，加权矢量是矩阵的第一行。

因此，不必计算整个变换，计算第一个波段变换足以完成全色锐化过程。这样简化后能发现融合变换之间显著的连接。例如，PCA 是 GS 光谱锐化的特殊情况[26]。

有些非线性变换也可以表示为第一个变换波段的扩展运算，如非线性 IHS 三角形模型，它等效于 Brovey 变换。在一般情况下，非线性变换的差值 $P\text{-}I$ 通常是大于线性变换的，这使得融合图像更加锐化，但噪声也可能比线性模型更多。

第7章 多光谱图像融合

7.1 概 述

全色锐化指的是对同一个场景成像的全色图像和多光谱图像进行融合，这两类图像在大多数情况下是同时成像。本书希望能够将全色图像解析的空间细节和多光谱图像包含的光谱多样性结合起来，所以全色锐化可以认为是一种特殊的数据融合问题。通常多传感器图像融合需要解决的空间配准问题，对于全色锐化或许不是难题，因为全色传感器和多光谱传感器可以安装在同一个平台上，甚至用同一套光学系统，所以全色图像和多光谱图像可同时获取。目前，IKONOS、OrbView、Landsat 8、SPOT、QuickBird，以及 WorldView-2 等商业卫星，都可以获取全色图像和多光谱图像。其中，全色图像的空间分辨率甚至已经达到 0.5m 以下，多光谱图像在可见光至近红外波长范围内获取的波段数量可以达到 8 个。全色图像和多光谱图像的融合是获得同时具有高空间分辨率和高光谱分辨率图像唯一可能的手段，主要原因是成像设备的物理限制使其很难通过单一仪器获得上述图像。

由于谷歌地球和必应地图等使用高分辨率图像的商业产品不断出现，市场对全色锐化数据的需求也日益增加。同时，全色锐化作为增强图像的方法，也是变化检测[50,241]、目标检测[191]、雪地制图[235]、主题分类[52]、光谱信息提取[31]、视觉图像解译[158]等许多遥感任务的重要预处理步骤。

通过回顾近年来的技术文献可以看出，科学界对全色锐化技术的兴趣在逐渐增加。全色锐化开创性的算法综述可以参考文献[66]、[259]、[212]。第二代全色锐化方法基于 MRA 和客观质量评价方法[16,39,117,216,246,257]。然而，对于现有全色锐化方法的比较却很少。2006 年的国际地球科学与遥感大会上举办了算法竞赛，将不同的全色锐化方法应用在相同的数据集上，并用相同的验证过程和性能评价指标对结果进行评价，使全色锐化研究迈出了坚实的一步。

这一章的主要工作是对两类性能评价方法进行比较：基于全尺度的方法和基于退化尺度的方法。由于缺少参考图像（主要是真实的全色锐化图像未知），没有一个统一评价全色锐化结果的方法，因此一个通用做法是建立一个理想标准（具体可以参考文献[261]），这些标准利用融合的一致性和合成性这两个特性进行评价。首先，也是最容易实现的，就是全色锐化过程应该可逆，它可以表述为原始的多光谱图像应该仅通过融合后图像的退化就可以得到;合成性强调的是融合结果的特点,它要求在融合后的高分辨率图像上能够恢复原始多光谱图像,这个条件需要每个波段的特征,以及多个波段间的互相关系都必须保存下来。

对于评价准则的定义仍然是一个开放性问题[39,92],且它与图像质量评价[262]、图像融合[32],甚至遥感[210]之外的技术都是紧密相关的。此外,也缺乏与人类感知两幅图像差异能力相匹配的、通用可接受的评价指标。例如,MSE这个指标已经证明不足以准确评价全色锐化质量,因此也引出许多其他图像质量评价指标。此外,不论采用什么质量指标,可参考的高分辨率多光谱图像都无法获得,这导致无法准确地进行评价。为了解决这两个方面的问题并提出一个量化的评价指标,目前已经提出两种解决方案。第一种,首先降低原始多光谱和全色图像的空间分辨率,然后把原始的多光谱图像作为评价结果的参考图像。在这个方案中,假定融合过程中尺度不变,然而这个假设并不总是成立,尤其对于在城市地区获取的超高分辨率图像[32]。第二种,利用不需要参考图像的评价指标[32,210]。很明显,在这种情况下,评价是在问题的原始尺度上进行的,但结果严重依赖这种指标的定义。

7.2 全色锐化方法的分类

载荷的发展促进了全色锐化方法研究的不断深入。在过去十年发射入轨的卫星上,全色图像和多光谱图像的分辨率之比通常为1∶4(比例尺度为4),而以往的卫星一般为1∶2,且都包括一个波段范围较窄的蓝波段和波段范围较宽的全色波段,此外还有近红外波段。然而,分辨率比例关系的变化基本上不影响融合方法的发展。由于存在蓝波段,色彩可以保持得更自然,同时全色图像的光谱范围也包含近红外波段。这无疑促进了全色锐化图像质量评估,以及更好融合方法的产生。事实上,如IHS[61]、比值变换(BT)[122]和PCA[232]这样的方法提供了质量很高的高分辨率多光谱图像,但忽视了光谱信息的高质量合成[261]。虽然这些方法可用于视觉解释,但光谱信息的高质量合成对基于光谱特征的遥感应用是非常重要的,如岩性、土壤和植被分析等[106]。

在过去的二十年中,现有的图像融合方法已划分成若干类别。Schowengerdt[226]将它们划分为基于光谱域技术、基于空间域技术和基于尺度空间技术。然而,基于尺度空间的技术(如小波)通常由空间域技术的数字滤波器来实现。因此,像高通滤波(HPF)[66]和附加小波亮度[196]这样的由数字滤波器类型不同来区分的方法实际上属于同一类。

Ranchin 和 Wald[217,246]则将全色锐化方法分为投影和替代方法、相对光谱贡献率方法，以及通过改善结构空间分辨率来实现的离散小波变换[217]方法。许多如 HPF [66]、GLP[12]和 ATW[196]这样现有的图像融合方法也基于 ARSIS 的概念。然而，前两种分类即“投影和替代”(如 IHS)与“相对光谱贡献率”(如 BT)是等价的。6.2.3 节回顾了 Tu 等[252]的工作，他们进行了数学推演并表明 IHS 和 PCA 并不需要直接计算完整的光谱变换，只需计算被取代的部分，如在 BT 过程中仅利用亮度成分。因此，IHS 和 BT 的区别仅在于注入前的加权空间细节，而不在于从全色图像中提取的方式，即 IHS 和 BT 融合可以推广到任意数量光谱波段。

根据文献[45]提出的大量研究，多数图像融合方法可以分成两个类型，这些类型唯一的区别在于从全色图像提取空间细节的方式。

(1) 使用线性空间不变的数字滤波器提取全色图像的空间细节信息，再将其注入多光谱波段[216]。所有使用 MRA 的方法都属于这一类。

(2) 不使用任何空间滤波，而是通过全色图像和多光谱图像的非零均值成分之间的像素差获得空间细节，这等价于用逆变换后的全色图像替换这些成分以产生锐化的多光谱波段[26]。

不论如何获得空间细节，都需要将这些细节信息注入插值的多光谱波段中，但注入增量的比例可能因空间位置、波段，甚至像素不同而不同。以内容自适应为特点的算法，其局部模型通常优于适合每个波段的全局模型的方法[21,25,110,119]。像素变化的注入模型能够定义基于像素光谱向量的空间调制的融合算法。例如，基于图 7.1 中成分替换方法类型的 BT 方法和基于图 7.4 中 MRA 方法类型的平滑滤波的亮度调制(SFIM)方法[174]。

上面介绍的这两种方法在光谱与空间质量上进行了折中。不采用空间滤波的方法可以提供高几何质量空间细节的融合图像，但光谱会有损失。而采用空间滤波的方法通常在光谱上是精确的，但在空间增强上不令人满意。如果波段的光谱组合于全色锐化产品的光谱质量[26]和空间滤波的空间质量都是最优的，这两种方法能在综合质量上产生非常相似的结果[25]。

这两类方法将在 7.3 节进行详述，它们的不同点已经在很多文献中提出。在某些情况下，这些替代方法并不是全部研究方向或孤立方法的组合，它们是基于重建理论的解决方案。一些提案依靠总变分方法[203]，其他的依靠最新发展的稀疏信号表示或压缩感知理论[59,90]。在后者中，可能涉及引入这种方法的开创性工作[167,279]。在图像处理和计算机视觉应用[205]中，已经大范围应用的超分辨技术获得了一些最新的改进[204]，包括用于数据融合的基于贝叶斯范式的算法，也已经开始应用于全色锐化领域[215]。寻找一个合适的统计模型表示全色锐化结果是困难的，可用的多光谱和全色图像[98]强烈限制了其在全色锐化中的应用。然而，近期的文献中出现了许多基于贝叶斯估计理论的方法，第11章将在遥感图像融合上讨论这些新问题。

全色锐化还用于融合全色和高光谱数据[111,171]。显然，由于非同步采集、数据的配准，以及不同的空间覆盖范围与分辨率[95,246]的影响，常规的全色锐化方法难以解决全色和高光谱数据融合这一特殊的问题。第8章致力于扩展多光谱全色融合到高光谱数据。

7.3　全色锐化方法综述

本节的目标是讨论近年来广泛使用的方法。这些方法可以分为基于成分替换的方法和基于多分辨率分析的方法，以及两种方法的混合。

下面介绍后面需要用到的记号和约定。向量用小写符号表示，如 x_i 表示 x 的第 i 个元素。二维数组用大写字母表示，如 $X \equiv \{x(i,j)\}_{i=1,2,\cdots,N, j=1,2,\cdots,N}$。因此，一个多波段图像是一个三维数组。$X \equiv \{X_k\}_{k=1,2,\cdots,K}$ 是一个 k 波段组成的多波段图像，其中 X_k 表示第 k 个波段。

7.3.1　成分替换

这种全色锐化的光谱方法依赖多光谱波段光谱转换的计算、直方图匹配，以及全色图像成分替换，再通过逆变换得到全色锐化的多光谱波段。这类算法中较为经典的有IHS算法[61,66]、PCA算法[65,232]和GS光谱锐化算法[157,26]等。

这类方法是将多光谱图像投影到另一空间，并假定变换可以分离场景中的空间结构信息和光谱信息，因此这种方法也称为投影替换[246]。随后，利用全色图像取代包含空间信息的成分。理论上全色图像和替换成分之间有较大的相关性，同时有较少的光谱失真[246]。为了这个目的，在替换之前需要完成全色和所选成分的直方图匹配，该过程通过逆变换使数据返回原始多光谱空间来完成。

这种全局方法有优点，也有局限性。其优点是，通常在最终融合产品中具有高保真度的空间细节[26]，算法快速且易于实现。但缺点在于，这种方法可能无法计算全色和多光谱图像之间的局部差异，产生较为显著的光谱失真[39,246]。

Tu等提出成分替换方法的一个新形式[252]，然后分析其他后续工作[26,72,91,251]。假设变换是线性的且只有一个单一的非负成分被替换，融合过程可以在没有前向和后向转换的条件下获得，而不需要一个完整的注入方案。这一发现使这些方法可以更快实现。从这一角度出发，成分替换方案的通用公式为

$$\hat{M}_k = \widetilde{M}_k + g_k(P - I) \tag{7.1}$$

式中，下标 k 表示第 k 个波段；$g=[g_1,g_2,\cdots,g_k,\cdots,g_K]$ 为注入增益的向量；I 为

$$I=\sum_{i=1}^{K}w_i\widetilde{M}_i \tag{7.2}$$

式中，权重 $w=[w_1,w_2,\cdots,w_k,\cdots,w_K]$ 可以用来测量多光谱波段和全色图像之间的相关光谱混叠[246,251]。

Tu 等、Dou 等、Aiazzi 等和 Choi 等[252,251,91,26,72]的论文表明，式(7.1)中的融合过程可以在没有精确计算光谱转换的情况下进行。这个结果对于一般性的 IHS(GIHS)、PCA 和 GS 融合的讨论分别在 6.2.3 节、6.3.2 节和 6.4.2 节给出。因此，一般的成分替换融合方法的流程如图 7.1 所示，不包括直接的和反向的光谱变换。全色的低通滤波是需要的，因为全色的直方图匹配版本 P，在其分辨率退化到 I 的分辨率(即原始多光谱波段的分辨率)后，需要和 I 存在相同的平均值和方差，而通常 $\sigma(\mathrm{PAN})>\sigma(P_{\mathrm{L}})$，即大量点扩散函数的融合导致了图像辐射的不一致。

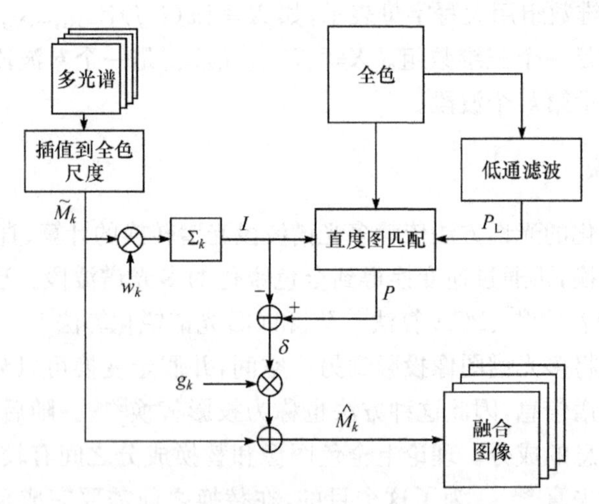

图 7.1　成分替换融合方法的流程图

(根据式(6.32)，计算直接和反向变换的块被忽略，前者导致带权重 w_{ks} 波段的线性组合，后者被注入增量 g_{ks} 封装)

基于成分替换的全色锐化步骤如下。

(1) 将多光谱图像插值到全色图像的尺度中，并覆盖全色图像。

(2) 输入光谱权重 $\{w_k\}_{k=1,2,\cdots,K}$。

(3) 根据式(7.2)计算亮度成分。

(4) 匹配全色的直方图到 I，$P=[\mathrm{PAN}-\mu(\mathrm{PAN})]\cdot\dfrac{\sigma(I)}{\sigma(P_{\mathrm{L}})}+\mu(I)$。

(5) 依据注入增量 $\{g_k\}_{k=1,2,\cdots,K}$ 计算波段。

(6) 注入,即增加依据式(7.1)提取的细节。

值得注意的是,Tu 等和 Dou 等[252,251,91]将 IHS 融合方法应用到超过三个波段的数据上。7.3.2 节将证明被全色取代成分的自适应估算是提高成分替换方法性能的关键[26]。

下面详细描述主要的 CS 技术,系数如式(7.1) 和式(7.2) 所示,归纳于表 7.1。在 PCA 条目中,系数$\{\phi_{1,k}\}_{k=1,2,\cdots,K}$ 表示正向变换中的第一行,这也是逆变换的第一列。对于正交化约束,$\sum_k \phi_{1,k}^2 = 1$。

表 7.1　式(7.2)中光谱权重和式(7.1)中基于 CS 方法注入增量的值

方法	w_k	G_k
GIHS	$1/K$	1
BT	$1/K$	$\widetilde{M}_k/I$
PCA	$\phi_{1,k}$	$\phi_{1,k}$
GS	$1/K$	$\dfrac{\text{cov}(I,\widetilde{M}_k)}{\text{var}(I)}$

1. 广义的亮度-色调-饱和度

广义的亮度-色调-饱和度[252]是原始 IHS[61]方法延伸到任意的波段数 $K(K>3)$。步骤已经在 6.2.3 节介绍。本节拟说明这种融合更一般的形式,即选择更一般的光谱权重。

多光谱和全色数据具有不同的成像过程。例如,在多光谱成像过程中,它们被表示为辐射单元,而不是光谱辐射,即光谱辐射密度单元。在前者的情况下,全色是多光谱波段的总和,而不是它们的平均。如果多光谱数据没有经过辐射校正,那么光谱权重的总和也可能不为 1。所有全色锐化方法都包含一个步骤,其中全色图像与替换成分进行配准或直接与每个多光谱波段进行配准。因此,未配准的光谱和全色数据可以合并在一起,所得的锐化多光谱图像再经过辐射校正。

一旦存在光谱权重$\{w_k\}_{k=1,2,\cdots,K}$ 没有被约束到全等于 $1/K$ 或是和为 1 的情况,那么通过利用式(6.27) 中 $K=3$ 时正向和反向 IHS 变换矩阵的结构,就可以发现逆矩阵的第一列所有元素都将等于$\left(\sum_l w_l\right)^{-1}$。因此,在式(7.1) 中,$g_k = \left(\sum_l w_l\right)^{-1}$。

于是,GIHS 融合方法可以表示为

$$\hat{M}_k = \widetilde{M}_k + \left(\sum_l^K w_l\right)^{-1}(P-I),\quad k=1,2,\cdots,K \tag{7.3}$$

式中，P 为直方图匹配的全色图像；I 按照式(7.2)计算。这个方法也称为快速IHS(FIHS)方法[251]，因为它避免了直接变换、替换和最后逆向变换的顺序计算。

6.2.3节表明，如果用非线性IHS代替线性IHS，就可以获得BT全色锐化方法。因此，对于 $k=1,2,\cdots,K$，融合图像可以定义为

$$\hat{M}_k=\widetilde{M}_k\frac{P}{I} \tag{7.4}$$

而式(7.4)可以重写为

$$\hat{M}_k=\widetilde{M}_k+\frac{\widetilde{M}_k}{I}(P-I) \tag{7.5}$$

式中，P 为直方图匹配到 I 的全色图像。式(7.1)可以通过式(7.6)给出的空间变化注入增量获得，即

$$G_k=\frac{\widetilde{M}_k}{I},\quad k=1,2,\cdots,K \tag{7.6}$$

2. 主成分分析

6.3节讨论了PCA的细节和另一个广泛用于全色锐化应用[65,66,232]的光谱变换方法。PCA是通过 K 维向量空间中原始坐标系的多维旋转实现的，就是将原始矢量投影到新的坐标轴产生一组标量图像，称为主成分(PCs)，它们在统计上是彼此不相关的。PCs一般按照方差值的降序排列，从而达到对输入图像信号量化的目的。

更具体地，全色锐化假设空间信息将集中在第一个成分，而所述光谱信息由其他成分表征。实际上，该空间信息被映射到第一成分，其大小与多光谱通道之间的相关性有关[39]。此外，整个融合过程可以通过式(7.1)来表示，其中 g 系数向量由在多光谱图像上的PCA过程说明。因此，在表7.1中没有提供 w 和 g 特定的表达，因为它们都依赖特定处理的数据集。

用于全色锐化PCA的主要缺点是，第一个成分 PC_1 并不固定，也无法控制第一成分与全色光谱是最优匹配。由7.3.2节可以看到，GIHS和GS两种方法也存在同样的问题。

3. GS正交化

GS正交化过程是一种用于线性代数和多元统计的正交化一系列非正交向量的方法。基于GS的方法已作为全色锐化的经典算法，柯达公司的Laben和Brower在2000申请了专利[157]，并集成在ENVI软件中。

在正交化之前，每个像素要减去均值。这个均值由每个波段的全局平均值获得。除了 K 个多光谱波段，即在全色尺度插值、经过字典排序并进一步映射到和像素个数相同分量的矢量，还使用一个合成的低分辨率全色图像 I 作为第一个基向量。正交化过程的输出就是这个作为起始向量的图像 I，第一个多光谱波段的成分和图像 I 正交，而第二个光谱波段则与图像 I，以及第一个多光谱波段的成分同时正交，依此类推。在逆变换完成之前，I 被通过直方图匹配所得的全色图像(P)替换，而原始多光谱波段则从第一个，以及其他的正交分量重建。6.4 节阐述了 GS 光谱锐化的一些主要特点。

值得注意的是，GS 构成一种比 PCA 更一般的变换，可以通过将 PC_1 作为第一个正交分解分量来实现[25]。这说明可以将一个通过优化拟合全色图像得到的线性组合作为初始值，构建一个多光谱波段的正交表示。

此外，这个过程可以通过式(7.1)表达，$k=1,2,\cdots,K$ 时的增量为[26]

$$g_k=\frac{\operatorname{cov}(\widetilde{M}_k,I)}{\operatorname{var}(I)} \tag{7.7}$$

式中，$\operatorname{cov}(X,Y)$表示图像 X 和 Y 之间的协方差；$\operatorname{var}(X)$为 X 的方差(表 7.1)。

获得全色低分辨率近似值最简单的方法包括简单地平均每个像素的多光谱成分(即对所有的 $i=1,2,\cdots,K$，设置 $w_i=1/K$)。这个默认模式称为 GS 模式 1。根据替代的 GS 模式 2，全色的低分辨率近似值 I 被用户定义。这就需要使用不同的一组光谱权重或合适的低通滤波器应用到原始全色图像，从而出现 MRA 全色锐化类中具有突出特点的混合方法。

7.3.2　基于 CS 融合方法的优化

如图 7.1 所示，无论采用经典方式，还是改进方式，基于 CS 的融合方法都依赖合成的图像 I 与全色图像低通滤波结果 P_L 之间的光谱匹配，且假设多光谱与全色图像光谱响应范围重合[124]。最简单的优化是根据多光谱不同波段对全色图像光谱的相对贡献度计算光谱权重。这一方法已经在 IKONOS 影像上得到应用[251]，其光谱响应如图 2.12 所示。对于 IKONOS 的 4 个波段，最优的光谱权重分别为 $w_1=1/12$、$w_2=1/4$、$w_3=w_4=1/3$。这些数值通过同一探测器对不同场景获取的大量图像统计分析得到，大致对应多光谱到全色图像在光谱上的贡献。

为了明确光谱响应在多光谱图像融合上的影响，考虑 IKONOS 的相对光谱响应(图 2.12)。理想情况下，多光谱波段(B、G、R 和 NIR)应该是不相交的，并应完全落入全色的波段宽度内。此外，全色光谱响应甚至超出 NIR 波段。融合的颜色失真问题源于这些波段不匹配，特别是 B、G、R 和 NIR 波段简单平均合成的全色近似值并不匹配图 2.12 的光谱响应。例如,在 NIR 和全色波段中,植被相对明亮,而在可见光波段其反射率较低。当所有的波段加上相同的权重时,相对于真实的全色图像,合成的全色图像中植被区的辐射值要小。这个效果导致一些融合多光谱波段的注入辐射被抵消,可能会引起彩色失真。这种失真在植被区域的真彩色显示上更明显。

为了避免这种麻烦,简单的解决方案是产生全色的合成近似值,根据不同光谱波段的不同权重来估计传感器的光谱响应[124,200,251]。事实上,光谱权重具有场景依赖性,其优化应该是通过图像到图像,甚至通过相同图像的类到类来实现。因此,提出基于多元回归的鲁棒解决方案[26]。

预处理步骤如下。

(1) 通过适当的低通滤波和抽取在空间上降低原始全分辨率全色图像到多光谱波段的大小。

(2) 假设在每个像素位存在

$$P_{\mathrm{L}} \downarrow r = \sum_{k=1}^{K} w_k M_k + n \tag{7.8}$$

式中,P_{L} 为低通滤波的全色图像;$\{w_k\}_{k=1,2,\cdots,K}$ 为(未知的)光谱权重;n 为一个零平均的噪声。

(3) 寻找权重的最优组 $\{\hat{w}_k\}_{k=1,2,\cdots,K}$,这样的均方值是最小的。

(4) 依照式(7.2),用 $\{\hat{w}_k\}_{k=1,2,\cdots,K}$ 合成一个一般的 I 成分,可用于 GS 或 GIHS。

隐含的假设是,如果多波段观测可用,在多光谱图像上计算获得的回归系数等同于那些将在原始全色图像尺度上所得的系数。这种假设对于数据集的光谱特性是合理的,但可能对于空间特性并不适用。

优化的 CS 融合方法的流程如图 7.2 所示。值得注意的是,流程中没有全色图像直方图匹配的步骤,因为通过式(7.8)可以得到优化的权重。类似地,BT 也可以通过优化基于回归的权重进行优化[29]。

10.3.4 节讨论基于波段间相关性的光谱权重的优化问题,其中的广义亮度[36]概念应用于光学和 SAR 图像的融合。

基于 CS 的优化方法中,较为经典的是基于波段独立空间细节(BDSD)的算法[119],它扩展了式(7.1)并依据最小均方误差(MMSE)准则,分别估计每个波段的 w 和 g。这种方法并不严格属于 CS 方法,但在多光谱和全色光谱响应仅部分重叠的情况下依旧鲁棒。8.3.1 节讨论高光谱图像全色锐化时也会提及这个优点。

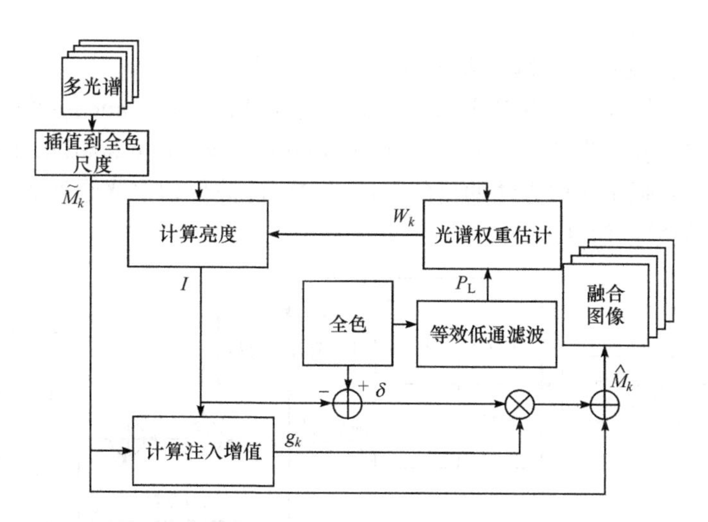

图 7.2　优化的 CS 融合方法的流程

7.3.3　多分辨率分析

MRA 是全色锐化的代表方法，将通过全色图像的多分辨率分解得到的空间细节注入重采样的多光谱波段[38]。其中，空间细节可以根据 MRA 的几个方式来提取，如 DWT[178]、UDWT[194]、ATW[93,231]、LP[54]、基于小波(如轮廓[87])或不基于小波(如曲波[243])的非可分离变换。第 5 章综合讨论了 MRA 的正式定义和应用于图像融合的四种重点类型。

高通滤波(HPF)[66]和高通调制(HPM)[226]方法作为基于 MRA 的方法利用 DWT。后来出现的 UDWT 方法具有平移不变、滤波器易选择、无混叠效应等优点，得到广泛应用。

然而，在基于 ATW 和(G)LP 的方法出现后，基于 DWT 和 UDWT 的方法又很快被取代。一个显著的特例是近期出现的 indusion 方法[151]，可以通过多步运算得到较好的结果。

在一个二元的 MRA 的假设中，当多光谱和全色图像的比例尺度为 r 时，全色锐化过程如下。

(1) 插值多光谱图像到全色图像的尺度，并完全覆盖它。

(2) 以深度 $\log_2 r$ 计算每个多光谱波段的 MRA。

(3) 以深度 $\log_2 r$ 计算全色图像的 MRA。

(4) 计算波段注入增量 $\{g_k\}_{k=1,2,\cdots,K}$，每个方向(LH 为水平，HL 为垂直，HH 为斜向)可能对应一个 g_k。

(5) 在每个多光谱图像的子波段中添加全色图像的细节子波段，这些子波段按照相应注入的增益进行加权。

(6) 应用逆变换增强每个多光谱波段的子波段。

图 7.3 说明了使用 UDWT 和 $r=2$ 的融合过程。在 Ranchin 和 Wald[217] 看来，这个范式被表示为 ARSIS(amélioration de la résolution spatiale par injection de structures)，强调这些方法的目的是通过空间滤波保留多光谱图像的信息和来自全色图像的增量信息。

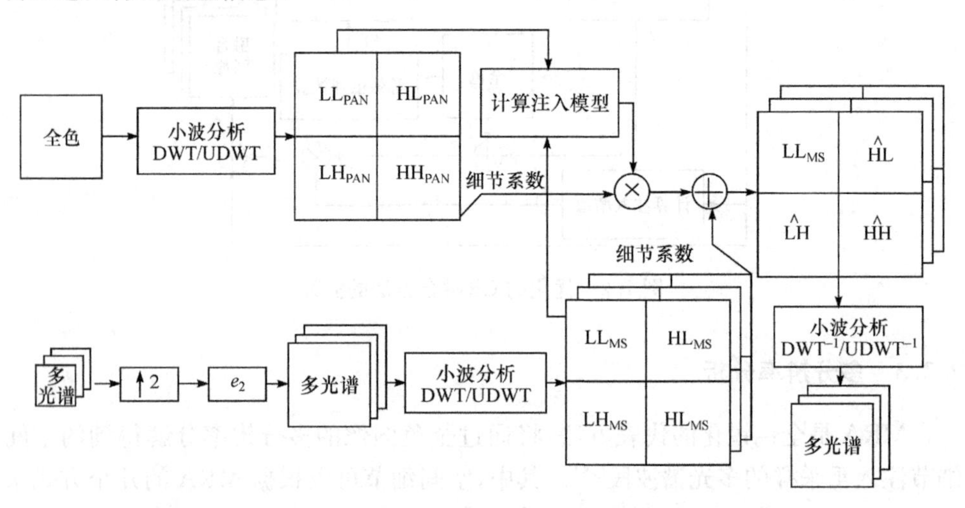

图 7.3 使用 UDWT 和 $r=2$ 的融合过程

在 Tu 等的开创性论文[252]中，图 7.3 描述的小波融合导致 GIHS 的快速算法在数学上发展。主要的成果是只有等效低通滤波作用于基本波段图像才会对全色锐化图像产生影响。因此，全色图像对融合结果的贡献通过计算 P 及其低通版本 P_L 之差来获得。这严格保持了 UDWT；在 DWT 的情况下，通过抽样引入混叠存在轻微的差异。这个问题将在 9.3.2 节解决。因此，通用的 MRA 融合模型可以表述为

$$\hat{M}_k=\widetilde{M}_k+g_k(P-P_L),\quad k=1,2,\cdots,K \tag{7.9}$$

根据式(7.9)，属于此类的不同方法的唯一特征是用于获得图像 P_L 的低通滤波器与注入增量 $\{g_k\}_{k=1,2,\cdots,K}$。全色锐化的流程如图 7.4 所示。

g 的数学表达式在文献中有不同形式的假定。在可能的滤波器类型中，最简单的方案是通过使用 box 掩模(即具有均匀权重的掩模，执行一个平均滤波器)和添加注入实现的。这产生了称为 HPF 方法的全色锐化算法[66,226,227]。

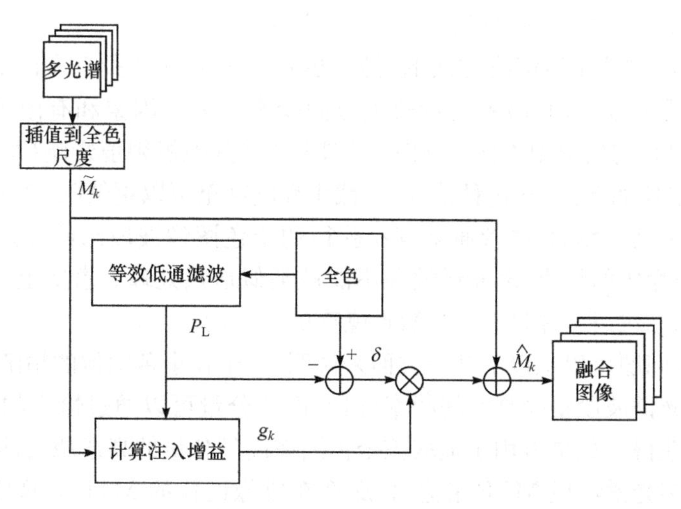

图 7.4　全色锐化的流程图

但是，设置 $g_k=1$ 会导致全色在多光谱上并未配准，除非前者在每个多光谱波段已初步校准，即 $P=[\mathrm{PAN}-\mu(\mathrm{PAN})]\dfrac{\sigma(M_k)}{\sigma(P_L)}+\mu(M_k)$[258]。这是 HPF 方法的主要缺点。

更让人感兴趣的是 HPM 方法[226]，文献[174]在辐射变换模型的背景下重新解释和重新定义了平滑滤波亮度调制(SFIM)，即

$$\hat{M}_k=\widetilde{M}_k+\frac{\widetilde{M}_k}{P_L}(P-P_L),\quad k=1,2,\cdots,K \tag{7.10}$$

式中，被注入第 k 波段的细节通过插值的多光谱和低通全色 P_L 来加权，以复制全色的局部亮度对比。此外，如果一个独特的低通图像 P_L 用于所有的多光谱波段，引起$\widehat{\mathrm{MS}}$的光谱失真，这可以通过 SAM 图被量化，因此这属于光谱失真最小化的方法[22,23,13]。

7.3.4　基于 MTF 的 MRA 最优化

本节将回顾 Aiazzi 等的主要研究成果[14]。其中给出了这样的说明，即对于某个用在基于 MRA 的融合算法的低通滤波器，如果其空间频率响应与成像设备的 MTF 匹配，那么该滤波器还可以进一步优化。

图 2.4(a)显示了某成像系统中的解析式 MTF 表示。作为第一近似形式，MTF 等于成像系统的 PSF 的傅里叶变换下的调制。原则上，对于在沿轨和跨轨方向上具有相同采样频率的辐射信号的二维采样产生的两个光谱副本，它们应该在奈奎斯特频率(采样频率的 1/2)处交叉，并且带有 0.5 的信号幅值。然而，这种频率响应较难选择，因此需要在空间分辨率和采样信号混叠之间进行折中，通常将

采样频率调整为奈奎斯特频率的 0.2～0.3 幅值。

图 2.4(b)描述了该解决方法的思路，展示了多光谱波段真实的 MTF。该过滤过程同时受平台运动（沿着运行轨道方向变窄）、大气因素和有限采样的影响。全色波段 MTF 的情况则不同，其作用范围主要受其他极限值影响（至少对分辨率约为 1m 的仪器如此）。在这种情况下，截止幅度甚至可以更低（如 0.1），而获取的图像也相当模糊。然而，尽管通常较易获得的全色图像波段已经经过了 MTF 处理，但由于信噪比的约束，多光谱波段不能被类似地预处理。事实上，图像重建意味着一种逆滤波过程，并且有增加数据噪声的副作用。

最终，该问题可以从以下几个方面来说明：一个在全色图像的精细尺度进行了重采样的多光谱波段缺少高空间频率分量，而该分量可以通过恰当的跨尺度注入模型来推断获得。如果将用于提取该全色图像高频分量的高通滤波器当成需要进一步增强的多光谱波段 MTF 来输出，那么在成像设备的 MTF 处理输出中，其高频分量是可以重建的。否则，如果通过使用具有归一化截止频率的滤波器，截止频率恰好等于全色和多光谱图像的尺度比例（例如，对 1m 的全色和 4m 的多光谱图像而言，该数值为 1/4），从全色图像中提取空间细节，那么这个频率分量将不会注入融合图像。这种现象发生在经过临界采样的小波分解中，其滤波器被限制为恰好截止于全色数据的奈奎斯特频率的整数部分（通常为 2 的幂），对应全色和多光谱间的尺度比例。

文献[12]和[112]提出冗余金字塔和小波分解中一个引人注目的特征，是用于分析全色图像的低通滤波器，可以较容易地设计成多光谱波段上的 MTF，这里的多光谱波段还需要进一步注入几何细节信息。图 7.5(a)为三个幅度截止阈值对应的例子。由此带来的好处是，通过注入模型，需要添加到多光谱波段的全色图像几何细节信息可用来对多光谱波段的空间频率内容进行恢复。这一点无法通过传统的 DWT 和 IDWT 直接分解实现[107]。使用该原理的先驱来自 Núñez 等的工作[196]，即使在他们并没有考虑 MTF 存在的情况。图 7.5(b)展示了用于产生 ATW 的立方样条小波滤波器的类高斯频率响应等同于 V-NIR 波段上滤波器的频谱特性，存在一个大小为 0.185 的截止幅值。作为补充的高通滤波器，能够给出可用于 1∶4 融合注入的细节信息，保留可用于标准 GLP 和 ATW 算法[12,112]使用的空间频率分量。这种远超理想滤波器的细节保留特征使融合结果的空间细节特性显著增强。

事实上，图像融合结果的质量评估也能够从光谱仪器的 MTF 中获益。MTF（低通滤波器）及其互补形式（高通滤波器）定义了频率信道。全色锐化图像对于其成分，原始多光谱和原始全色图像之间的一致性测量应该根据 Khan 的协议（3.2.2 节）在这个频率范围内进行[147]。

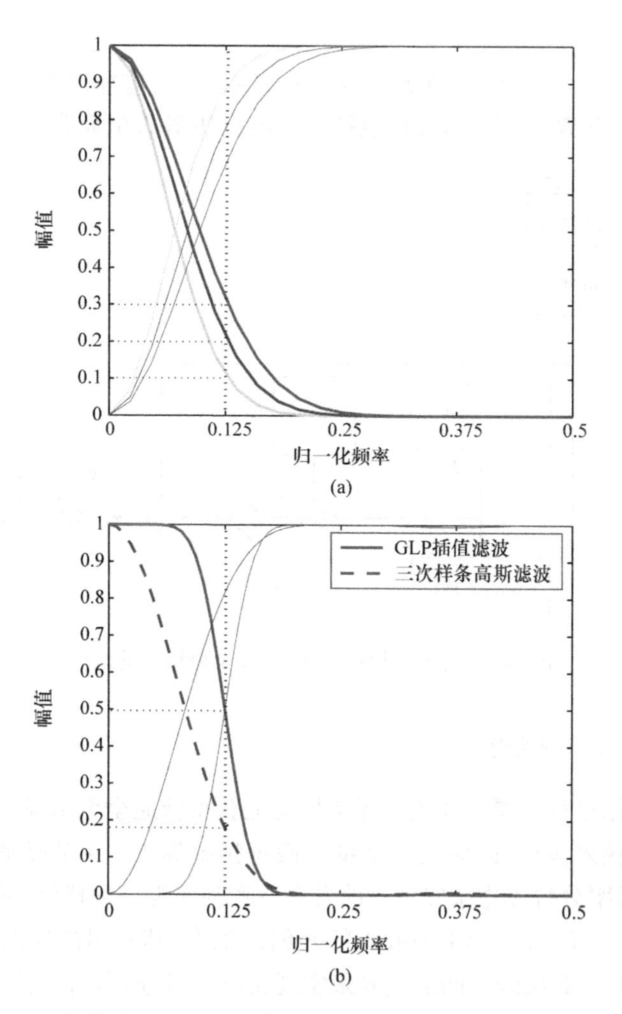

图 7.5 等效滤波器的一维频率响应对于可分离的二维 1∶4MRA
（低通和高通滤波器分别产生近似值和细节）

1. à-trous 小波变换

从 Núñez 等[196]的相关工作开始，非抽样 à-trous 分析很快成为图像融合领域非常有效的 MRA 方法[125]。即使非正交的情况（即相邻小波平面之间可能存在交叉冗余）也可能会对融合图像的光谱质量产生影响[125]，但其优势特性，即平移不变性[256]和传感器 MTF 的较好匹配能力[14]，对于生成高质量的全色锐化图像具有较高的价值。

归功于自身可分离的计算性质，基于序贯应用的 à-trous 滤波器应用更为广泛，在一维核[243]的垂直和水平方向，有

$$h=[1\quad 4\quad 6\quad 4\quad 1] \tag{7.11}$$

该卷积核定义在选择 B_3 立方样条作为 MRA 的尺度缩放函数[244]的情况下推导而来。利用 ATW 基于 MRA 全色锐化的流程如图 7.6 所示。

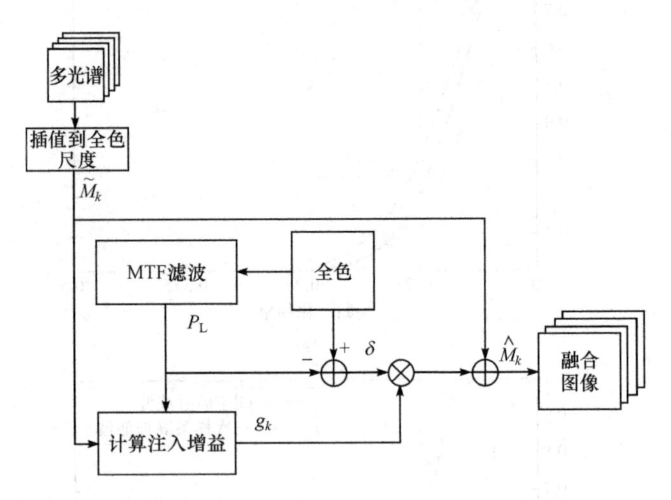

图 7.6　利用 ATW 基于 MRA 全色锐化的流程

2. 通用拉普拉斯金字塔

分辨率退化过程需要在原始多光谱尺度上获得低通全色图像 P_L，这可以通过一个或多个步骤来执行，即应用一个单一截止频率等于 $1/r$ 的低通滤波器进行 r 抽样，或多个频率分解操作来实现。前者和后者都作为一种特例，通常称为金字塔分解，可以追溯到 Burt 和 Adelson[54]的开创性工作，其利用高斯低通滤波器进行分析。通过计算 GP 层级之间的差异来实现相应的微分，命名为拉普拉斯金字塔，随后被证明对于全色锐化目标是非常宝贵的[12]。

图 7.7 说明了 LP 与 ATW 或更好的 GLP 之间的不同。这说明 LP 对融合是十分合适的，即使尺度比不是分数的。如果混叠很小，即滤波器是可选择的或在奈奎斯特频率处幅值较小，插值也接近理想情况，则插值和降采样使得 GLP 和 ATW 差异较小。否则，即使使用相同的滤波器，GLP 融合结果也可能与 ATW 融合结果有所不同。ATW 和 GLP 融合之间的区别将在 9.3.2 节详细分析。

通过调节高斯滤波器的参数并与传感器的 MTF 较好匹配，可从全色图像提取较低空间分辨率的多光谱传感器看不到的细节。由于高斯掩模由单个参数定义，即标准差，它的频率响应是完全固定的。为此，使用奈奎斯特频率的振幅响应值，通常作为传感器参数由制造商提供，或通过在轨测量获得。值得注意的是，部件老化对该参数影响较大，尤其是在轨测量的情况下。

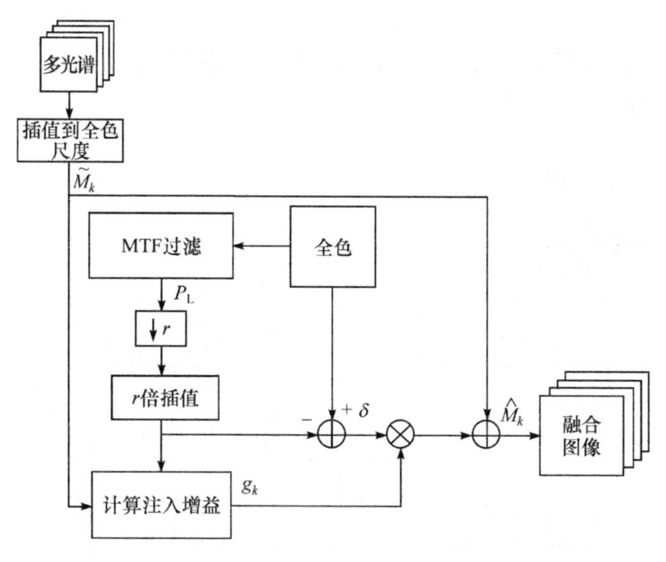

图 7.7　应用 GLP 基于 MRA 全色锐化的流程图

作为利用分析滤波器与多光谱传感器 MTF 进行 GLP 融合的又一个例子，考虑一种依赖最小二乘拟合注入系数的最优化算法。它基于式(7.9)，其中系数计算为

$$G_k=\frac{\mathrm{cov}(\widetilde{M}_k,P_L)}{\mathrm{var}(P_L)} \tag{7.12}$$

式中，通常 P_L 依赖第 k 个波段。GS 进一步发展为 GLP-CBD[12,14]方法，该方法基于内容决策在非重叠区域进行注入系数的局部优化。

3. MRA 优化的 CS

图 7.2 为最优化的 CS 方案中的低通滤波器。这种过滤器用于寻找最优光谱权重的多元回归之前，作用是实现均衡多光谱和全色图像的空间频率信号内容。在实践中，全色图像由模拟过程的数字滤波器经历采样前的连续多光谱波段进行平滑。那么，什么样的滤波器会比这个能够完美匹配光谱信道的平均 MTF 输出的滤波器更好呢？这里提到平均 MTF 输出，因为其用于全色图的滤波器是唯一的，且光谱信道的 MTF 输出信号各自存在微弱差异，即光学分辨率会随着波长的增加而减少。

图 7.8 为改善后的计算流程，其中 MTF 用于在全色图像被降采样之前进行滤波。除了光谱权重和空间滤波器，根据一些评价指标(如 Q4[113,114] 或 QNR[146,148])给出的结果来看，由 g_k 系数定义的注入模型可以用来优化融合的图像质量[20]。为了达到这个目的，并且让设计算法具有更强的自适应性，可以为注

入模型设计一些依赖数据空间变化的系数[25]。自适应注入模型可以由局部滑动窗口尺度计算获得,甚至可以从图像分割块尺度上获得,并由此对全图进行像素插值以达到降低计算量的目的。

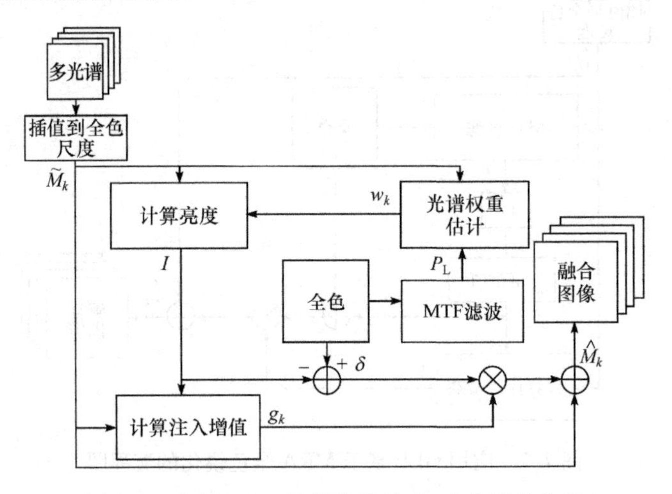

图 7.8　应用 MTF 的最优化的 CS 全色锐化方案

7.3.5　混合方法

混合方法指的是将 MRA 运用于光谱变换的方法,就像 CS 方法中那样。此类型的方法有很多,因为图像变换(IHS、PCA、GS)和 MRA(DWT、ATW、GLP、复杂小波、曲波、轮廓波、带状波、脊波[86]等)之间的组合数量很多[71,173]。

所有先前提出的小波方法的设计都建立在选择一个单一的注入系数 $\{g_k\}_{k=1,2,\cdots,K}$ 之上。然而,通过使用 HPM[式(7.10)][258]来进行几何细节信息的注入,还可以获得进一步的性能提升。作为遵从调制方法的基于 MRA 方法的一个例子,可以参考式(7.9)的附加小波亮度比例的[200]方法,其空间变化的系数可以定义为

$$G_k = \frac{\widetilde{M}_k}{\frac{1}{K}\sum_{i=1}^{K}\widetilde{M}_i}, \quad k = 1,2,\cdots,K \tag{7.13}$$

除了 IHS,PCA 也可以用来与 DWT 和 UDWT 组合[126]。此外,自适应的 PCA 也会和轮廓波分解[229]方法联合使用。在本书提出的处理框架下,遵从 AWL 以及后续提出的 AWLP 方法的处理步骤,一个与某种 MRA 相结合的光谱变换处理过程如图 7.4 所示,并可能带有一个特定的注入模型。

7.4　模拟结果和讨论

在本节,融合的模拟致力于在主观和客观上评估基于 7.3 节提出的融合方法得到的全色锐化图像的质量。为了达到这个目的,利用 IKONOS 和 QuickBird 获得的超高分辨率图像,同时在退化和原始图像上进行质量测评和失真评估,从而使评价结果更加客观。

7.4.1　IKONOS 数据的融合

下面展示基于 IKONOS 卫星所得的法国图卢兹市甚高分辨率图像数据的融合质量评估。

IKONOS 的 4 个多光谱波段跨越可见光和可见近红外的波长范围,且相互之间不存在重叠,B1 波段(蓝波段)和 B2 波段(绿波段)除外。全色的光谱范围为 450～950nm。数据集的像素分辨率已被编码到 4m(多光谱)和 1m(全色)。原始全色图像中一个 512×512 像素的部分显示在图 7.9(a)中,而与之相对应的、已经重采样到全色图像尺度的原始多光谱图像则显示在图 7.9(b)中。除非有明确说明,所有的统计都在融合图像的全图范围进行。

(a)　(b)

图 7.9　原始 512×512 像素的 IKONOS 图像

下面这样一些融合方法参与了对比:GIHS[252];GS 光谱锐化[157]——同时包含模式 1(GS1)和模式 2(GS2)的情况,配备增强的光谱变换[26](GSA)和环境自适应细节注入模型[25](GSA-CA);含 MTF 调整[14]的基于 GLP 的方法[12],不含 GLP 或配备上下文自适应的注入模型(即 GLP-CA)[25]。“空”融合方法,对应多光谱数据集在全色尺度普通的(双三次)重采样,也纳入比较范围并当作参照,标记为 EXP 图像。此外,它同时也作为颜色失真评估时的参照。

多光谱和全色图像都进行了 4 倍降采样缩小,这也是为了方便依照 Wald 评判协议实现综合性能的定量评估。此外，一个在奈奎斯特频率幅值等于 0.25 的类高斯低通预滤波器被用在所有波段以避免混叠。

图 7.10(a)为 GS1 融合方法的结果，以 4 个多光谱波段的像素平均值得到的合成低分辨率全色图像。其空间增强效果较好，但是河流左岸的绿色区域和河流本身所在区域出现了一些色彩失真，即绿色区域太亮而这条河的颜色太暗。图 7.10(b)所示的 GS2 算法的处理输出就没有出现类似的光谱失真，其中用于融合的全色图像由其原始全尺度图像经低通滤波而来。作为对照案例，图 7.10(b)的结果不如图 7.10(a)锐利。

图 7.10(c)和图 7.10(d)是 GS 算法一般版本的输出结果。图 7.10(c)所显示的低分辨率全色图，由 Tu 等[251]所提出的权重($w=\{1/12,1/4,1/3,1/3\}$)对所有的光谱波段(GSF)加权求和得来。图 7.10(c)的锐化效果和图 7.10(a)一样，但光谱失真度降低。GSA 所得到的结果显示在图 7.10(d)中。根据整个图像计算得出的权重显示在表 7.2 的第一行。图 7.9(b)所示的原始多光谱数据的光谱保真度较好，在空间细节上展现出的锐化情况和图 7.10(a)相似。

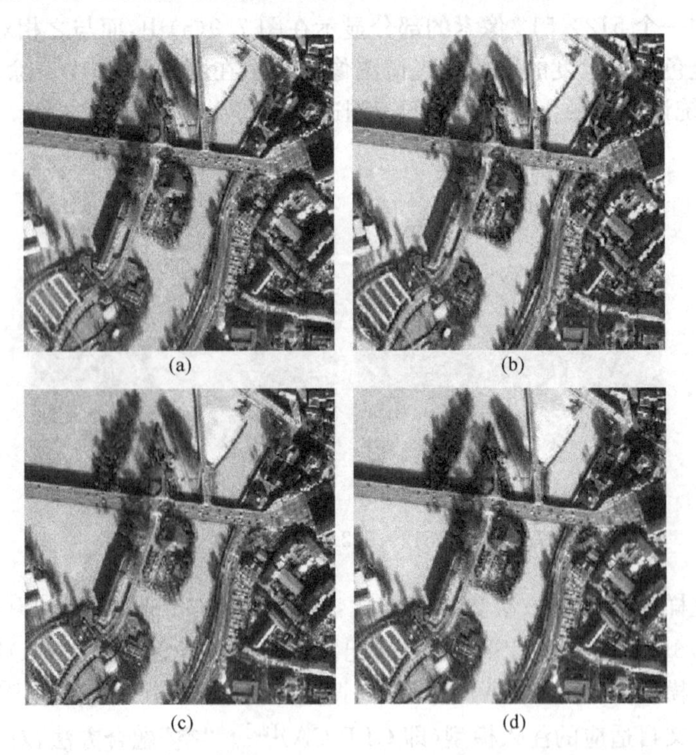

图 7.10　GS 融合算法全尺度空间增强的例子，具体表现为 512×512 像素全尺度大小的 IKONOS 图像在 1m 像素分辨率上的真彩式组合显示结果

表 7.2 的第二行显示的是多元回归计算得出的归一化权重，参与权重提取的图像分别为原始多光谱波段和经过空间尺度退化的 QuickBird 图像全色波段。虽然 IKONOS(图 2.12)和 QuickBird(图 2.13)中的光谱响应非常相似，但是这两者在表 7.2 中的权重值明显不同，因为这些数值不仅依赖图像传感器性质，更和参与计算的图像场景相关。

表 7.2　基于 IKONOS 和 QuickBird 图像组的最优化权重(由原始多光谱波段和空间降采样后的全色图计算获得)

指标	$\hat{w}_1$	$\hat{w}_2$	$\hat{w}_3$	$\hat{w}_4$
IKONOS	0.067	0.189	0.228	0.319
QuickBird	0.035	0.216	0.387	0.412

图 7.11(b)展示了通过应用 GIHS 算法的融合结果，而图 7.11(c)则显示 GIHSF 算法的结果。这两种算法都按照 Tu 等在文献[251]中的论述来实现。融合结果中的空间细节非常锐利，但两个图像的光谱失真也很明显(原始多光谱图像被显示在图 7.11(a)中以便进行视觉比较)。图 7.11(d)展示了由 GIHSA 算法获

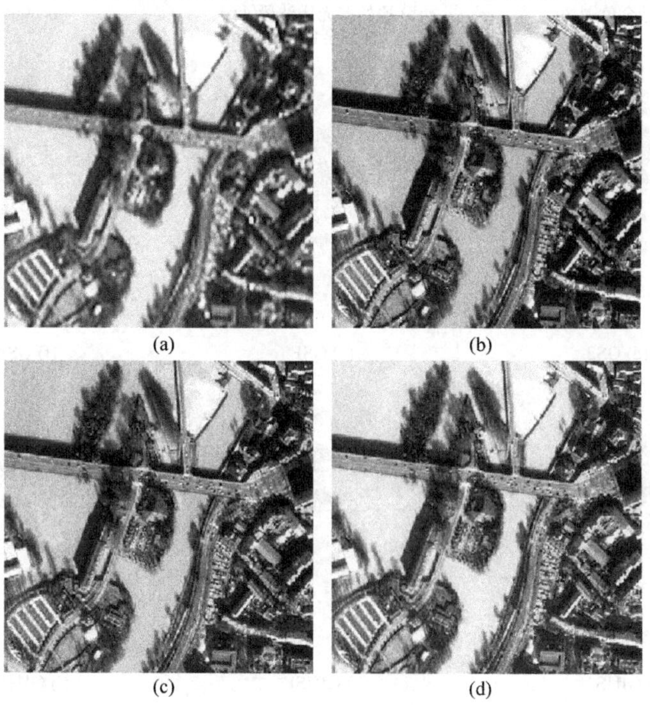

图 7.11　展示 GIHS 融合算法全尺度空间增强的例子，具体表现为 512×512 像素全尺度大小的 IKONOS 图像在 1m 像素分辨率上的真彩式组合显示结果

得的结果，相较于 GS2 和 GSA，其呈现出非常高的光谱保真度。

所有融合方法生成结果的细节均由图 7.9 中大小为 128×128 像素的局部图像块来展示，并显示在图 7.12 中。和图 7.12(a)中经过重采样的低分辨率原始多光谱图相比，图 7.12(b)的光谱失真现象明显，具体表现为河流色调的变化。图 7.12(f)和(i)中的 GSA 和 GIHSA 输出结果显示出很高的光谱和空间质量。因为都是由 CS 方法所产生的，所有的融合图像表现出良好的空间细节。仅有图 7.12(d) GS2 中的空间失真比较明显，特别是桥上的车辆。然而，GS2 本质上属于 MRA 方法，其中对灰度图的合成是通过低通滤波和抽取原始全色图像实现的。

图 7.12　IKONOS 图像，在具有 1m 标准采样间隔的 128×128 像素真彩色图像区域中展示的融合算法结果

主观评价配合定量评估一同进行。表7.3说明，相比其他非自适应实现方案，基于回归增强策略的融合模式改善了GSA和GIHS融合算法的性能。特别地，从$Q4$和SAM来看，GSA的结果比GIHSA更好；在ERGAS指标上，GIHSA算法优于GSA，这一点很明显，因为虽然GIHSA和GSA采用相同的图像I分量，但是两者使用的$\{g_k\}$增益系数不同。对于IKONOS测试图像，GIHSA的权重比GSA的更有效。表7.3中唯一略显异常的是GIHSF和GIHSA的SAM指标。但是，这一点可以通过改良ERGAS的测量方式来补偿或避免。实际上，在这种情况下，MSE最小化所产生的回归系数对计算SAM指标来说不是最好的选择。对于GIHSA算法，SAM指标的一个显著改善可以通过略微减少$\hat{w}_1$和略微增加$\hat{w}_2$来实现。这样，SAM就按照ERGAS的方式得到改善。

表7.3 IKONOS原始4m多光谱和16m与4m全色融合的图像之间的平均累加质量指数

4∶1	EXP	CS1	CS2	GSF	GSA	GIHS	GIHSF	GIHSA
$Q4$	0.630	0.857	0.849	0.860	0.864	0.746	0.834	0.850
SAM/(°)	4.85	4.19	4.03	4.06	3.82	4.17	3.92	3.94
ERGAS	5.94	3.83	3.81	3.71	3.55	4.19	3.38	3.23

表7.4～表7.6分别给出了在三类地貌上的融合评估结果，即城市、植被，以及均匀区域。正如预期的那样，评估质量的高低取决于场景中几何细节的数量。城市区域上的相关评估值是最糟糕的，而均匀地貌上的值是最好的。GSA和GIHSA算法总是比它们的非自适应对照算法有更好的表现。除了一些极罕见的情况，在其他情况下，它们的分数也相当接近最优值。在任何情况下，ERGAS分值总是最低的。对此，另一种解释是固定权重[251]并不比所有的权重都相等的基准情况更好。这对于说明固定系数并不适合处理由场景变化、大气条件和采集平台的姿态或角度引入的图像变化。相反，基于回归的权值计算策略保证了更大的灵活性和更稳定的性能。GSA和GIHSA的质量效果优势在植被区是明显的，并在很大程度上优于其他方案的结果。这表明光谱响应建模对植被区域的图像融合是有效的。固定权重方法的性能在均匀区域(主要提取自图7.9中的河面部分)效果不好。对此，唯一的解释是此类方法不能有效地模拟合成亮度图像的局部平均值。最后，ERGAS指标上极低的分值证明了GSA、GS2和GIHSA方法的有效性。

表 7.4　IKONOS 原始 4m 多光谱和城市区域的融合图像之间的平均累加质量指数

4∶1	EXP	CS1	CS2	GSF	GSA	GIHS	GIHSF	GIHSA
$Q4$	0.671	0.866	0.873	0.866	0.870	0.830	0.811	0.839
SAM/(°)	5.59	4.51	4.55	4.51	4.43	5.15	5.12	5.17
ERGAS	5.46	3.26	3.20	3.26	3.18	3.56	3.60	3.44

表 7.5　IKONOS 原始 4m 多光谱和植被区域的融合图像之间的平均累加质量指数

4∶1	EXP	CS1	CS2	GSF	GSA	GIHS	GIHSF	GIHSA
$Q4$	0.645	0.793	0.817	0.793	0.844	0.785	0.760	0.805
SAM/(°)	3.22	3.04	3.08	3.04	2.72	3.08	3.07	3.07
ERGAS	3.14	2.31	2.27	2.31	2.00	2.14	2.16	2.03

表 7.6　IKONOS 原始 4m 多光谱和均匀区域的融合图像之间的平均累加质量指数

4∶1	EXP	CS1	CS2	GSF	GSA	GIHS	GIHSF	GIHSA
$Q4$	0.876	0.689	0.869	0.687	0.860	0.662	0.665	0.910
SAM/(°)	1.03	3.64	1.24	3.64	1.26	2.03	1.81	1.01
ERGAS	1.23	5.15	1.15	5.15	1.17	3.73	3.16	0.90

IKONOS 数据在全 1m 分辨率尺度被全色锐化，QNR 协议用于对融合结果进行客观质量评估。表 7.7 展示了全尺度测试图片上通过计算获得的光谱失真 D_λ 和空间失真 D_S 值。这两种失真指标可以合并成一个唯一的标准化质量指数，称为 QNR，以便与 UIQI 和针对 4 波段图像扩展的通用图像质量指数（$Q4$）进行对比。

按照表 7.7 的 QNR 指标项，融合方法的排名顺序基本上和经过尺度退化的融合图上以 $Q4$ 指数排列的结果相似。一个值得注意的例外是，重采样图像（EXP）上的高 QNR 值是由于空光谱失真测量是在细节注入之前进行的。

表 7.7　对全尺度(1m)全色锐化的 IKONOS 数据的质量测量(QNR 定义为 $(1-D_\lambda)(1-D_S)$，类似于 $Q4$ 是[0,1]的全局质量测量)

指标	EXP	GIHS	GS	GSA	GSA-CA	GLP	GLP-CA
D_λ	0.000	0.125	0.055	0.056	0.034	0.075	0.066
D_S	0.168	0.139	0.096	0.087	0.073	0.099	0.082
QNR	0.832	0.753	0.854	0.862	0.895	0.834	0.857

Alparone 等[32]提出基于 D_λ 和 D_S 的非线性组合指标在很大程度上和 $Q4$ 指数的工作性能相似，因为 $Q4$ 对光谱和空间失真的依赖性是隐式的和未知的。

所有融合方法给出的全尺度和局部融合图像都显示于图 7.13，其中包括空融合 EXP 的结果。

所有方法的原始和全色锐化图像的细节如图 7.13 所示，包括空融合 EXP。通过观察 EXP 和 GIHS 图标，可以了解为什么 EXP 的 QNR 比 GIHS 的更高：因为前者是欠增强(D_S=0.168)的，而后者是过增强(D_S=0.139)的，且与 EXP 的理想光谱质量(D_λ= 0)相比，后者还存在中等光谱质量(D_λ=0.125)。

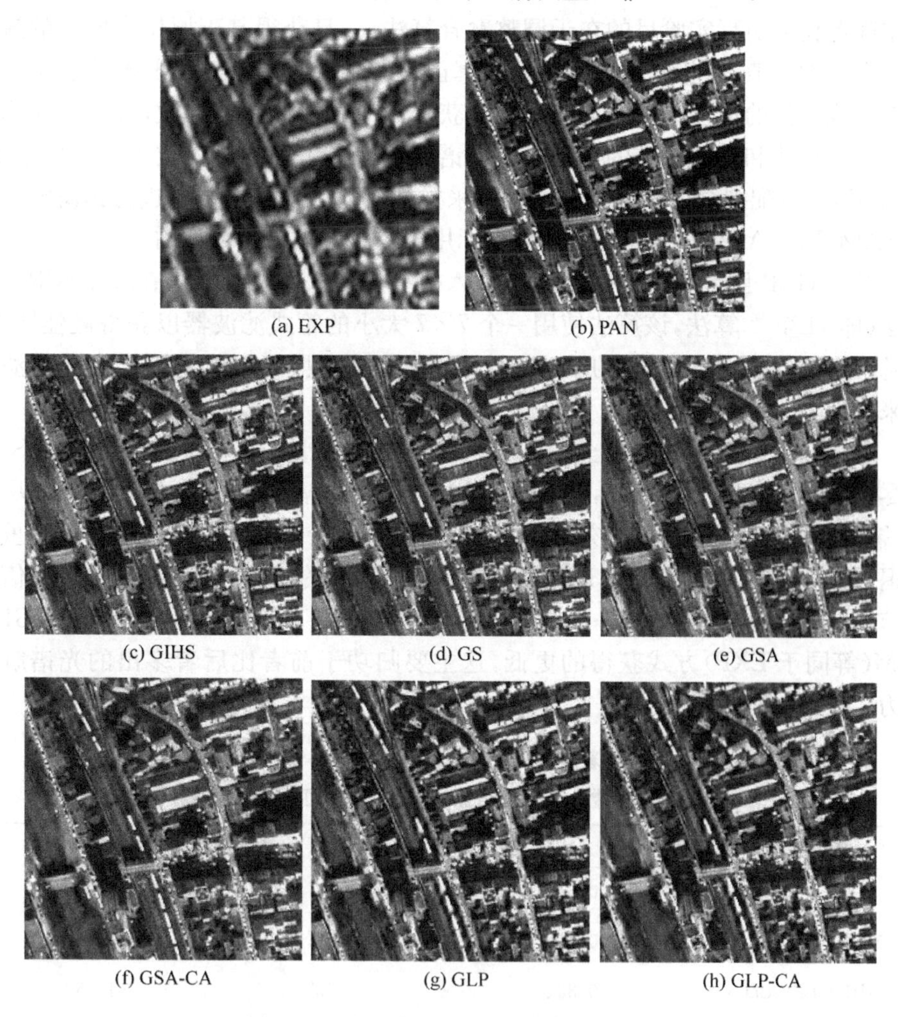

图 7.13　全尺度(1m)真彩色图像的细节

7.4.2　QuickBird 数据的融合

MRA 融合算法的性能也在 QuickBird 数据上进行了评估。用于仿真实验的甚高分辨率图像采集于 2002 年 6 月 23 日 10:25:59 GMT+2 的意大利帕维亚市区。所有数据均经过编码与重采样，多光谱的标准采样间隔为 2.8m，而全色图为 0.7m。基于 Wald 评价协议的综合属性(见 3.2.2 节)，多光谱和全色数据都经过 4 倍的尺度空间退化处理(得到 2.8m 分辨率的全色和 11.2m 分辨率的多光谱图像)，并用于合成分辨率为 2.8m 的多光谱波段图像。因此，具有 2.8m 分辨率的真实多光谱数据可以用于对这些合成结果进行客观的失真评估。需要提醒的是，基于空间退化的仿真实验目的在于调整融合算法，一旦获得基于原始参照图的最佳客观保真度分值，以相同的算法运行在真正的、具有更高分辨率的遥感数据上时也能够生成类似的最佳结果。相比于试图获得绝对的最佳评估分数，弄清如何测量一个融合算法和作为基准的重采样多光谱图像获得了多少质量改进也同样重要。利用 MTF 匹配拟合的高斯滤波器对降采样抽取前的多光谱数据进行预滤波。包括 SAM、ERGAS 和 $Q4$ 在内的全局指标用于对融合结果进行评估。

基于 GLP 且带有 SDM 和 CBD 注入模型的一系列融合方法在基于 MRA 的方法(即 HPF[66] 算法，该算法使用一个 7×7 大小的箱式滤波器以获得最佳性能)的基础上展开。用于 GLP 的 SDM 和 CBD 注入模型通过 MTF 匹配生成的滤波器来实现。

表 7.8 中所显示的测量全局像素失真的指标矢量，包含辐射的(ERGAS，应该尽可能低)、光谱的(SAM，应该尽可能低)或兼具辐射和光谱的($Q4$，应该尽可能接近 1)指标，构成了融合效果的综合测度。EXP 中的结果表示经过尺度重采样退化的多光谱数据通过 23 抽头膨胀滤波器生成的结果，同时不包含几何信息细节注入过程。通过 MTF-GLP-CBD 计算获得的 SAM 指标比以 MTF-GLP-SDM(等同于 EXP)方式获得的更低，这主要归功于前者比后者多出的光谱解混能力。

表 7.8　2.8m 多光谱数据、11.2m 多光谱数据和 2.8m 全色融合结果之间的平均累积质量指数，多光谱数据经过以 MTF 匹配的滤波器的退化处理

融合方法	$Q4$	SAM	ERGAS
EXP	0.641	2.46°	1.980
MTF-GLP-SDM	0.819	2.46°	1.608
MIF-GLP-CBD	0.834	2.13°	1.589
HPF(7×7)	0.781	2.81°	2.132

图 7.14 为以真彩色方式显示的经过重采样处理的 2.8m 多光谱波段数据，其中经过空间增强的波段分辨率都为 0.7m。之所以有意选用真彩色可视化方式，是因为经过全色锐化的光谱波段部分超出了全色的带宽范围，如蓝色波段的情况。

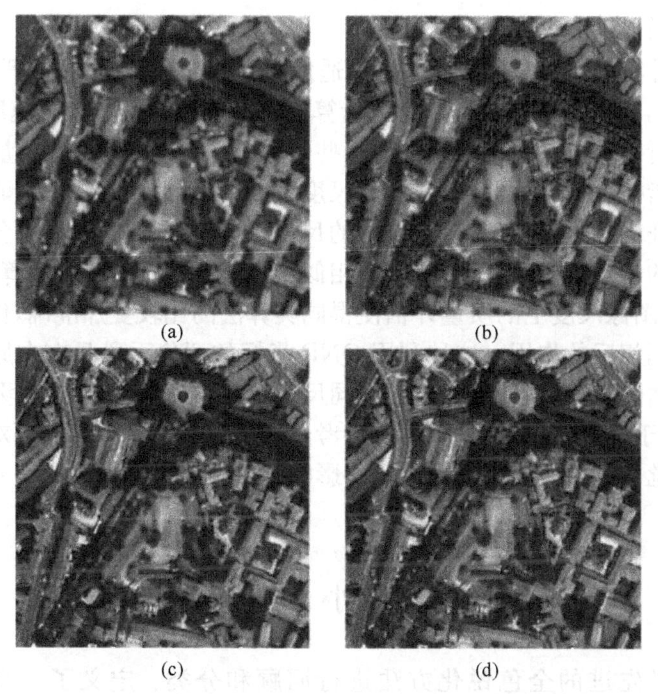

图 7.14　0.7m 像素间距的 512×512 像素真彩色图像
(B3、B2 和 B1 作为 R-G-B 信道)上展示融合算法的全尺度空间增强的例子
((a) 在全色图像(0.7m)的尺度重采样的原始多光谱波段(2.8m);(b) 含 7×7 箱式滤波器的 HPF 方法;
(c) 含 MTF 校正的滤波器的 GLP-CBD 方法;(d) 含 MTF 校正的滤波器的 GLP-SDM 方法)

相关结果表明,原始多光谱数据的所有光谱特征都被恰到好处地融入锐化后的波段中。由于两个注入模型的存在,在全色图像中被强调、主要来源于不可见近红外波段的檐篷纹理,看上去似乎在 SDM 和 CBD 算法融合的图像中衰减了。HPF 给出的结果在几何结构上是丰富翔实的,但过于增强了,尤其是在植被区域。一个可视化的分析(例如,在有四周绿树环绕的圆形小广场区域)发现,应用 MTF 定制的 MRA 方法比不利用 MTF 匹配的数字滤波器的方法能够得到更锐利、更清晰的几何结构。

7.4.3　讨论

仿真实验结果表明,CS 方法最主要的特点是输出结果良好的视觉外观,而 MRA 方法的突出特点是能很好地保存光谱成分。因此,第一类方法旨在提高光谱质量,第二类方法旨在得到最好的空间特性。改善的性能都主要由带自适应性的 CS 方法获得(特别是在 4 波段的数据集里),体现为频谱失真的减少,这对于某些 MRA 算法确实如此,它们得益于和采集设备相匹配的细节提取方式。特别地,通过低通滤波器拟合传感器 MTF 滤波过程,可以使不尽如人意的经典 MRA 融合中的空间增强性能得到显著改善。

从数值计算的角度来看，对于非自适应场景，基于 CS 的方法明显快于基于 MRA 的方法，后者由于包含空间滤波计算过程而显著减缓了计算速度。

这项分析工作可确认验证流程的一些特性：使用尺度退化的测量方案将带来对质量评价指标更加准确的验证，但是尺度不变性假设在实际的验证操作中几乎没有经过验证。更进一步地，在退化后的尺度上合成的多光谱图像会在分析算法中引入很强的偏置效应，使得那些采用相似流程合成多光谱图像的算法更显优越。与此相反，全图像尺度上的质量评估使得同类算法的比较更加准确，但是在算法非同类时则起到相反的作用。这种利用 QNR 指标的评价手段具有在原始尺度进行图像质量评估的优势，从而能够避免不同尺度情况下任何不必要的假设。

然而，由于质量指标精度低(缺少参考)，相关的分析过程会受到对融合图像定量评价和视觉评估结果之间存在差异的影响。一个典型的例子就是 GIHS 算法的输出。

7.5　小　　结

本章对最先进的全色锐化方法进行回顾和分类。定义了一个基于 CS 和 MRA 的计算框架，包含单独的 CS 和 MRA，以及 CS＋MRA 混合型版本，其中混合版可以通过参数优化的方式实现。特别地，基于 CS 的方法是一种频谱域方法，其通过将全色通道信号以多光谱通道数据线性组合拟合、匹配的方式来实现。以 MRA 为基础的方法是空间域方法，它通过对成像系统的 MTF 进行数字低通滤波器最优化拟合得到。一些属于该类且使用广泛的算法，包括已优化和未优化的版本，都已经通过仿真实验对比进行了评价。

这两类全色锐化算法的具体特点在评估阶段已经明确证实。具体而言，从主观上来说，基于 CS 方法的混叠效应去除效果明显。后一特性表现在当与图像存在不配准问题时鲁棒性好，而且计算复杂度低，因此目前广泛使用。另外，最佳的整体性能是由基于 MRA 的方法获得的，其特征是多光谱图像的光谱特性可以更精确地再现，更容易地被设计，用来对光谱传感器在空间细节提取阶段的特性进行拟合。此外，由于它们的时间相干性，这类算法目前正受到越来越多的关注，并且可以用于多平台数据融合。这种鲁棒性非常有用，尤其当融合的图像之间存在时间延迟时，例如由装载于不同遥感平台的传感器提供。第 9 章将从理论和仿真角度说明在多光谱数据存在混叠效应和配准失准问题，以及在多光谱和全色图像非同时获得时，基于 CS 和 MRA 融合方法之间的实质与互补的性能差异。

第 8 章　高光谱图像融合

8.1　概　　述

本章致力于将全色锐化或更普遍的图像融合方法扩展到高光谱图像数据上。扩展过程存在一系列问题，使其非常重要。8.2 节重点讨论与该过程相关的一些重要议题。8.3 节在开头一段精简的文献综述之后，紧接着就是对两种更具应用前景方法的回顾。8.4 节给出最新方法的仿真和比较结果。

由于高光谱技术已趋成熟，遥感成像平台具有同时拍摄高光谱影像及更高空间分辨率的多光谱或全色图像的能力。异源图像空间分辨率的差异是光电系统设计在空间分辨率、光谱分辨率和辐射灵敏度折中的结果。因此，高光谱分辨率增强（或高光谱锐化），指的是通过数据的联合处理，合成具有高空间分辨率和光谱特性的高光谱图像。

例如，2001 年发射的 Earth Observer 1(EO-1) 卫星携带 ALI（一个多光谱扫描仪）和 Hyperion 成像光谱仪两个载荷。多光谱扫描仪获取的 9 波段多光谱图像和单波段全色图像的空间采样间隔分别达到 30m 和 10m。Hyperion 则是一个具有 30m 采样间隔和 220 个光谱波段（0.4～2.5nm）的高光谱相机。由于 ALI 和 Hyperion 成像区域部分重叠，因此部分场景同时拥有全色、多光谱和高光谱类型的图像数据。这个场景的高光谱融合算法可以 3：1 的比例来开发和测试。

意大利航天局即将推出的 PRISMA 卫星系统能够为用户同时提供相同场景的高光谱和全色数据。该系统的意大利文意为“高光谱应用任务的先驱”。PRISMA 的有效载荷由两个成像光谱仪和一个全色相机构成。这两个光谱仪的工作光谱波段为 400～1010nm 可见近红外和 920～2500nm 短波红外，标称频谱采样间隔为 10nm；它们的空间采样间隔为 30m，辐射分辨率为 12 位。全色图像的空间采样间隔为 5m，光谱范围为 400～700nm。图像融合可产生空间采样为 5m，光谱分辨率为 10nm 的高光谱数据。

此外，德国航空航天中心运营的环境测绘与分析计划（EnMAP）卫星将提供与 PRISMA 系统相同空间分辨率和光谱分辨率的高光谱数据。遗憾的是，该卫星没有搭载高分辨率可见光载荷，这就无法直接进行图像融合。在这种情况下，高光谱全色锐化算法必须由另一个平台获取的全色图像来配合实现，后者在采集时间和角度上可能会存在偏差。

"星载高光谱应用于陆地和海洋的使命"(SHALOM)任务开拓了高光谱和全色锐化的新前景,这是一个由意大利和以色列航天机构联合推出的地球观测计划。SHALOM 可采集的高光谱数据的空间采样间隔为 10m,幅宽 10km、光谱范围为 400～2500nm,标称光谱分辨率为 10nm。为了实现全色锐化,SHALOM 可采集空间采样间隔为 2.5m 的全色图像。SHALOM 系统的高空间分辨率的影像数据获取能力借助该平台的转向能力来实现,即通过对地球自转运动的补偿获取对部分地表区域更长的观测时间。积分时间的增加有利于提高小孔径成像设备的辐射采集性能。

8.2 多光谱到高光谱的全色锐化

由 8.1 节可以注意到,不同传感器之间存在不同的空间分辨率,这是光电系统设计折中的结果。这种折中旨在平衡信噪比、传感器阵列的物理尺寸,以及从卫星到接收站的传输速率。

当空间和光谱分辨率提高时,信噪比通常会降低。尽管 TDI 技术是提升高分辨率全色和多光谱图像信噪比的关键技术,但这样的解决方案并不适用于高光谱仪器,因为二维探测器阵列被放置在仪器的焦平面上,并且在跨轨道(x)和光谱(λ)方向获取的应为三维信息,即 x、λ 和沿轨迹分布的坐标 y,其采集的是 x-λ 平面的延迟版本。因此,对于星载仪器,期望高光谱传感器的空间分辨率保持在分米级别,这一点不同于在能够进行自身倾斜的采集平台中所使用的转向策略,如 SHALOM 系统。

传感器阵列及传感器元件的物理尺寸也至关重要。它们无法在不损害采样信噪比的情况下随意缩小采集设备的尺寸。此外,固态器件技术的发展使得具有更好信噪比特性的探测器被开发出来,但是为了迎合市场用户对更大扫描带宽的需求,最终获取图像的分辨率仍然会受到严格限制。对于全色和多光谱传感器,扫描带宽的扩展是通过沿焦平面安置更长的线性传感器阵列(或者几个稍短阵列的组合)实现的,这其中有可能用到 TDI 技术。但是,这种策略对现在的高光谱探测器来说是不可行的,而且未来也很难做到。

由传输速率引起的图像采集分辨率限制很容易理解,但是其真实的影响效果却相对隐蔽。更大的空间或光谱分辨率意味着更大的固存和无线传输数据量,直接的后果就是观测平台功耗和固存容量的提升。数据压缩技术可以起到部分缓解作用,但不能彻底解决这个问题。因此,高光谱采集设备特有的巨大数据量成为对采集图像分辨率的硬性限制。

所有这些考虑表明，全色锐化或通用的图像融合对于高光谱数据仍将是一个有用的技术，对于多光谱数据亦如此。对于包含难以获取光谱信息的甚高分辨率图像的定性分析中显现出的高光谱数据全色锐化极佳的应用前景，该技术还能同时用来优化那些用户平时有意无意接触到的遥感图像，如 Google 地图上的公开遥感地图。

对于成像光谱技术、精确空间分类和材料成分检测这样一些定量应用，受当前可获得数据的限制，研究还处于初期阶段。在不久的将来，可以预想到，随着具有一致地面实况和辅助数据的高光谱数据集不断增多，基于高光谱全色锐化的定量评价技术将获得更大的发展。尤其是，相关的评估将主要侧重于融合过程中空间几何结构注入方法的恰当性和基于真实应用场景的效果验证。

现在的问题是如何才能实现高光谱数据融合。有几种方法可用于增强高光谱分辨率，其中大部分继承多光谱全色锐化技术。然而，高光谱全色锐化比多光谱数据的全色锐化更复杂，主要原因如下。

(1) 全色图像的光谱范围，即可见至近红外(可见近红外)波段和整个高光谱波段(可见近红外＋短波红外)采集范围不匹配。

(2) 高光谱和全色之间的空间尺度比可能为大于 4 的非整数，即不是 2 次幂倍数(全色锐化的典型情况)，如前述 SHALOM 系统中的 Hyperion 数据和 ALI 全色波段数据之间的关系。如此一来，基于小波(DWT 和 UDWT)的融合方法就无法直接运用到相关数据上。

(3) 高光谱图像的数据格式也可能是至关重要的。和多光谱全色锐化不同，对于多光谱情况，将光谱辐射反射率图像作为处理过程初始的数据格式时，其最终的融合输出效果基本不变；对于高光谱全色锐化，如果反射率数据在合成之前便可获得，那么融合过程会由于高光谱数据中所存在的吸收波段、光谱选择性路径辐射补偿的存在，以及太阳辐射照度衰减模型的辅助而大大加快。

更重要的一点是，光谱融合模型需要保留低空间分辨率数据的光谱信息，或基于细分辨率全色数据提取的信息，通过低分辨率高光谱像素的光谱解混技术对其进一步增强。高光谱波段中所没有的空间细节信息也必须通过该模型来推断，而推断一般从全色的高空间频率分量开始。融合模型应该尽可能简单，以限制计算复杂性。模型参数应该是空间不变的、与波段相关的，并且应该可以从现有的数据集中较为容易而精确地估计获得。

只要可见近红外和段波红外数据集具有不同的空间分辨率(技术原因导致短波红外图像分辨率比可见近红外图像的低)，那么就有可能通过利用和短波红外波段统计近似的可见近红外波段信息，初步合成和可见近红外图像具有相似尺度的短波红外图像波段[97]。那么整个高光谱数据(包括原始可见近红外波段、经由可见近红外锐化的短波红外波段图像，都具有和可见近红外图像相同的尺度)都能够通过全色图像进行锐化。引导融合的概念只要可行，毫无疑问，会比单步融合有利。在与全色图像融合之前，对可见近红外和短波红外数据进行初步融合可能性的研究最近已开始进行[228]。为了解决可见近红外和短波红外波段在光谱上不相交的问题，往往采用可见近红外波段数据，其中每个波段都被当成和短波红外波段相似的强化全色波段来使用。换言之，每个短波红外波段会和全色波段初步融合，因为从统计学角度来看，再没有比可见近红外与全色更相似的波段了。在融合处理的最后阶段，这些图像融合的中间计算结果将会与原始高分辨率全色图像相互融合。

8.3 文献回顾

到目前为止，大多数高光谱数据空间分辨率增强方法都是对多光谱全色锐化技术的简单扩展。正因为如此，关于这一主题的文献很少，且已发表的关于全色锐化方法高光谱数据的应用成果通常仅限于会议论文集，而不是更加全面严谨的期刊论文，这也说明一些新的融合理论方法被期望能够运用到高光谱数据上。此外，由于缺乏合适的数据集(高光谱+全色)，相关研究人员的设想很难付诸仿真实验验证。

在可以轻易扩展到高光谱全色锐化的方法中，存在CS和MRA方法的各种衍生版本[171]。相反，其他的方法则是高光谱数据开发的专用方法。这些方法常用的设计理念包括解混概念[96,129]、贝叶斯估计[130,276]、统计优化(如最小均方误差估计)[60]和空间失真优化[111,149,150]。其他方法则是使用一种传感器仿真策略来保持高光谱数据的光谱特性[152]，该仿真策略基于传感器的光谱响应函数。最后，不利用高空间分辨率数据集的方法(如超高分辨率测绘[187]和矢量双边滤波[208])不在本书的探讨范围。

下面重点介绍波段独立空间细节(BDSD)的MMSE融合[60]和受限光谱角(CSA)[111]条件下高光谱融合作为克服数据集光谱配准失准的典型方法，最终得到具有充分主客观质量标准的高光谱融合数据。

8.3.1 BDSD-MMSE融合

在高光谱全色锐化中，以一种直接的、无条件的方式注入来自全色图像的空间细节信息很难得到令人满意的结果。一种可能的解决方案是重新设计注入模型，通过两个方面提供空间增强的最佳策略：模拟在退化分辨率上的融合；最小化原始高光谱数据和融合结果之间的均方误差。

最初在文献[60]中提出的针对高光谱图像全色锐化的MMSE方法已成功地扩展到高光谱图像的空间增强[119]问题中。对于每个高光谱波段，自全色图像中提取的最佳细节图像可以通过对评估波段相关的广义亮度计算得到。

就 MMSE 的意义而言，该算法是最优的，因为它解决了一个线性问题。该问题需要联合进行 K^2 权重 $w_{k,l}$ 估计，以及广义亮度 $I_k=\sum_{l=1}^{K} w_{k,l}\widetilde{M}_l$ 和 K 增益 g_k（其控制空间细节的注入）的定义；K 表示高光谱波段的数量，指数 k 和 l 从 1 变化到 K。其流程如图 8.1 所示。相关数学模型为

$$\hat{M}_k=\widetilde{M}_k+g_k\left(P-\sum_{l=1}^{K} w_{k,l}\widetilde{M}_l\right),\quad k=1,2,\cdots,K \tag{8.1}$$

式中，$\hat{M}_k$ 和 $\widetilde{M}_k$ 分别为第 k 个融合后和原始的（插值到全色尺度）高光谱波段；P 为全色波段。所有图像都是按照矩阵符号表示并按列方向字典排序。式(8.1)可以简写为

$$\hat{M}_k=\widetilde{M}_k+H_{\gamma_k} \tag{8.2}$$

式中，$H=[\widetilde{M}_1,\widetilde{M}_2,\cdots,\widetilde{M}_k,P]$为线性模型的观察矩阵；$\gamma_k=[\gamma_{k,1},\gamma_{k,2},\cdots,\gamma_{k,K+1}]^{\mathrm{T}}$是对需要进行估计的 $K\times(K+1)$ 个参数（$k=1,\cdots,K$）的重定义，即

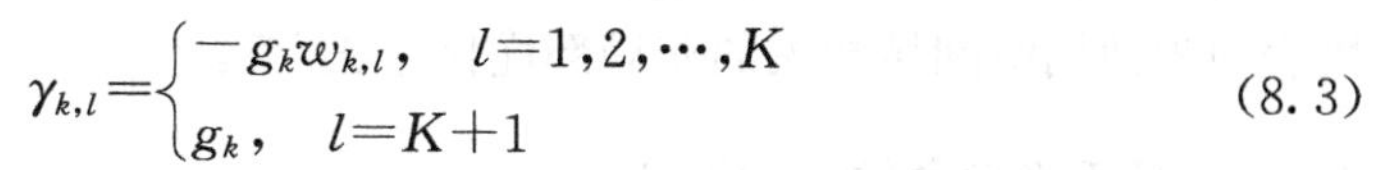

$$\gamma_{k,l}=\begin{cases}-g_k w_{k,l}, & l=1,2,\cdots,K\\ g_k, & l=K+1\end{cases} \tag{8.3}$$

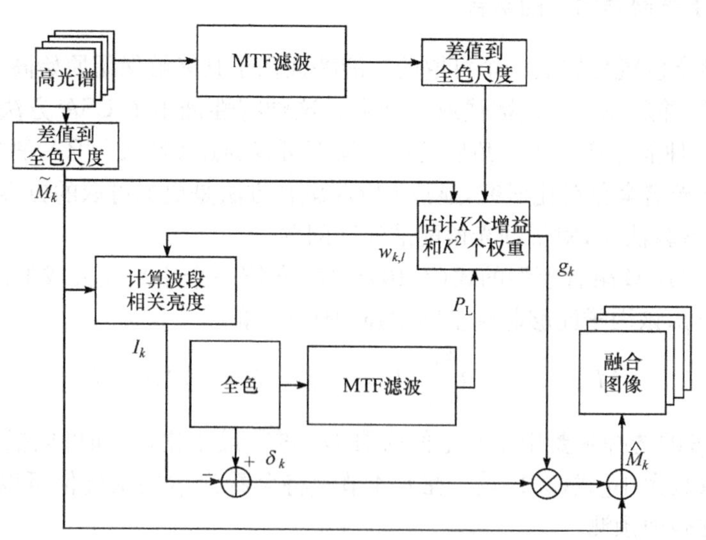

图 8.1　高光谱数据 BDSD-MMSE 融合的流程图

γ_k 中的 $K\times(K+1)$ 个标量参数通过在降采样分辨率图像上应用式(8.1)进行联合最佳估计，即通过用低通滤波全色图像 P_L 获得原始高光谱波段 M_k 插值版本 $\widetilde{M}_k$ 的估计值 $\hat{M}_{k_L}$，并将其作为原始多光谱波段的空间增强插值版本 $\widetilde{M}_{k_L}$，即

$$\hat{M}_{k_L}=\widetilde{M}_{k_L}+g_k\left(P_L-\sum_{l=1}^{K}w_{k,l}\widetilde{M}_{lL}\right),\quad k=1,2,\cdots,K \tag{8.4}$$

对于每个多光谱波段和全色图像，考虑使用某个特定的 MTF 高斯滤波器[119]。式(8.4)的 MMSE 求解值由最小方差无偏估计(MVUE)给出，即

$$\gamma_k=(H_d^T H_d)^{-1}H_d^T(\widetilde{M}_k-\widetilde{M}_{k_L}) \tag{8.5}$$

式中，$H_d=[\widetilde{M}_{1_L},\widetilde{M}_{2_L},\cdots,\widetilde{M}_{k_L},P_L]$表示在退化分辨率和相同空间尺度图像上的观察矩阵，该矩阵由 MTF 滤波后的原始高光谱波段和 MTF 滤波后的全色波段的插值图像计算得来。为节省计算量，在退化分辨率上的 MMSE 估计可以在高光谱图像而非全色图像的尺度上进行。参照图 8.1，这是通过对 P_L 进行图像抽取来实现的，这就避免了对 M_{k_L} 进行插值，并可以在 g_k 和 $w_{k,l}$ 表示的估计块中使用 M_k 替代 $\widetilde{M}_k$ 作为参考数据。

事实上，BDSD-MMSE 算法基于全局无约束的 MSE 优化策略，并运用到以原始高光谱数据作为参考的、经过空间分辨率退化的融合图像上。其基本假设是，在对全尺度分辨率图像进行融合时，取自退化分辨率图像融合过程中的光谱权重和注入增益仍然是最佳的。在近期关于 BDSD 方法的升级改进研究中，主要技术手段表现为使用空间域相关的非局部优化方法[109]。

8.3.2 基于光谱角约束的融合

高光谱全色锐化方法一个可取的功能特性在于其能够保留原始高光谱数据中的光谱信息，并避免空间过增强或欠增强。这种特性催生了 CSA 方法[111]。如第 7 章所述，这种能够产生约束角度的注入模型可以通过 CS 或 MRA 融合方法来实现。对于高光谱全色锐化研究，显然 MRA 融合方法是更加可取的方案，因为它避免了使用 CS 算法时，附带的光谱配准失准问题。

从表示 HPM 融合模型的式(7.10)出发，介绍一个用来放大或抑制光谱矢量的乘积因子 β，该因子能够起到空间增强的作用，即

$$\hat{M}_k=\widetilde{M}_k+\beta\frac{\widetilde{M}_k}{P_L}(P-P_L),\quad k=1,2,\cdots,K \tag{8.6}$$

式中，系数 β 的选择主要用于对空间失真 D_S 进行最小化，例如可以根据 QNR 协议来评估系数大小[式(3.15)]。在 8.4 节中将会看到，β 的最优值可以通过对 D_S 的测量来准确地预测。

CSA 方法体现的更进一步的优势在于，如果原始高光谱数据已经通过大气透射、路径辐射，以及太阳辐照的预校正，并且在此过程中融合像素矢量的光谱角度没有变化，那么就表明原始高光谱数据的光谱反射值已经被原封不动地保留下来。一般来说，这种情况发生在只对高光谱数据进行简单插值而不引入空间细节的处理过程中。然而，这种情况中的图像融合是无效的，因为其缺失空间的效果。在

8.4 节中，这种无效的融合方法被称为 EXP，可以作为全尺度融合的光谱质量评估的一个参考。除非存在这样一种融合方法，即可以在光谱空间利用高分辨率全色数据对低分辨率的高光谱图像进行解混处理，那么该 EXP 方法将能够输出最低的像素矢量角偏差，或等效最低光谱失真。

8.4 仿真结果

在这里，前序章节中介绍的相关高光谱全色锐化方法将在 Hyperion 星载高光谱扫描仪获得的图像数据上进行评估。图像采集时间为 2002 年 6 月 23 日，区域涵盖加利福尼亚州帕洛阿尔托市地区。该数据中的 220 个高光谱波段跨越了 0.4～2.5μm 的波长范围，拥有 30m 的空间分辨率。而其中的全色图像由 ALI 扫描器获取，并且覆盖高光谱中 0.45～0.69μm 一个较短波长的子区间，具有 10m 的空间分辨率。原始全色图像为 540×1800 像素，原始高光谱图像为180×600 像素。

量化性能由原始参考图像的一系列指标计算。

(1) 参考图像和融合后的高光谱图像之间计算 BIAS 指标[式(3.1)]。

(2) 利用 CC 测量几何失真[式(3.5)]。

(3) 利用 RMSE 计算辐射度失真指数[式(3.3)]。

(4) 利用 SAM 计算光谱失真指数[式(3.8)]。

(5) ERGAS 作为累积标准化失真指数[式(3.10)]。

(6) $Q2^n$ 作为 $Q4$ 的扩展，可评估超过 4 个波段的数据。

为了考察基于 Wald 准则(见 3.2.2 节)的综合性能，融合仿真在全尺寸(10m 分辨率)和经过分辨率退化后(30m)的全色图像上进行。

8.4.1 BDSD-MMSE 算法

在这个模拟实验中，BDSD-MMSE 与以下算法进行比较。

(1) GIHS 方法[252]。

(2) GS 光谱锐化方法[157]。

(3) 应用于 PCI Geomatica 软件中的 UNB 全色锐化方法[37,275]。

(4) 适用于 $r=3$[66]的、使用大小为 5×5 滤波器的 HPF。

(5) 使用大小为 5×5 滤波器的 HPM[174,226]。

全尺度的 BDSD-MMSE 融合生成图的具体视觉效果可以从图 8.2 中观察得到。

图 8.3 为参考图像和融合后图像在退化分辨率的伪彩色波段组合成像效果。

(a) ALI全色图像

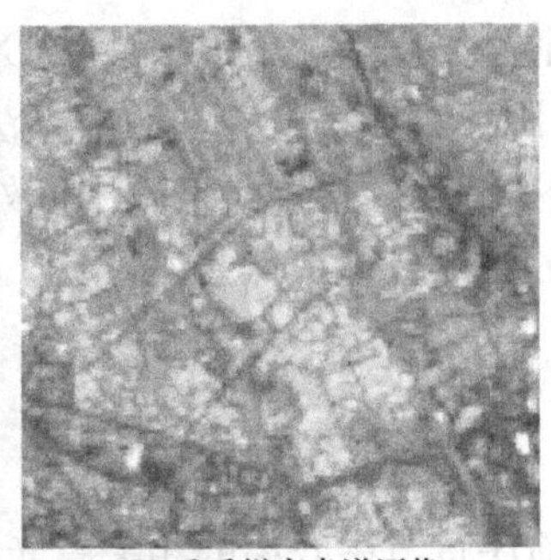

(b) 重采样高光谱图像

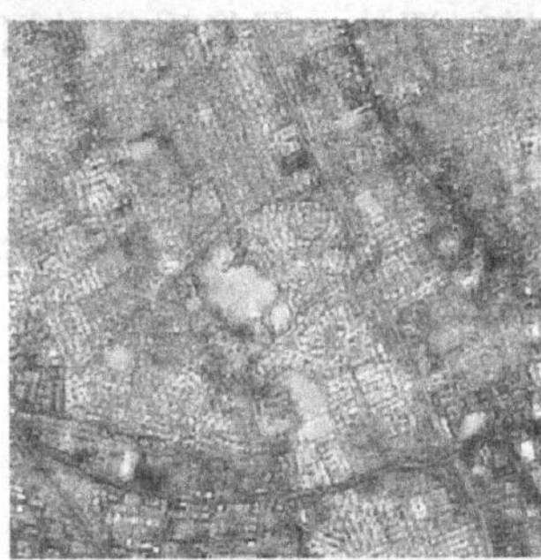

(c) BDSD-MMSE

图 8.2　全尺度的 BDSD-MMSE 的融合结果(蓝色波段 17(518.39nm),绿色波段 47(823.65nm),红色波段 149(1638.81nm))

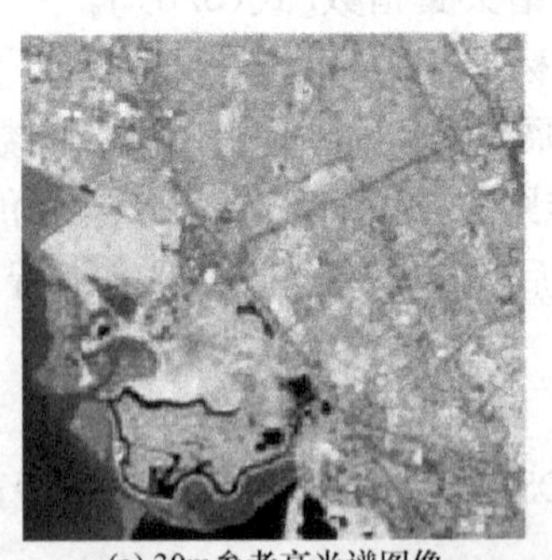

(a) 30m参考高光谱图像

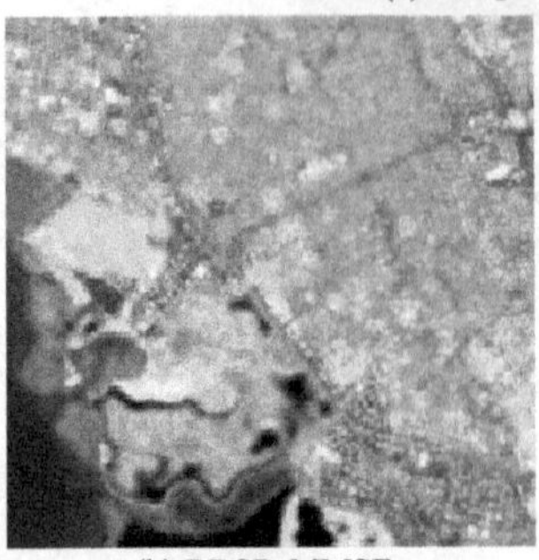

(b) BDSD-MMSE

(c) GIHS

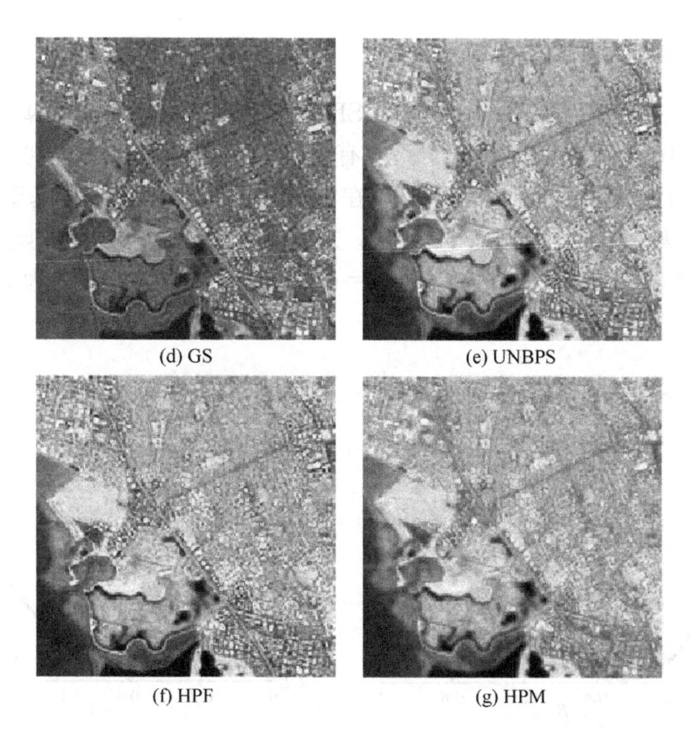

图 8.3　Hyperion 和 ALI 数据在退化分辨率(30m 的 180×180 像素细节、伪彩色显示)下基于 BDSD-MMSE 算法的融合

表 8.1 为在分辨率退化后的 Hyperion 和 ALI 融合图像上计算获得的标量和矢量失真指标。

表 8.1　在分辨率退化后的 Hyperion 和 ALI 融合图像上计算获得的标量和矢量失真指标

指标	BIAS	CC	RMSE	ERGAS	SAM
REF	0	1	0	0	0
BDSD-MMSE	0.003	0.991	126.95	2.873	1.999
GIHS	−2.501	0.685	663.66	18.052	8.242
GS	−0.182	0.750	636.61	14.352	9.591
UNBPS	−0.133	0.976	240.13	8.421	6.893
HPF	−0.686	0.966	198.64	6.174	2.302
HPM	−0.128	0.985	151.25	3.427	1.938
EXP	−0.063	0.986	147.19	3.167	1.938

8.4.2 CSA 算法

第二个仿真实验将 CSA 方法与 BDSD-MMSE 方法,以及其他算法进行比较。部分比较内容已经在前面的仿真实验中有所涉及。首先可以注意到,由融合图像和原始参考图计算得到的ERGAS 指数在参数 β 上的变化趋势和基于 QNR 协议的空间/辐射失真指数 D_S 几乎相同。D_S 失真指数在计算时并无原始参考图作为辅助。图 8.4 表明,ERGAS 的最小值 $\beta=0.35$ 可以被准确地预测为 D_S-β 曲线图的最低值。

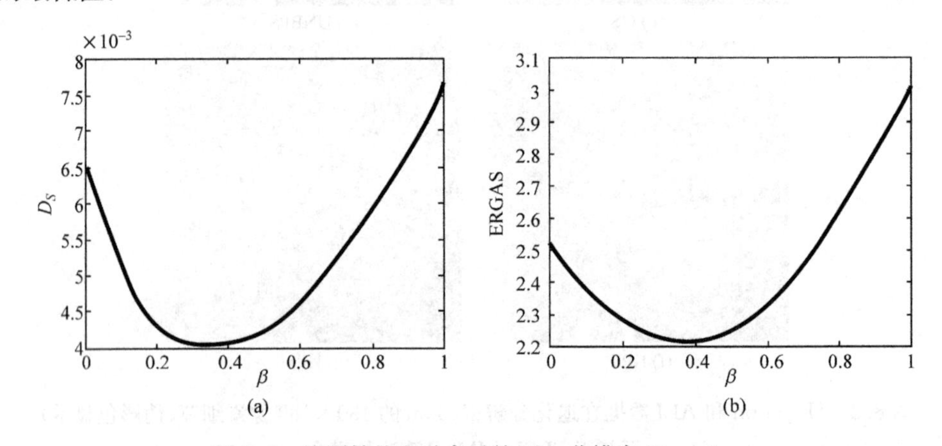

图 8.4　从原始的和融合后的 30m 分辨率 Hyperion 高光谱图像计算获得的 β 参数相关失真率变化曲线

((a) 90m 高光谱和 30m 全色融合的 30m 高光谱 QNR-DS;
(b) 90m 高光谱和 30m 全色融合的 30m 高光谱和原始 30m 高光谱之间的 ERGAS 指数)

CSA 融合方法及其全部其他版本之间的比较基于如下参数,即 BDSD-MMSE、GIHS、GS、UNBPS。

图 8.5 为 CSA 和其他一些对比算法[GIHS 和 GS(ENVI 平台实现)]生成的融合图像。在对比过程中,CSA 算法性能在 $\beta=0$ 和 $\beta=1$ 的范围内进行了评估,其中最优性能发生在 $\beta=0.35$ 的情况下,$\beta=1$ 时算法等价于 HPM,$\beta=0$ 时则相当于 EXP。

表 8.2 为 SAM、ERGAS 和 $Q2^n$ 指标下的性能情况,它们在低分辨率下计算得到,因此可以与 CSA 和其他方法共同比较。利用和 $Q4$ 相似的计算过程,$Q2^n$ 可以在 32×32 的图像块上计算获得,然后在全图范围内的图像块上取均值以产生一个唯一的全局指标。

8.4.3 讨论

在第一个仿真实验中,表 8.1 表明,对于所有指标,利用 BDSD-MMSE 方法达

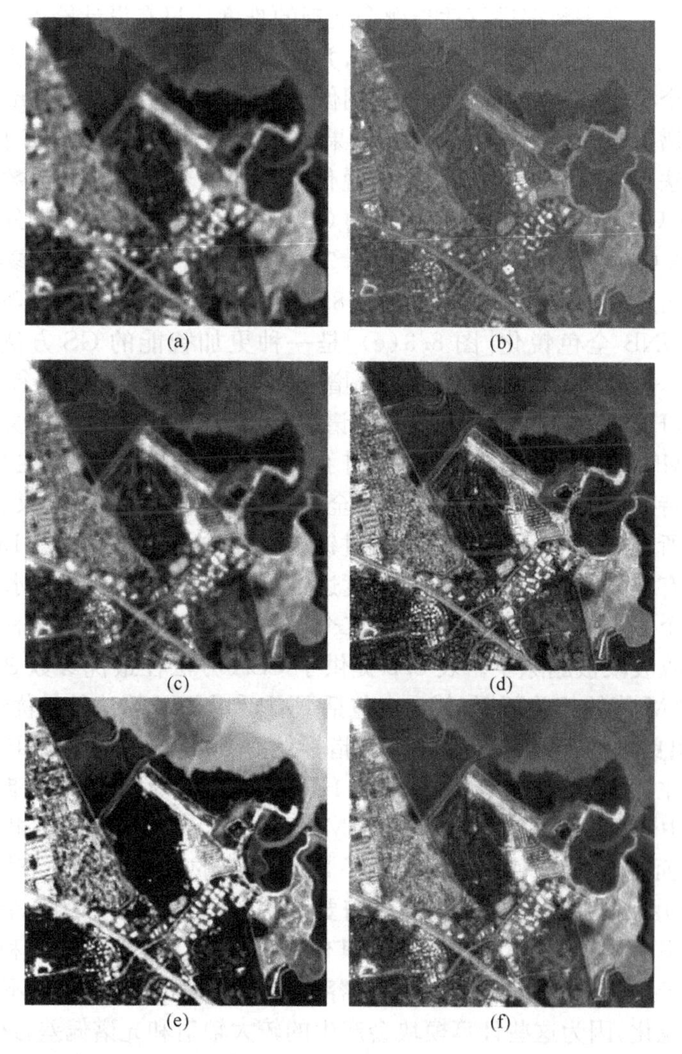

图 8.5　原始和融合的 Hyperion 高光谱图像(300×300 像素在 10m 尺度)细节(蓝色 11 波段(457nm),绿色 20 波段(549nm),红色 30 波段(651nm)的真彩色;
(a) 10m(表 8.1 中 EXP,相当于 $\beta=0$ 的 CSA)插值的 30m 原始 Hyperion 图像;
(b) 10m ALI 全色图像;(c) 最优值 $\beta=0.35$ 的 CSA;(d) $\beta=1$ 的 CSA;(e) GIHS;(f) GS)

到的效果要比其他的算法更好。其次是 HPM 算法,以一个略差的辐射质量(ERGAS)指标作为代价,获得了和 EXP 相当的光谱质量(SAM)指标。BDSD-MMSE 获得最好的 MMSE 指标并不意外,其以略差的光谱性能作为代价获得了优于 EXP 的融合效果。无论如何,值得注意的是 MMSE 优化方法也导致光谱质量上的增益。算法 HPF 和 HPM 都依靠相同的非抽样 MRA 处理过程,但后者拥有远低于前者的失真率,这主要归功于保角注入模型。这一事实有其内在的关联性,因为它揭示出对高光谱数据进行适当融合处理的难度。只有设计恰当的算法才可以获得融合图在光谱和辐射效果上的改进，并使其优于 EXP。一个令人费解的现象源于这样一个事实，即基于普通插值的图像融合总是能够给出与 30m 分辨率高光谱数据在光谱和辐射值上高度一致的结果，并且除了 BDSD-MMSE 算法，其他对比方法都无法超越其效果。因此，空间锐化总是伴随着原始高光谱数据图像质量上的损失，而只有设置了最优 β 参数值的 CSA 方法是其中唯一的例外。

在图 8.3 中，可以注意到，GIHS[图 8.3(c)]和 GS[图 8.3(d)]在参考图[图 8.3(a)]上表现出显著的光谱失真。考虑表 8.1 中异常高的误差值，出现这样的现象并不意外。UNB 全色锐化[图 8.3(e)]是一种更加智能的 GS 方法，它和 HPF[图 8.3(f)]一样，会受到较为明显的过增强因素的影响。相对于参考算法 EXP 给出的结果，HPM[图 8.3(g)]只是在光谱特性上更为准确，但是视觉效果略微尖锐。BDSD-MMSE[图 8.3(b)]算法得到了最准确的结果，无论是在几何结构上，还是在光谱特征上。图 8.2 所示的基于全尺度图像的目视检查结果表明，原始高光谱数据的所有光谱特征整合到了经过锐化的融合图像波段中。BDSD-MMSE 融合结果具有丰富的几何结构，细节程度达到了和 ALI 图像相当的水平。

与第一个仿真实验有所不同，在第二个仿真实验中，导致所有算法性能下降的短波红外吸收波段被删除了。表 8.2 提供了 CSA 方法在最优参数 $\beta=0.35$ 下显示出最佳 SAM 值的相关证据，其中也包括 EXP 和 HPM 算法的最优情况。然而，HPM 表现出更大的辐射失真(ERGAS 指标约有 30%的提升)，EXP 则处于中间水平。值得注意的是，参与比较的 CSA、HPM 和 EXP 算法之间的唯一差别就在于 β 值。其中令人惊讶的并不是 BDSD-MMSE 比 CSA 在 ERGAS 指标上发生了 5%的降低，而是其在 SAM 值上获得了 20%以上的提升。此外，对于一个拥有 200 个波段的图像，BDSD-MMSE 方法需要 $200\times(200+1)=40200$ 个参数来完成在退化分辨率图像上的 LS 优化计算。其他三种方法，即 GIHS、GS 和 UNBPS，虽然可以在用于照片分析的商业软件中较容易地找到，但是它们似乎不适合高光谱图像的全色锐化，因为这些计算模块会产生的较大辐射和光谱偏差，这对高光谱分析来说都是无法接受的。在全尺度的情况下，图 8.5 所示结果的视觉效果与量化指标的特性都是基本吻合的。

表 8.2 在退化分辨率下计算的矢量指标用于 Hyperion 和 ALI 融合性能评估

指标	SAM	ERGAS	$Q2^n$
REF	0	0	1
BDSE-MMSE	1.956	2.106	0.938
GIHS	7.921	15.278	0.584
GS	9.269	11.849	0.619

续表

指标	SAM	ERGAS	$Q2^n$
UNBPS	6.572	7.127	0.862
CSA(w/β=0.35)	1.617	2.217	0.932
HPM(CSA w/β=1)	1.617	3.020	0.897
EXP(CSA w/β=0)	1.617	2.521	0.919

最后，表 8.2 的最左边一列展示了 $Q4$ 的扩展 $Q2^n$ 指标[116]。其看上去具有原始 $Q4$ 的最优特性，因为它能够在光谱指标（SAM）和几何/辐射失真指标（ERGAS）之间进行平衡。依据 $Q2^n$ 指标，BDSM-MMSE 的性能表现最佳（$Q2^n=0.938$），紧随其后的是最佳 β 参数下的 CSA（$Q2^n=0.932$）方法。EXP 以 $Q2^n=0.919$ 的分值位列第三；由于辐射失真，HPM 以 $Q2^n=0.897$ 分值排在第四。所有其他方法（UNBPS、GS 和 GIHS）由于其较差的失真率，依次排在更靠后的位置。一种直接的解释是这一类方法是基于 CS 的，将其直接应用到高光谱数据可能是存在问题的。和作为基准的 EXP 方法相比，CSA 系列方法较优的一个重要原因是该方法使用 MRA 而非 CS。BDSD-MMSE 可以看成一个在数学注入模型上以不受限 LS 最小化优化后得到的结果，其性能取决于该模型参数可能采用低分辨率图像的假设，而这相应地依赖被处理图像本身包含的全局景观。

8.5　小　　结

随着同步获取的具有相同场景的高光谱图像和具有高分辨率的全色图像数据量的增加，如何将用于空间分辨率增强的融合方法迁移到高光谱数据将成为研究热点。

高光谱分辨率图像的特殊之处在于，它揭示出高光谱图像空间信息增强定性应用（如判读分析）和定量应用（如成像光谱技术）之间的差异。事实上，不同的应用目标需要不同的全色锐化方法：基于统计的优化方法（如 MMSE 估计）提供了具有高分数指数的高质量锐化图像，但有时并不能完全保留低分辨率高光谱数据中原始的光谱信息。对此特定的限制条件需要纳入融合算法中，如 CSA 方案。另外，大部分为多光谱全色锐化设计的经典方法（如 GIHS 和 GS 光谱锐化）在运用于高光谱图像时总会产生不能令人满意的融合效果，因为它们引入了相当大的辐射测量和光谱误差，并可能由此损害最终视觉和定量分析效果。

当可见近红外和短波红外成像仪器产生空间分辨率不同的图像时，两步或引导融合可以视为一种可行的高光谱全色锐化方案。其中，当可见近红外数据比短波红外数据具有更高的分辨率时，就像全色图像那样，一个或多个可见近红外波段上的图像信息可以作为对任意短波红外波段进行锐化的参考图像。如果全色图像已知，中间的融合结果（根据可见近红外锐化的短波红外波段）和原始的可见近红外波段一样，都可以进一步锐化。这种处理过程的第一步是机载遥感系统处理的核心，一旦遇到可见近红外和短波红外采集仪器具有不同的空间分辨率，并且全色图像无法获取时，都需要使用它。

最终，巨大的高光谱数据量使得基于复杂的辐射传输模式和具有约束性数学优化的全色锐化方法计算过于复杂，到目前为止还不能用于高光谱图像融合。

第9章 混叠与错位对全色锐化的影响

9.1 概　　述

如第7章所述，大多数全色锐化方法可以归为两大类，它们唯一的区别在于从全色图像提取空间细节的方式。总结起来，这两类方法可描述如下。

(1) 图像全色锐化过程中利用具有线性空间不变性的数字滤波方法来提取空间细节(如几何信息)[216]，所有使用MRA的方法都属于这一类。

(2) 将全色图像和多光谱波段经过光谱变换所得的非零均值成分的像素差值作为空间细节输出的算法，前者没有做任何空间滤波处理。这些方法等同于使用全色图像对前述非零均值成分进行替换，并使用一个逆变换得到锐化的多光谱波段[26]。基于CS且不包含MRA处理过程的方法就属于这一类。

在文献中很少研究的一个问题是全色锐化方法的敏感性，一旦超高分辨率图像的融合输出结果中出现最常见的两种缺陷——混叠和空间/时间非对齐时，根据融合过程中使用算法类型的不同，将会对图像锐化的结果产生不同的影响[10,15,45]。

混叠通常不存在于全色图像中，在经过以MTF为基础的图像重建，并结合数字化处理后，可在奈奎斯特频率上采样得到。相比之下，混叠是所有多光谱波段数据存在的一个共性问题，其问题来源可能是采样步长不足，或是在奈奎斯特频率上过高的MTF输出值。如此，在原始多光谱图像中将有可能出现锯齿边缘效应，尤其是分布在尖锐而直长的轮廓斜边上。

此外，图像的空间对齐失准很可能是由地理编码的图像输出配准失准造成的。如第4章所述，配准失准或多光谱波段上的不当插值，会在经过重采样的多光谱数据集和全色图像间产生位移偏差。而时间非对齐则会发生在不同时间段，甚至不同平台上采集的具有相同场景图像的融合过程中。

本章基于CS和MRA的融合方法，对混叠和空间/时间错位在锐化图像上的影响进行理论和实验性的调研。以这两个主要方法的数学公式作为出发点，可以证明，在一般的假设下，CS方法几乎对混叠问题不敏感，而在中等程度的空间未对准问题上的敏感性也略逊于MRA方法。然而，不像ATW和类似于CS的方法，基于MRA方法中的GLP也能够补偿多光谱图像中的混叠，这归因于抽取和插值步骤[12]。最后，定性和定量的结果表明，多时相错位数据更适合以MRA而不是

CS 的方法来设定步长，而在空间非对齐问题上两者恰好相反。

9.2 数学公式

参考图 7.1 和图 7.4，N 个波段的原始低分辨率多光谱数据集可以表示为 $\widetilde{M}_k$($k=1,2,\cdots,N$)，将其扩展到全色图像尺度，对应的多光谱波段融合的高分辨率数据集可以表示为 $\hat{M}_k$($k=1,2,\cdots,N$)。全色图像和它的低通版本(可能是经过抽取的和后续插值处理得来)可以分别表示为 P 和 P_L。根据融合模型(全局或局部)，使用增益矩阵 G_K 对需要被注入各个多光谱波段的空间细节信息进行调制，而系数集合$\{w_k\}$则是通过基于 CS 的方法获得，并用于合成平滑灰度图 I。基于 CS 或 MRA 的计算框架之间的切换可以通过一个开关变量实现。

下面探讨基于 CS 和 MRA 的一般方程表示形式，即

$$\hat{M}_k=\widetilde{M}_k+G_k\delta,\quad k=1,2,\cdots,N \tag{9.1}$$

式中，δ 表示被注入插值多光谱波段的全色图像的细节；G_K 表示权衡全色细节依赖图像的矩阵，两者之间进行点到点的乘法运算。为了符号表示上的便捷性，在对第 k 波段的图像数据处理过程中，假设增益矩阵 G_K 为常量。从式(9.1)出发，图 7.1 和图 7.2 所示的处理方案可以转化为对这两类方法进行解释的简化公式。

9.2.1 基于成分替换的方法

基于 CS 的方法可描述如下，即

$$\hat{M}_k=\widetilde{M}_k+G_k(P-I),\quad k=1,2,\cdots,N \tag{9.2}$$

式中，I 为多光谱数据集的线性组合，其系数取决于所选择的变换形式，即

$$I=\sum_{k=1}^{N}w_k\widetilde{M}_k,\quad k=1,2,\cdots,N \tag{9.3}$$

式中，权重$\{w_k\}$因不同的全色锐化方法而异。

9.2.2 基于多分辨率分析的方法

基于 MRA 的方法可描述如下，即

$$\hat{M}_k=\widetilde{M}_k+G_k(P-P_L),\quad k=1,2,\cdots,N \tag{9.4}$$

对于 ATM 方法，低通滤波后得到的全色波段结果 P_L 是通过计算步骤 $P_L=P\otimes h$ 获得的，其中低通滤波器 h 可通过各波段的 MTF 获得。在这种情况下，式(9.4)可以改写为

$$\hat{M}_k=\widetilde{M}_k+G_k(P-P\otimes h)=\widetilde{M}_k^*+G_kP\otimes g,\quad k=1,2,\cdots,N \tag{9.5}$$

式中，g 为与 ATW 等价的高通滤波器。

在使用广义拉普拉斯变换融合的情况下，如果 q 表示全色和多光谱图像之间的尺度比，而 P_L 由 P 图像滤波、退化，以及插值获得，那么式(9.4)可写为

$$\hat{M}_k=\widetilde{M}_k+G_k\{P-\text{expand}_q[(P\otimes h)\downarrow q]\},\quad k=1,2,\cdots,N \tag{9.6}$$

在这个图像分析过程中，低通滤波器 h 被认为等价于波段 k 的 MTF 滤波，如式(9.5)所示。

9.3 混叠敏感

考虑 $\widetilde{M}_k$，第 k 个多光谱波段在图像 P 尺度的插值输出结果。假定 $\widetilde{M}_k$ 是由插值无混叠图像 $\widetilde{M}_k^*$ 和插值混叠图案 $\widetilde{A}_k$ 叠加获得的。那么，融合图像第 k 波段的输出 $\hat{M}_k$ 的一般表达式(9.1)可写为

$$\hat{M}_k=\widetilde{M}_k+G_k\delta=\widetilde{M}_k^*+\widetilde{A}_k+G_k\delta,\quad k=1,2,\cdots,N \tag{9.7}$$

9.3.1 基于成分替换的方法

对于基于 CS 的方法，式(9.2)可改写为

$$\hat{M}_k=\widetilde{M}_k+G_k(P-I)=\widetilde{M}_k^*+\widetilde{A}_k+G_k(P-I) \tag{9.8}$$

式中，广义的图像 I 灰度图成分可以由基于权重$\{\omega_k\}$的波段线性回归计算获得。

由于混叠的存在，可以得到

$$I=\sum_k\omega_k\widetilde{M}_k=\sum_k\omega_k\widetilde{M}_k^*+\sum_k\omega_k\widetilde{A}_k \tag{9.9}$$

因此，式(9.8)可以重写为

$$\hat{M}_k=\widetilde{M}_k^*+\widetilde{A}_k+G_k\left(P-\sum_i\omega_i\widetilde{M}_i^*+\sum_i\omega_i\widetilde{A}_i\right) \tag{9.10}$$

这里假设 $G_k\sum_i\omega_i\widetilde{A}_i=\widetilde{A}_k$，这是因为插值之后的相关光谱波段上的插值混叠特征是极其相似的，同时又有 $G_k\sum_i\omega_i\approx1$，正如文献[25]中广义 IHS方法中的情形，那么式(9.10) 可改写为

$$\hat{M}_k=\widetilde{M}_k^*+G_k\left(P-\sum_i\omega_i\widetilde{M}_i^*\right)=\hat{M}_k^* \tag{9.11}$$

也就是说，从混叠的多光谱波段(无混叠全色)可以产生锐化图像。该锐化图像与以无混叠的多光谱和全色作为出发点以相同算法产生的图像完全相同。这意味着，在理想的情况下，基于 CS 的方法能够恰好恢复混叠损失，或是在更加实际的情况下其本身就对这种损失不敏感。

9.3.2 基于多分辨率分析的方法

为了恰当地对 ATW 和 GLP 算法之间的差别进行建模，参考图 7.6 和图 7.7。对于基于 MRA 的方法，式(9.4)变为

$$\hat{M}_k = \widetilde{M}_k + G_k(P - P_L) = \widetilde{M}_k^* + \widetilde{A}_k + G_k(P - P_L) \tag{9.12}$$

式中，关于 $\widetilde{M}_k$ 的假设与式(9.8)的情况一样，由插值无混叠图像 $\widetilde{M}_k^*$ 和插值混叠图像 $\widetilde{A}_k$ 叠加获得。

1. 基于 ATW 的融合

对于基于 ATW 的融合，低分辨率全色版本 P_L 是通过低通滤波获得的，即 $P_L = P \otimes h$，其中 h 是由 ATW 定义的低通滤波器，大致等同于第 k 光谱波段的 MTF 滤波结果。这样，式(9.12)可改为

$$\hat{M}_k = \widetilde{M}_k^* + \widetilde{A}_k + G_k(P - P \otimes h) = \widetilde{M}_k^* + \widetilde{A}_k + G_k P \otimes g \tag{9.13}$$

式中，g 为 ATW 融合的高通滤波器。考虑式(9.5)中的表达形式，式(9.13)可写为

$$\hat{M}_k = \widetilde{M}_k^* + \widetilde{A}_k + G_k P \otimes g = \hat{M}_k^* + \widetilde{A}_k \tag{9.14}$$

由此看出，以混叠多光谱波段(无混叠全色)作为初始值产生的 ATW 融合图像包含与出现在插值多光谱图像中相同的混叠特征。因此，在这种情况下，混叠效应尚未在融合过程中获得补偿。

2. 基于 GLP 的融合

考虑基于 GLP 的融合，式(9.12)变为

$$\hat{M}_k = \widetilde{M}_k^* + \widetilde{A}_k + G_k\{P - \text{expand}_q[(P \otimes h) \downarrow q]\} \tag{9.15}$$

如果假定低通滤波器 h 完全等同于第 k 个光谱波段的 MTF 滤波，则如果该输出经历了间隔为 q 的抽样处理，它将生成和在获取第 k 个多光谱波段过程中使用 MTF 滤波之后类似的混叠效应。对此下面的关系式成立，即

$$P - \text{expand}_q[(P \otimes h) \downarrow q] = P - P_L^* - \widetilde{A}_P \tag{9.16}$$

式中，如果滤波器 h 在 $1/q$ 个奈奎斯特频率之外出现一个非零的频率响应时，会有 $P_L^* \neq P_L$，这种情况常见于以 MTF 滤波处理采集仪器输出图像的过程；$\widetilde{A}_P$ 项表示对前面 q 间隔抽样结果进行插值后出现的混叠效应。进一步假设 $\widetilde{A}_k = G_k \widetilde{A}_P$，这是因为 G_k 决定全色图细节到多光谱细节的转换过程，因此可得

$$\begin{aligned} \hat{M}_k &= \widetilde{M}_k^* + \widetilde{A}_k + G_k(P - P_L^* - \widetilde{A}_P) \\ &= \widetilde{M}_k^* + \widetilde{A}_k + G_k P \otimes g^* - G_k \widetilde{A}_P = \widetilde{M}_k^* + G_k P \otimes g^* \end{aligned} \tag{9.17}$$

式中，GLP 的等效高通滤波器 g^* 的频率响应等同于 g(ATW 的高通滤波器)，除了在 $0\sim1/q$ 全色图像的奈奎斯特频率的区间内，该区间左边界值处公式输出总为 0，而右边界总为非零。如果这种情况近似成立，和式(9.14)进行比较，那么显然在给定混叠多光谱图(和无混叠全色图)的条件下，带有 MTF 匹配缩减滤波器的 GLP 的图像融合产物，和使用相同方法、以无混叠的多光谱和全色图像作为输入的融合产物相同。不同的是，基于 GS 方法的补偿过程是直接的。相反，基于 MRA-GLP 方法的混叠补偿则是间接的，因为它处理的对象是原始多光谱波段和低通滤波的全色图像产生的混叠效应，而这种效应目前只发现于多光谱波段上。特别地，混叠效应之间差别的一个明显的表征是，全色图像和多光谱波段获取的信号之间所存在一个微弱的相位延迟。事实上，正是这种相位位移的存在，导致各种混叠模式之间的差别，进而导致它们无法被完全补偿。该现象同时还是空间和场景相关的，所以可能的情况是某些区域的混叠效应被去除后，其他区域处依然存在。从统计学角度来说，最终的结果是，基于 GLP 方法的补偿效果比基于 CS 的方法更加不可靠。

9.3.3　结果和讨论

仿真测试集以视觉和图形的方式来展示算法效果，而理论性的结论已经在前面章节获得。为了实现该目标，由超高分辨率传感器(如 IKONOS 和 QuickBird)获得的图像将在全图像尺度上进行处理和分析。对于这些传感器，将使用质量和失真指数在其退化后的图像尺度上进行评估，以便通过使用一些量化图表让相应的评估结果更加客观。最后，由于高分辨率多光谱参照图像的存在，模拟 Pl 高分辨率多光谱数据，在全图尺度进行上述客观性的测量。

在混叠失真存在的情况下，考虑两个明显的测试案例。前者提供一个对 GSA 方法、基于 CS 的方法，以及 MRA-ATW 方法输出结果的对比，为的是能够凸显基于 CS 的算法在消除混叠方面的优势。后者主要对前面提到的包含 MRA-GLP 融合过程的一系列方法处理效果进行视觉和量化对照。该测试案例的目的是证明在包含大量混叠的场景中，GLP 方法是如何获得与基于 CS 方法相当的融合效果的。

1. CS 对比 MRA-ATW

第一组仿真实验在 QuickBird 传感器获取的超高分辨率数据上进行。在这个测试中，对涉及 ATW 融合的基于 CS 的方法和基于 MRA 的方法进行比较。第一种方法是 GSA[26]，是 ENVI© GS 处理模块[157]在输出光谱质量上的改进版，这主要归功于添加了对定义广义强度 I 的光谱权重 w_k 一个最小二乘的近似计算。第二种方法基于一个带有 MTF 匹配缩减滤波器[14]的 ATW 融合处理过程[196,200]。

由矩阵 G_k 给出的注入模型在上述两种算法中都是全局的,并且其数值等同于插值的第 k 个多光谱波段和 I 或经低通滤波的全色图(P_L)之间的协方差,然后除以 I 或 P_L 的方差[25]。

用 QuickBird 数据进行仿真实验,这主要是因为混叠特征的总量和在奈奎斯特频率上呈现钟形特性的 MTF 滤波器有关,而该滤波器在 QuickBird 图像上的响应值高于 IKONOS 图像[75,218]。图 9.1(a)、图 9.1(b)和图 9.2(a)、图 9.2(b)为两个较为明显的测试结果。前一个场景主要包含田野和道路;后一个场景主要包含城市地貌,尤其是屋顶。在这两种情况下,初始输入都是无混叠的全色图像和带有混叠的多光谱图像。其中混叠由采样不足引起,并主要围绕尖锐的倾斜轮廓边缘分布,具体表现为锯齿状图像特征。这些干扰特征清晰地显示在图 9.1 和图 9.2(b)所示的以全色图大小为尺度的插值输出结果中。可以看出,GSA 和 ATW 两种方法得到的结果是完全不同的:前者几乎完全去除了混叠现象,后者几乎未对混叠效应产生任何影响。总体而言,两个输出的光谱质量优良,这归因于一系列基于 MRA 处理方法的良好性质。尤其是,GSA 方法,在最终所有的输出产物中都没有观察到显著的色调变化。然而,从混叠抑制的角度来分析,这个实验表明,经过光

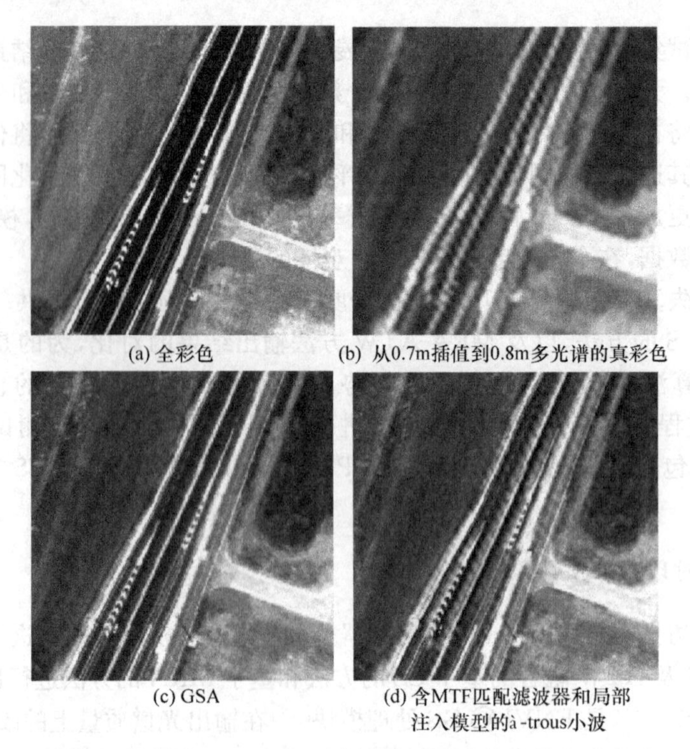

图 9.1 原始和融合后的 QuickBird 数据(256×256 像素在 0.7m 尺度)的细节

谱质量优化后的 CS 方法[26]优于基于 MRA 的方法；若经过空间质量优化[14]，则会优于 ATW 方法。相反，接下来的测试说明，如果存在混叠的情况，GLP 方法也能达到和 GSA 方法相同的处理效果。

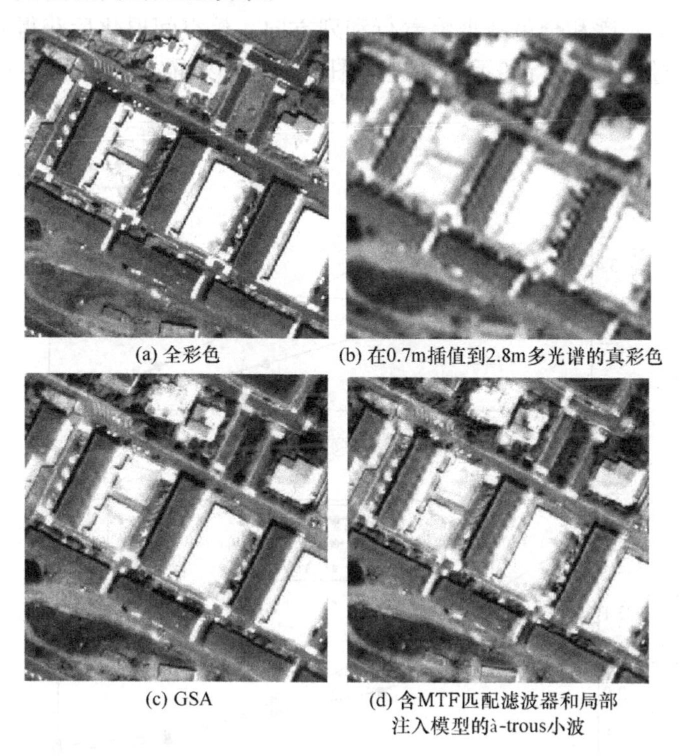

(a) 全彩色　(b) 在0.7m插值到2.8m多光谱的真彩色

(c) GSA　(d) 含MTF匹配滤波器和局部注入模型的à-trous小波

图 9.2　原图和融合后 QuickBird 数据(256×256 像素在 0.7m 尺度)的细节(城市风景)

2. MRA-GLP 对比 MRA-ATW

该仿真实验结果将结合退化空间尺度上的融合仿真输出来进一步分析，同时将 MRA-CGP 融合方法一同考虑进来。在这个测试中，同样都是使用 MTF 滤波器[14]和全局注入增益[25]，基于 GLP 的方法和基于 ATW 的方法参与比较，为的是能够展现存在于多光谱波段混叠情况下的 GLP 方法相比于 ATW 方法的优越性。与此同时，前面提到的两个基于 MRA 的方法也会拿来和 GSA 进行比较。使用经过尺度退化的图像进行这种对比实验，其优势是双重的。一方面，调谐降采样前低通滤波器的通带将产生不同的混叠总量。另一方面，基于 Wald 评价协议[261]，在空间尺度退化后数据的基础上展开的图像融合结果将有助于对仿真结果进行更准确的质量评估。在这种情况下，基于尺度退化图像的融合结果提供了一种真正的参照量，进而一系列更加规范的质量/失真指数就可以利用起来：SAM 可用于测量融合产物相比于原图的光谱失真；ERGAS 指数[216]可用于测量平均辐射失真;$Q4$ 指数[33]可用于联合测量融合结果的光谱和辐射质量。

这些仿真实验在 IKONOS 数据上进行,数据的特点是本身固有的混叠效应逊于 QuickBird 图像。图 9.3 以 SAM、ERGAS 和 $Q4$ 作为指标,对 4m 分辨率下的融合图像(由多光谱和全色数据沿着行和列方向 4 倍空间退化后获得)和全色图像之间的图像质量差异进行展示。在进行图像降采样之前,逐渐通过对原始图像进

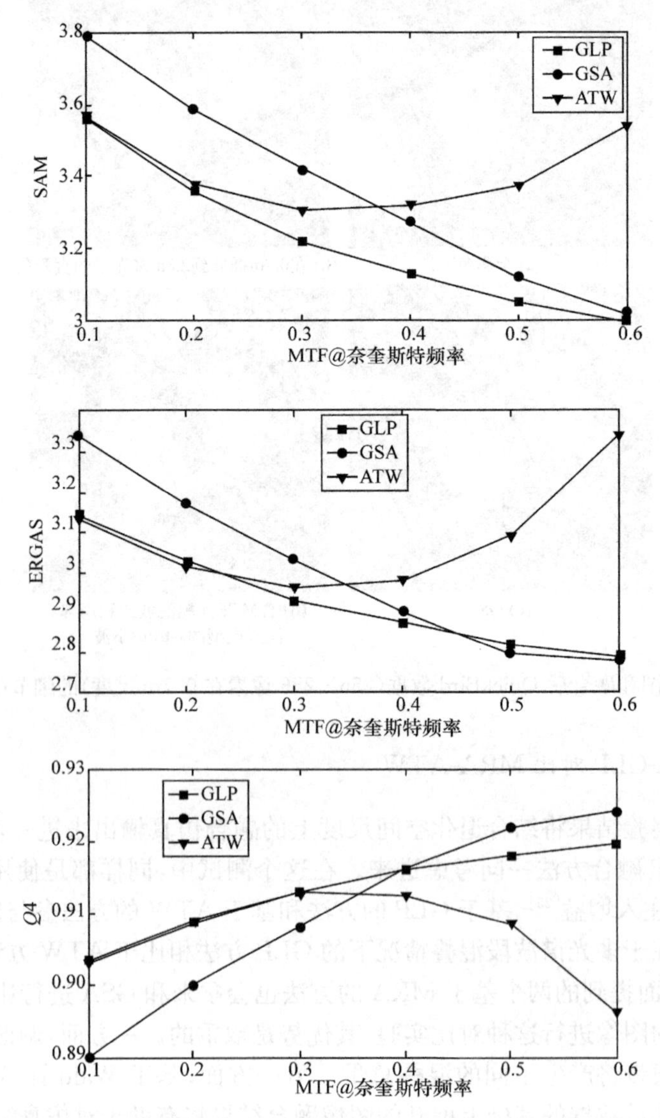

图 9.3　以质量/畸变指数测量得到的 GSA、GLP 和 ATW 方法性能在混叠总量增加情况下的灵敏度,如果以高斯低通滤波器模拟多光谱仪器采集信号经 MTF 滤波后的输出,那么这种混叠增量效果可以通过改变信号在奈奎斯特频率下的幅值实现

行高斯锐化低通滤波获得 4m 增加的混叠总量，其中滤波器频率响应设置为 0.1～0.6 奈奎斯特频率范围内，并以 0.1 作为频率增量的步长。

多光谱扫描器输出的 MTF 滤波通常源于通带和混叠指标的折中：通带的信号量越多，出现混叠的量就越多。需要注意的是，原始 IKONOS 数据在 MTF 滤波器上的光谱通道频率略低于 0.3[75]。所有参与对比的融合方法都受益于由通道频率在 0.3 左右的 MTF 所模拟的混叠效应。如果频率高于这个值，如 Baronti 等[45]观察到的，GSA 算法的融合效果将以类似的变化率朝着更好的性能稳步提升。相反，基于 MRA 的两个方法（ATW 和 GLP）则遵循相互对立的变化趋势，在相同的仿真混叠增量步长下，ATW 的性能越来越差，而 GLP 的性能越来越好。值得注意的是，Baronti 等[45]指出，GSA 和类似的基于 CS 的方法被证明可以除去混叠效应，但是 ATW 方法却不能。

最终，使用仿真的 Pléiades 数据在全图尺度上展现各个图像融合算法的实际效果。其中 0.7 m 分辨率的全色波段图像由机载采集设备输出的 G 和 R 信道图像信号合成，而 2.8m 分辨率的多光谱波段数据则通过将 Pléiades 的 MTF 的实验室模型应用到机载数据之后，再以 4 倍图像抽样的方式获得。如图 9.4 所示为 0.7m 分辨率的合成全色图像，通过重采样从 2.8m 分辨率提升到 0.7m 分辨率且带有明显混叠损伤的多光谱（真色）图像，以及作为参照的 0.7m 真实机载多光谱图像。在图 9.3 中，前面提到的混叠量变化下 SAM、ERGAS、$Q4$ 等指标的变化趋势得到了充分的证实和视觉验证。实际上，GLP 和 GSA 的融合产出并没有表现出明显的混叠效应。相反，ATW 在全色锐化图像中遗留了大量的混叠效应。这种图像效应在街道区域尤为明显，空间频率在较高可变性的方向被扭曲，如图 9.4 所示。

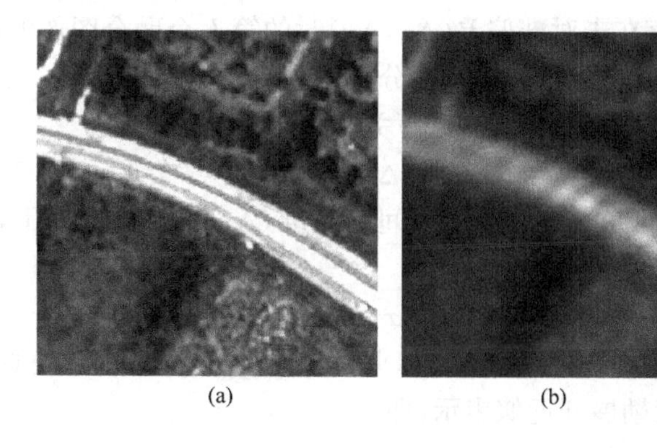

(a)　(b)

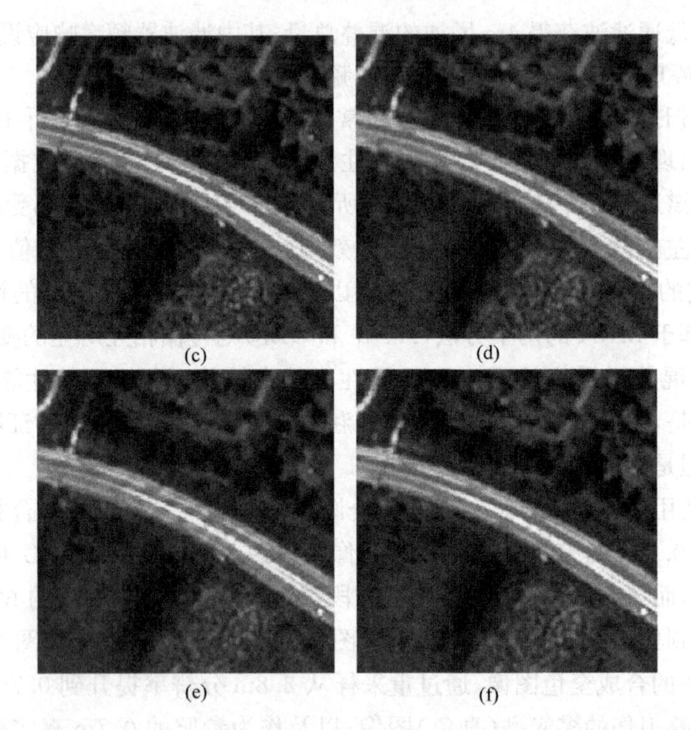

图 9.4　原始的和融合的模拟 Pléiades 数据(256×256 像素在 0.7m 尺度)的细节
((a) 合成全色=$(G+R)/2$;(b) 在 0.7m 插值的 2.8m 的多光谱双立方;(c) 作为参照的原始 0.7m 多光谱;(d) 含 MTF 匹配的下降滤波器和接近理想的 23 头插值器的 GLP;
(e) 含 MTF 匹配滤波器和局部注入模型的 à-trous 小波;(f) GSA[26])

考虑多光谱和全色数据之间的空间未对准问题。用$(\Delta x,\Delta y)$表示图像和在 P 尺度插值的多光谱波段之间的空间未对齐量$\widetilde{M}_k$,用 $\hat{M}_k$ 表示融合的第 k 个波段,用 $\hat{M}_k(\Delta x,\Delta y)$表示存在未对准偏差$(\Delta x,\Delta y)$时的第 k 个融合图像波段。无论未对准是空间依赖,还是波段依赖,对下面分析的有效性都没有影响。对未对准情况不太敏感的全色锐化算法而言,应有以下关系,即

$$\hat{M}_k(\Delta x,\Delta y)\approx\hat{M}_k \tag{9.18}$$

再次从融合的一般表示开始,在空间未对准$(\Delta x,\Delta y)$的情况下,式(9.1)可变为

$$\hat{M}_k(\Delta x,\Delta y)=\widetilde{M}_k(\Delta x,\Delta y)+G_k\delta(\Delta x,\Delta y) \tag{9.19}$$

如果未对准$(\Delta x,\Delta y)$很小,那么可以假设 $\widetilde{M}_k(\Delta x,\Delta y)$可用未失真点$(\Delta x=0,\Delta y=0)$周围的一阶泰勒展开近似表示,即

$$\widetilde{M}_k(\Delta x,\Delta y)\approx\widetilde{M}_k+D_x^{(k)}\Delta x+D_y^{(k)}\Delta y \tag{9.20}$$

式中,矩阵 $D_x^{(k)}$ 和$D_y^{(k)}$ 表示$\widetilde{M}_k$ 沿着 x 和 y 轴方向的导数,这两个方向也是未配准偏移量产生的方向。考虑式(9.20),式(9.19)可写为

$$\hat{M}_k(\Delta x,\Delta y)=\widetilde{M}_k+D_x^{(k)}\Delta x+D_y^{(k)}\Delta y+G_k\delta(\Delta x,\Delta y) \tag{9.21}$$

9.4　空间失准偏移的敏感性

9.4.1　基于 MRA 的方法

对于基于 MRA 的融合方法，差项 $\delta=P-P_L$ 并不受全色图像和多光谱波段之间空间失准偏移的影响，即 $\delta(\Delta x,\Delta y)=\delta$。因此，式(9.1)和式(9.21)结合在一起可得

$$\hat{M}_k(\Delta x,\Delta y)=\hat{M}_k+D_x^{(k)}\Delta x+D_y^{(k)}\Delta y \tag{9.22}$$

9.4.2　基于 CS 的方法

对于基于 CS 的融合方法，差项 $\delta=P-I$ 会受到空间失准偏差的影响，因为 I 是未与全色图像对齐的插值多光谱波段加权平均。如果用 $I(\Delta x,\Delta y)$表示未对齐的灰度图像，则

$$\delta(\Delta x,\Delta y)=P-I(\Delta x,\Delta y) \tag{9.23}$$

即

$$\delta(\Delta x,\Delta y)\approx P-I-D_x^{(I)}\Delta x-D_y^{(I)}\Delta y \tag{9.24}$$

式中，矩阵 $D_x^{(I)}$ 和 $D_y^{(I)}$ 分别为包含 I 沿着 x 和 y 轴的离散导数。最终可得

$$\delta(\Delta x,\Delta y)=\delta-D_x^{(I)}\Delta x-D_y^{(I)}\Delta y \tag{9.25}$$

将式(9.25)代入式(9.21)可得

$$\hat{M}_k(\Delta x,\Delta y)=\hat{M}_k+(D_x^{(k)}-G_k D_x^{(I)})\Delta x+(D_y^{(k)}-G_k D_y^{(I)})\Delta y \tag{9.26}$$

基于 MRA 和 CS 的全色锐化方法对空间错位的敏感性在式(9.22)和式(9.26)中有简要说明，接下来对其深入讨论。对于小的未对准量，由此造成的图像质量损失度将与位移$(\Delta x,\Delta y)$成正比，系数为 $\widetilde{M}_k$ 和 I 沿 x 和 y 方向的导数。最终结果是，对于导数值很小的均匀区域，图像的质量损失不明显。相反，对于有较大导数值的纹理区域和轮廓边缘，图像的质量损失明显。虽说如此，这种质量损失现象对基于滤波器的 MRA 处理技术的影响要比基于投影 CS 的算法更强。事实上，通过比较式(9.22)和式(9.26)，式(9.26)中来自未对准的影响分别由包含 $\widetilde{M}_k$ 和 I 导数的两个公式项之间的插值抵消了。原则上来说，如果有关系式 $D_x^{(k)}=D_x$，$D_y^{(k)}=D_y$，那么再进一步假设 $G_k\sum_i w_i=1$，则无论是否存在未配准情况，最终的图像融合结果将是完全相同的，这是因为式(9.26)第二行中的项将会是零。实际上，至少在可见波长上有相同的符号和相似的振幅，导数会因波段的改变而不同。因此，基于 CS 的融合方法未配准质量的补偿效果没有其在混叠失真的效果明显。

然而,基于 MRA 的算法比基于 CS 的方法对空间未配准数据更加敏感。

9.4.3 结果和讨论

空间未对准通过考虑两种不同的位移偏差源来处理:前者证明采集的多光谱和全色图像错误配准造成的影响;后者与一个由不恰当插值引起的移位偏差相关,并且会影响全色锐化的结果。

1. 配准失准

在这个测试中,一个 IKONOS 数据集用于仿真实验。IKONOS 数据集上的混叠失真量较低,因而可以避免可能存在的由于过多混叠失真而掩盖了空间失准问题的情况。参与融合的全色图像和多光谱图像之间存在配准失准,具体为沿着 x 和 y 方向,在全色图 P 尺度下为 4 个像素,在多光谱尺度下为 1 个像素。参与比较的融合方法依然是 GSA 和 ATW。图 9.5 和图 9.6 为两个截然不同的测试方案。前者关注一个带有高亮环形区域的农场,后者关注一个带有许多屋顶的小城镇的细节。对于每一个测试,都展示全色图、插值多光谱图、多光谱和全色重叠的 GSA 融合图、多光谱和全色错误配准的 GSA 融合图、重叠数据的 ATW 融合图和未对齐数据的 ATW 融合图。这些结果图的视觉效果良好。当不存在配准失准问题时,算法 GSA 和 ATW 的效果在未对齐的数据上非常相似,GSA 算法产生的融

(a)　(b)　(c)　(d)

(e)　　(f)

图 9.5　田园风光的原始和融合 IKONOS 数据(256×256 像素在 1m 尺度)的细节
((a) 全色;(b) 4m 插值多光谱的真彩色展示;(c) GSA;(d) 在全色
尺度 4 像素(在多光谱尺度的 1 像素)数据未对齐的 GSA;(e) 含 MTF 匹配滤波器和全局
注入模型的 ATW;(f) 含 MTF 滤波器和在全色尺度 4 像素数据未对齐的全局注入模型)

合结果和理想的图像具有高度的相似性,但这不包括色彩信息上的情况,其中色彩很明显地随着原始多光谱图像一同发生了偏移。即便存在 4 个像素的位移,空间细节的几何结构也能够在很大程度上被保留。相反,ATW 能对颜色信息起到更好的保留作用,但却不能很好地处理 4 像素位移的情况,如图 9.5(f)所示,其中的环状目标分解成其自身的低通和边缘分量。另外,在图 9.6(f)中,场景中屋顶的几何结构消失了。

(a)　　(b)

(c)　　(d)

图 9.6　有屋顶的小镇的原始和融合 IKONOS 数据(256×256 像素在 1m 尺度)的细节
((a) 全色;(b) 4m 插值多光谱的真彩色展示;(c) GSA;(d) 在全色
尺度 4 像素(在多光谱尺度的 1 像素)数据未对齐的 GSA;(e) 含 MTF 匹配滤波器和全局
注入模型的 ATW;(f) 含 MTF 滤波器和在全色尺度 4 像素数据未对齐的全局注入模型)

为了量化图像质量损失,根据 QNR 评价标准[32],有两个示例方法:GSA 和 ATW 在存在配准失准、基于 SAM 进行单独测量及包含 D_s 的情况下,进行各自的图像融合和多光谱数据插值效果的评估,而该评估在光谱或空间/几何结构上进行。对图像失真测度指标的选择源于在全尺度数据上进行质量评估的需求。表 9.1 表明这样一个事实,即通过在零位移的情况下添加相同的常数来抵消相应的失真,可以实现从带有配准失准数据中获得图像的平均 SAM 指标。相反,在没有配准失准问题的情况下,ATW 算法产生的 D_s 空间偏移量要比 GSA 算法低 12%,但是当数据存在非对齐偏移时,GSA 算法产生的失真要比 ATW 低近 30%。这种失真的程度和位移不敏感 GSA 算法的高阶表达式高度吻合,正如图 9.5 和图 9.6 标记的那样。

表 9.1　基于 MRA(ATW)和 CS(GSA)的融合几何结构(D_s)和光谱(SAM)失真,IKONOS 的测试图像为 1024×1024 像素,插值多光谱和全色恰好被 4 像素沿着 x 和 y 方向重叠及错误配准(MIS)

评价指标	ATW	MIS ATW	CSA	MIS GSA
D_s	0.0860	0.2869	0.0974	0.2017
SAM	0.4359	3.1315	0.4691	3.1562

最终,仅针对 GSA 和 ATW 方法,在具有退化尺度图像上的融合仿真在 IKONOS 数据上进行。与此同时,融合结果的质量评估考虑 SAM、ERGAS 和 $Q4$ 指标。图 9.7 展示了这些融合产物和原始参考图之间的质量测评指标值,参与比较的融合图像在空间上与经过尺度退化的用于融合的全色图像对齐。这些图标描绘了多光谱和全色图像之间的质量测评指标和米级偏移量的关联关系。一个 32m

的位移对应于降采样后的多光谱图像(16m 分辨率)上的两个像素长度。按这种方式,在大多数实际应用中经常发生的亚像素偏移就很容易被测量和评估。图 9.7 表明,配准失准会降低所有方法融合的性能,相比之下,GSA 方法对该问题的灵敏度明显较低。值得注意的是,$Q4$ 指标可以反映由配准失准导致的图像质量损失,因此也特别适合检测对齐偏差。可以看出,所有的评价指标相互之间都有明显的关联性,且与融合结果图的视觉紧密相关。

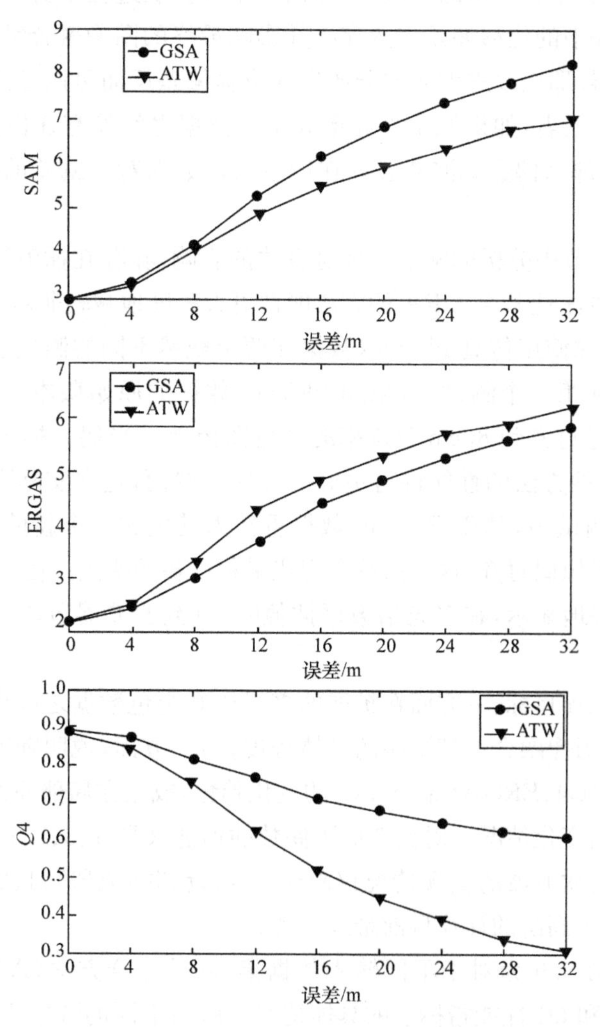

图 9.7　多光谱和全色图像之间错误配准总量增加的质量/失真指数

2. 插值移位

本节基于 CS 的方法(如 GSA[26])和基于 MRA 的方法(如含 MTF 类滤波器

对于每个多光谱波段都是特定的 ATW[14])在具有对齐偏差的多光谱和全色图像对象上进行研究,其中对齐偏差由对多光谱图像错误的插值造成。如第 4 章所述,错误插值引起的位移偏差通常发生在现代航天遥感传感器(IKONOS、QuickBird、GeoEye、WorldView 等)获得数据进行融合的第一步,主要由多光谱和全色数据采集设备内部的偏移引起。这样导致的后果是,如果使用一个奇数滤波器将多光谱波段插值、扩展到全色图像的尺度上,那么由于该扩展过程本身不带有偏移,就导致原始采集过程中的位移偏差依然存在并影响最终的图像融合结果。相反,如果采用偶数滤波器,那么改进型滤波器产生的位移偏差反而可以起到补偿原始数据偏差的作用。又或者,如果原始多光谱和全色数据之间没有任何偏移量(如模拟 Pléiades 数据),那么偶数滤波器会存在产生错误数据对齐偏差的副作用,而奇数滤波器则不会。

正如 9.4.3 节中分析的配准失准对算法的影响,在存在插值移位的两种情况下,基于 CS 的方法比基于 MRA 的方法能在更大程度地减轻非对齐的影响。为了证明这一点,考虑使用仿真 Pléiades 数据在两个截然不同的测试场合中比较图像融合的情况。在第一个测试中,采用 Pléiades 数据的原始版本,其中 3.2m 分辨率的多光谱被奇对齐到 80cm 分辨率的全色图像上。当偶数插值滤波器产生偏移时,可以对两种方法的性能进行更好的评估。然而,这在实际融合框架中不适用。在第二个测试中,基于 Pléiades 数据重新为其生成一个新的版本,其中多光谱波段与全色图像偶对齐,这一点符合现代采集设备的特点。在这种情况下,相关的比较能够更好地显示,在多光谱数据插值时,奇数滤波器造成的融合效果是不同的。

模拟具有双重目标:一方面在扩展的多光谱和全色数据之间出现配准失准问题时,用以衡量图像融合受到影响的具体程度;另一方面,说明随着插值次序的变化,各性能指标($Q4$、ERGAS 和 SAM)的变化趋势,或是在局部插值多项式阶数改变时这些指标的变化情况。对比考虑了偶数插值滤波器 1、3、7、11 奇数阶的实现情况。偶数插值滤波器的实现情况仅限于 0(最近邻插值器)、1、2 和 3 这几个阶数,主要是因为更高阶的计算目前难以实现。

图 9.8 和图 9.9 为对于不同输入数据集,两种融合方法(ATW 和 GSA)在 SAM、ERGAS 和 $Q4$ 性能指标上的具体情况。所谓不同的数据集,是指多光谱和全色数据间不同的对齐情况(奇对齐和偶对齐),这些对齐情况的不同之处在于插值多项式的阶数差异,以及各自基于奇数和偶数滤波器的不同实现方案。如前所述,只有在奇对齐数据配合使用奇数滤波器、偶对齐数据配合使用偶数滤波器这两种情况下,才能够产生完美的全色-多光谱图像重叠,其中多光谱数据经过了 4 倍

插值处理。除此之外,其他两个组合(偶数滤波器,奇数数据;奇数滤波器,偶数数据),产生了 1.5 像素的对角线偏移,并使两种组合方案的融合结果之间产生优劣之分。

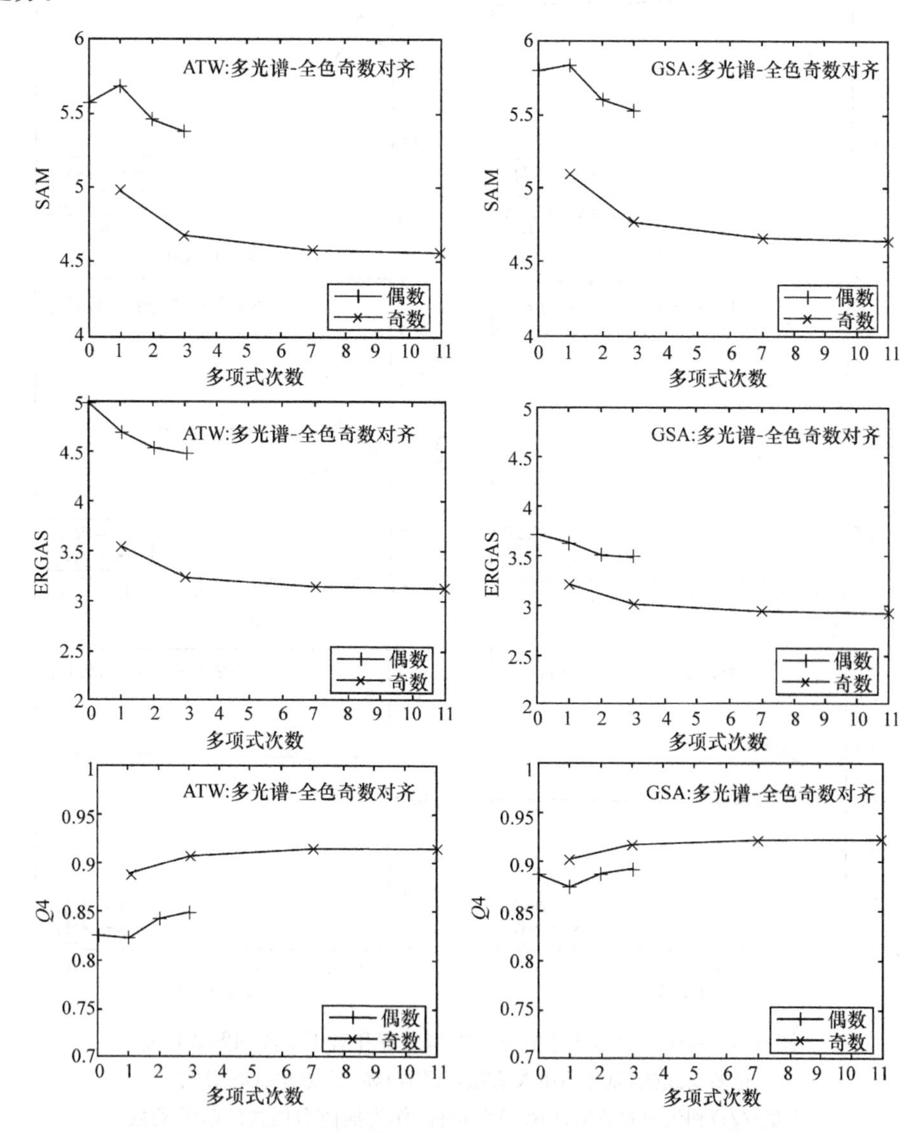

图 9.8　对于一个多光谱到全色的奇对齐和对于奇数和偶数长度的多项式核,基于 MRA 方法(ATW)和 CS 方法(GSA)的质量(Q4)和失真(SAM、ERGAS)指标,作为插值多项式的阶的函数

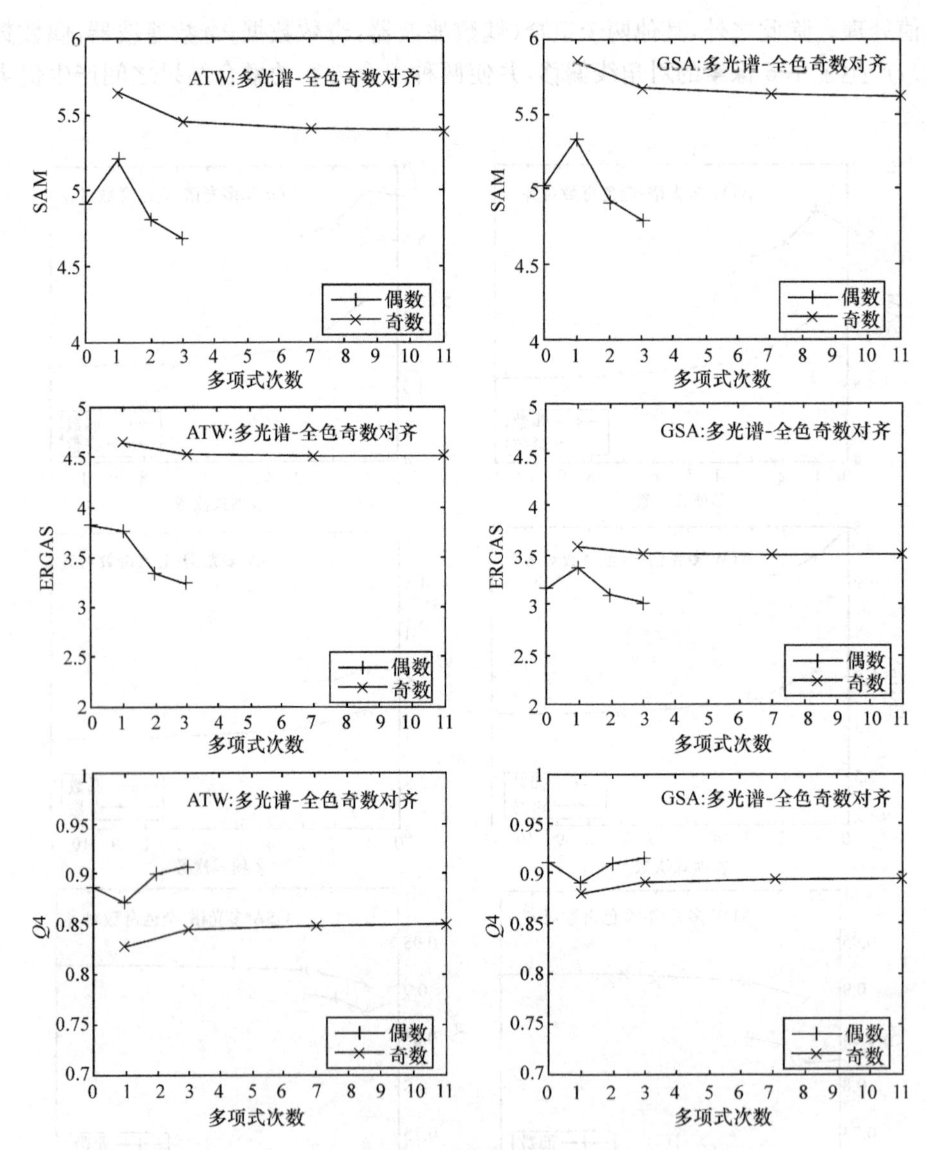

图 9.9　对于一个多光谱到全色的偶对齐和对于奇数和偶数长度的多项式核，基于 MRA 方法(ATW)和 CS 方法(GSA)的质量(Q4)和失真(SAM、ERGAS)指标，作为插值多项式的阶的函数

关于多项式的阶数，对于奇数滤波器，不论是否合适，融合性能随着插值多项式的阶数稳步增加。特别地，在线性和第 11 次插值之间约有 2/3 的性能增量通过立方核获得，这显然代表了最好的折中方案。对于偶数滤波器，这种性能和阶数的关联趋势不是单调的，至少在 SAM 和 Q4 指标上如此。最近邻插值比偶数线性插

值效果更好，后者产生了最差的插值结果。此外，二次插值优于最近邻和线性插值，但是基于立方核的插值效果最好。

在多光谱-全色之间的奇对齐(图 9.8)和偶对齐(图 9.9)情况下，如果插值滤波器的奇偶形式和多光谱-全色图像之间的对齐模式不符，与 ATW 的测试结果相比，GSA 融合测试结果中 ERGAS 和 $Q4$ 指标上的插值有明显减弱；相反，SAM 指标上的差异会略微增强。更加深入的解释是，CS 方法(如 GSA)对小的未对齐偏差不敏感[45]，这会导致融合后场景中几何结构逐渐淡化、消失并最终导致融合性能的损失。然而，ATW 和 GSA 方法都无法避免由多光谱及全色图像之前的配准失准引起的颜色空间偏差。SAM 指标能够更好地捕捉图像色调上的改变，但是对几何结构变化的检测性能不强。该现象已在图 9.10 和图 9.11 中展示出来。显示的图像尺度被有意地调整到能够显示出微小位移偏差的级别上。这也是高分辨率多光谱、全色原图和所有融合图像都呈现出一定程度锐化效果的原因。正确的插

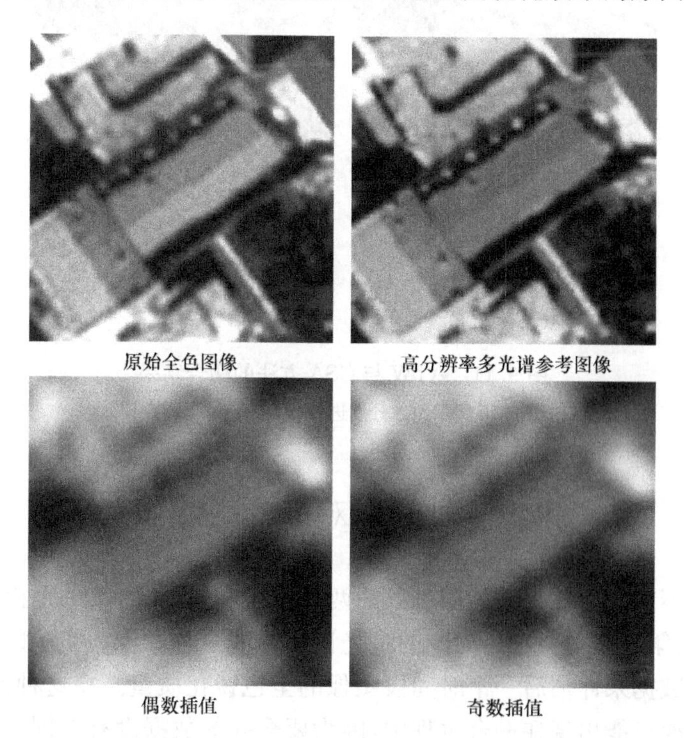

图 9.10 全色、多光谱高分辨率参照和偶数、奇数长度立方滤波器插值的多光谱细节真彩色成分

(多光谱参照恰好叠加在全色上，插值前的原始多光谱数据偶对齐于全色，用原始多光谱数据的偶滤波器插值不会在多光谱和全色之间产生位移，奇滤波器插值在多光谱和全色之间引入了 1.5 个像素的对角线位移。所有图片大小为 64×64 像素)

值需要一个偶数长度的滤波器。对比使用的插值算法包括奇数和偶数形式的双立方插值。ATW 和 GSA 算法的融合结果在使用偶数插值式时具有相似的效果，而如果使用奇数插值，前者的性能将稍差于后者，这当然也是不正确的。

图 9.11　ATW 与 GSA 方法的融合结果
（对图 9.10 所示图像分别进行奇数插值和偶数插值）

9.5　时间未对准的敏感性

考虑在不同时间获得的相同场景的两个不同观测结果：第一个由多光谱和全色图像构成；第二个取自更近时刻的多光谱图像或全色图像。实验的目标是使用这些已有的数据来评估后一个时间段图像的全色锐化质量。在这种情况下，时间未对齐的情况可能出现在融合过程中，因为要合并的数据没有在同一时刻采集而使场景中的图像内容总是发生差异。

在这个分析中，融合操作通过式(9.2)(基于 CS 的方法)或式(9.4)(基于 MRA 的方法)来完成。当获得两个时间段上的多光谱图像后，融合图像的多光谱信息可以更新为最新值，而融合图像的集合细节依然需要通过先前观测到的全色图像获得。对于基于 CS 的方法，式(9.2)表明，由于两次观察之间有所变化，相关的变化细节表现为两幅异时图像之间的匹配差异。相反，对于基于 MRA 的算法，式(9.4)将不具有细节上的空间未对齐情况，除非融合图像来自第一次观察的结果。此时，相应的图像质量损失将发生在边缘和纹理上，而不是均匀区域。这样导致的结果是，相对于 MRA，基于 CS 的技术显示出更大的空间扭曲。

在只有第一个多光谱图像和全色的观测图像已知的情况下，式(9.2)中的配准细节项依然会显现出时间上的未对齐情况。此外，多光谱数据会被强行和第一个观测结果关联，这会导致 CS 和 MRA 融合方案出现严重的空间扭曲问题。

在这个测试中，两个源自 GeoEye 的观测结果包含的相同场景分别在 2010 年 5 月 27 日和 7 月 13 日获得，两幅图像描述的都是意大利中心的科拉佐内区，但入射角不同。全色图像标称空间分辨率为 0.5m，多光谱图像标称空间分辨率为 2m，辐射分辨率为 11 位。图像都通过使用 10m 分辨率的 DEM 进行正交化。一些残余的空间未对准偏差在正交化过程后出现，这主要是因为 DEM 数据的分辨率不足。然而，图像未对齐问题对该分析过程并不产生影响。

测试的目标是考察 7 月份采集数据的全色锐化实验结果，参与比较的场合包括所有的数据(多光谱和全色)是可用的情况，以及有多光谱或仅有全色可用的情况。这其中的某一个图像必须也来自 5 月份采集的图像组。

图 9.12 为已处理的整个场景中一个 512×512 像素的局部细节。以真色彩方式显示的多光谱和全色图像分别对应于 5 月和 7 月两个日期上的采集结果。这两次采集的图像之间存在很多差异。这些变化都是目前分析的重点，其主要目的是研究当场景的时间变化发生在多光谱和全色的获取之间时，基于 MRA 和基于 CS 融合方法的处理性能。为了达到这个目的，定量指标和视觉评价指标参与了评测。为了获得正确的性能指标，所有参与测试的图像都经过 4 倍的空间分辨率退化处理，并且相关的测评都按照 Wald 协议来进行。相关的图像融合根据三种不同的图像组合方式完成：①用 7 月的多光谱和全色图像；②用 7 月的多光谱和 5 月的全色图像；③用 5 月的多光谱和 7 月全色图像。论文[25]中两个简单且性能优越的方法——GLP 和 GSA 被选为基于 MRA 和 CS 融合的代表性算法。

(2010年5月27日,获取的全色图像)

(2010年5月27日,获取的多光谱图像)

(2010年7月13日,获取的全色图像)

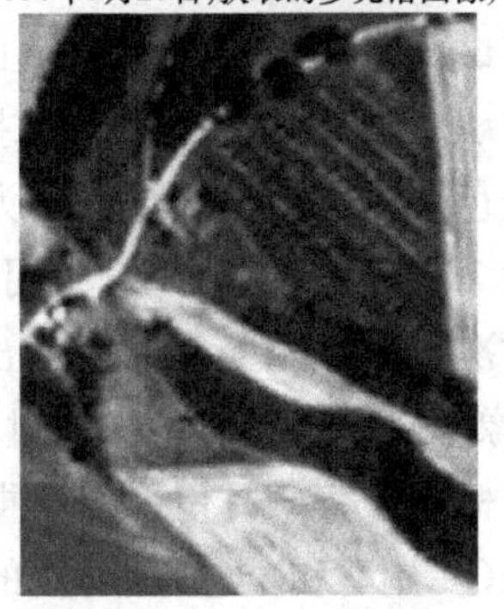
(2010年7月13日,获取的高光谱图像)

图 9.12 GeoEye-1 多光谱与全色图像(0.5m 尺度)

表 9.2 和表 9.3 分别为基于 MRA 和 CS 方法在这三种情况下以 ERGAS、SAM 和 $Q4$ 指标所表示的融合效果。另外,在没有注入全色几何细节的情况下,空融合的分值已经在 EXP 一列下显示。融合的结果取决于作为参考的多光谱图像,其代表融合的最终目标。

表 9.2 基于 MRA 方法的融合效果

参考:7月	EXP	MRA:多光谱/全色		
分数	7月	7月/7月	7月/5月	5月/7月
ERGAS	1.91	2.16	1.90	11.68
SAM	1.61	2.19	1.67	11.86
$Q4$	0.898	0.911	0.896	0.323

续表

参考:5 月	EXP	MRA:多光谱/全色		
分数	7 月	7 月/7 月	7 月/5 月	5 月/7 月
ERGAS	10.31	10.51	10.19	1.85
SAM	11.98	12.13	12.00	2.31
*Q*4	0.420	0.406	0.456	0.876

表 9.3　基于 CS 方法的融合效果

参考:7 月	EXP	CS:多光谱/全色		
分数	7 月	7 月/7 月	7 月/5 月	5 月/7 月
ERGAS	1.91	2.18	3.71	10.49
SAM	1.61	2.18	2.15	11.57
*Q*4	0.898	0.908	0.731	0.453
参考:5 月	EXP	CS:多光谱/全色		
分数	7 月	7 月/7 月	7 月/5 月	5 月/7 月
ERGAS	10.31	10.52	9.70	6.15
SAM	11.98	12.13	12.11	3.33
*Q*4	0.420	0.403	0.565	0.586

在表 9.2 和表 9.3 中,表中上部相关评估指数以 7 月原始多光谱图作为参照求得,表中下部参照就是 5 月的多光谱图像。当参照 7 月多光谱图像时,在情况①,MRA 和 CS 有几乎相同的输出结果。在情况②,MRA 获得一个令人惊讶的结果,因为 ERGAS 和 SAM 的输出结果相比①略有下降;*Q*4 比以前要低,从而揭示出注入的几何细节质量足够好,但略逊于①;CS 的结果则显示了性能在稳定地递减。情况③的数据无疑是最差的。值得注意的是,CS 的结果要优于 MRA,但这也在意料之中。事实上,作为一般的考虑,与 CS 相比,MRA 产生的图像在光谱上更相似于多光谱图像;相反,与 MRA 相比,CS 产生的融合图像在空间特征上更相似于全色图像。下面的表格说明,在将 5 月的图像作为参考图时,只有 5 月的多光谱图和 7 月的全色图的 MRA 融合结果是可接受的。次优的结果产生于 CS 算法在 5 月的多光谱图和 7 月全色图的处理输出。在通过 7 月的多光谱和 5 月的全色图像合成高分辨率的 5 月多光谱图像时,得到了排名第三的结果。

图 9.13 和图 9.14 显示了 MRA 和 CS 融合的 GeoEye-1 图像的细节。其基于 MRA 和基于 CS 方法的评价分值列在表 9.2 和表 9.3 中。图 9.13 和图 9.14 的上部对应于情况①。可视化分析显示,融合产物的质量非常好,具有可比性。图 9.13 和图 9.14 的左下部对应于情况②。MRA 保留了原多光谱图像大部分的颜

色特征,只有一些由时间变化和配准失准造成的图像模糊。反之,CS 的输出结果表现出严重的色彩失真,哪怕其输出图像的空间细节比 MRA 更清晰。最终,根据情况③融合得到的图像示于图 9.13 和图 9.14 的右下部。分析表明,其光谱质量较差,CS 算法输出结果的空间细节比 MRA 的更清晰。

MRA融合:7月多光谱+7月全色

MRA融合:7月多光谱+5月全色

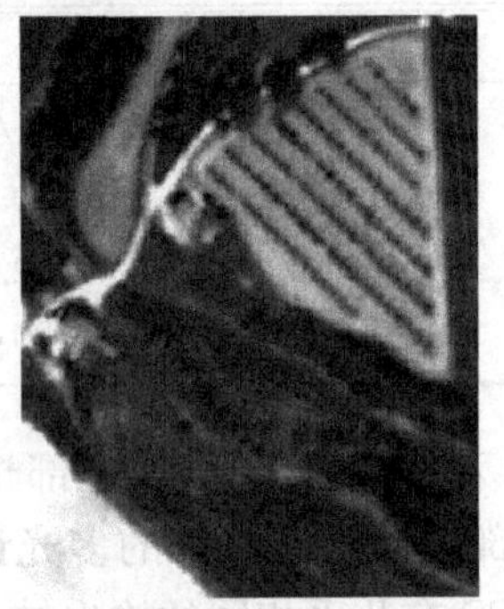

MRA融合:5月多光谱+7月全色

图 9.13　MRA 融合的 GeoEye-1 图像的细节
(同一时间多光谱和全色数据,或不同时间多光谱和全色图像,如图 9.12 所示)

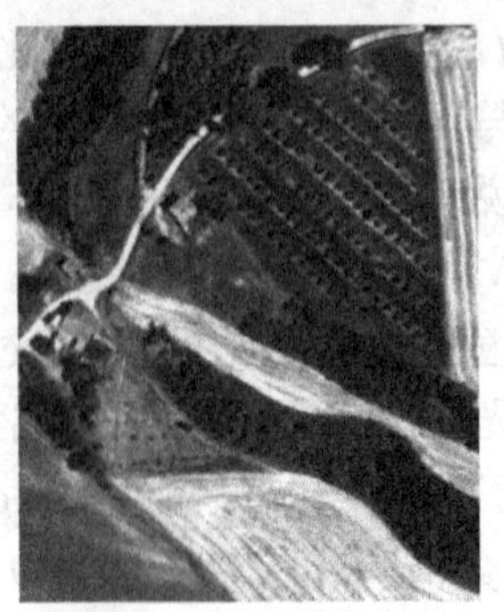

CS融合:7月多光谱+7月全色

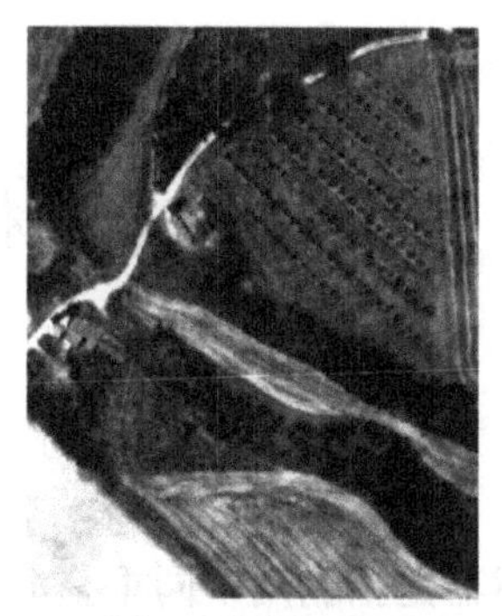

CS融合:7月多光谱+5月全色　　CS融合:5月多光谱+7月全色

图 9.14 CS 融合的 GeoEye-1 图像的细节
（对应同一时间多光谱和全色数据，或不同时间多光谱和全色图像，如图 9.12 所示）

9.6 小　　结

这一章研究了两个主要全色锐化体系对不同类型失真，以及空间与时间未对齐纹理的敏感性。各种失真全色锐化方法对主要体系的敏感性如表 9.4 所示。特别地，在应对原始多光谱和全色数据之间的混叠失真和空间不对准问题时，基于 CS 的方法是最佳的。这两种失真都是由数据采集中的不对准或融合程序第一步中不合适的插值引起的。相反，当在不同时间获取经处理的图像时，在时间不对准的情况下，优选基于 MRA 的方法。在基于 MRA 的方法中，GLP 能够部分恢复混叠失真，即使在比基于 CS 的方法更小的程度上。

表 9.4 各种失真全色锐化方法对主要体系的敏感性

锐化方法	混叠	空间位移		时间平移
		配准失准	插值	
CS	低	低/中	低/中	高
MRA-GLP	低/中	高	高	低/中
MRA-ATW	高	高	高	低/中

第10章 异构传感器图像融合

10.1 概　　述

异构传感器是指利用不同重叠波段、不同成像机理产生观测结果的仪器。尽管技术一直在进步和发展，但在某些领域，成像传感器的固有局限性无法彻底改变，使其不能在特定数据集上发挥自身优势，因此异构传感器图像融合技术在这些领域的应用越来越广泛。

目前遥感领域采用大量异构传感器，因此异构传感器图像融合技术得到广泛应用，如第2章中提到的遥感技术原理和传感器的基本概念。尤其是主动和被动传感器可以应用于大范围的光谱波段。在图像锐化过程中，不论多光谱，还是高光谱数据，融合过程都受限于地球表面反射的太阳辐射波长，热红外图像的像素值与地球表面的辐射温度成正比，可以利用多空间分辨率图像对热红外图像进行全色锐化。有些图像的特性无法通过热成像设备获得，但可以通过光谱的可见和近红外部分波段(可见近红外)获得。

下面介绍两种异构传感器图像融合的方法：一是利用高分辨率可见近红外图像增强热红外图像的空间分辨率；二是利用相同场景中SAR图像对光学图像进行分辨率增强。同时，介绍一些具体的融合实例。在前一种方法中，ASTER获得的热红外波段图像通过相同平台获得的可见光波段图像进行锐化；在后一种方法中，提取城市区域ERS SAR图像的重要空间特性，并融入低空间分辨率的MS Landsat 7 ETM+图像中进行锐化。

正如10.2节将要讨论的，由于融合的数据性质不同，不能直接应用第7章介绍的方法。为了让融合图像保留原有图像信息，最好的融合方法是从物理的或信息的角度出发。

10.2 红外和可见光图像融合

2.4.3节提到过，由于地球表面的温度遵循普朗克定律[式(2.2)]，热传感器可以捕获地球表面的热辐射。由于存在大量暗信号波动，标准环境温度下地球的辐射率很低，热传感器会出现噪声，为了获得大量的弱光子，热红外图像的空间分辨率会降低。事实上，提高信噪比最可行的方法是增大积分区域，牺牲空间分辨率。因此，更加突出通过融合增强热红外图像空间分辨率的潜在效果。

当热红外光谱波段与用于锐化的高分辨率光谱波段不重合时[24]，不能直接实现热红外图像的空间锐化。事实上，光谱混叠会保持锐化后和锐化时图像之间的一些相关性，如在多光谱全色锐化中，这种相关性成为获得较好融合结果的先决条件。原则上，并没有证据表明热红外和可见近红外的辐射是相关的，其中前者由地球表面发出，后者由地球表面反射，并且两者在完全不相交的光谱区间上(热红外的波长大约是可见近红外波长的 10 倍)。

10.2.1　背景和综述

为了解决光谱缺乏重叠的问题，许多作者通过热红外波段和其他有高空间信息的波段之间的一些物理关系来处理热红外数据空间增强问题，利用观察到的植被和温度间的关系就是一个典型的例子[192]。其基本思路是计算植被指数或由它推导的其他特性，如归一化植被差分指数(NDVI)，用这样一个比例因子在高空间分辨率中对热红外图像进行预测。事实上，通过利用高空间分辨率上的红色波段和可见近红外波段来计算归一化差分植被指数，要比只利用热红外波段的计算结果准确。这个最初由 Moran[192]提出的理念后来被 Kustas 等[156]改进，再由 Agam 等[1]进一步提升，并被 Jeganathan[142]和 Chen 等[69]再次研究。

在近期发表的一篇论文[274]中，用遥感地表温度的解集及其两个子主题——热锐化和温度分离，解决热红外图像锐化问题。热锐化就是使用统计学上(像素、块、区域)与遥感地表温度相关的空间附加数据对热图像增强的过程。温度分离表示一个像素内的成分温度随时间、空间、光谱或观测角度分解的过程[274]。

关于遥感地表温度解集的基本假设如下。

(1) 分辨率单元(像素)大于图像中的目标尺寸，则地表在像素尺度上的温度是不均匀的。

(2) 在目标级，假设地表为等温的(可分性)[121]。

(3) 与亚像素的物理特性相关的附加数据是可获得的(连通性)。

(4) 目标间发生的聚合是可相加的(可加性)[121]。

第一个假设意味着一个像素由一系列具有多个元素之间混合物特性的成分构成。第二个假设是不切实际的，但在之前的大量研究中假设为真。为了保证未知数的数目尽可能小，第三个假设是必须的，因为这些附加数据可用于确定元素组分或估计元素的物理特性。在成分之间没有能量交互时，最后一个假设是合理的，但当非均匀地表有大于测量波长的重要三维结构时，聚合通常是非线性的，可能会引起重叠面非线性相互作用[183]。遥感地表温度解集的处理已经超出本书范围，关于其处理方法的深入研究和相关参考文献，读者可参考 Zhan 等[274]的文章。

基于这些前提，下面介绍一种可对热红外数据进行锐化的方法，该方法属于热锐化系列，主要利用热红外波段和其他高分辨率波段间存在的相关性。最初由 Aiazzi 等[24]提出，该方法实质上是一个经典的 MRA 全色锐化算法。由于其光谱特性（大量热红外波段的存在），这里提出并讨论一个关于 ASTER 传感器研究的特殊情况，并可以扩展到其他仪器上。

10.2.2 ASTER 数据的融合

ASTER 是高级星载热辐射热反射探测仪的首字母缩写，由日本制造，并由 NASA 于 1999 年发射的 Terra 卫星搭载。该探测仪自 2000 年 2 月起开始采集地表数据。

ASTER 提供了从可见光到热红外 14 个不同波段的高分辨率图像，分辨率范围为 15～90m。ASTER 数据用于制作陆地表面温度、发射率、反射率和海拔的专用地图。遗憾的是，虽然该探测仪有全球获取能力，但由于缺少蓝色波段，不能生成真彩色全色锐化产品，如谷歌地球或其他类似产品。

在介绍 ASTER 数据融合之前，先简要描述 ASTER 成像仪，随后介绍 GLP-HPM 算法在 ASTER 数据上的具体应用，解决热红外波段和可见近红外波段之间的关联问题，并从中提取高分辨率空间细节信息。最后给出一些融合的例子。

日本经济产业省的地球遥感数据分析中心制作了富士山的 ASTER 图像，所用图像是 L1B 数据产品。

1. ASTER 成像传感器

为了设计一个增强 ASTER 热红外数据空间分辨率的可行策略，首先研究表 10.1 给出的 ASTER 传感器的性能参数。

表 10.1 ASTER 传感器的性能参数表

V-NIR：15m-8bit 1	SWIR：30m-8bit	TIR：90m-12bit
B1：0.52～0.60μm	B4：1.600～1.700μm	B10：8.125～8.475μm
B2：0.63～0.69μm	B5：2.145～2.185μm	B11：8.475～8.825μm
B3：0.76～0.86μm	B6：2.185～2.225μm	B12：8.925～9.275μm
	B7：2.235～2.285μm	B13：10.25～10.95μm
	B8：2.295～2.365μm	B14：10.95～11.65μm
	B9：2.360～2.430μm	

注：①表中空间分辨率随着波长增长而增强。②辐射分辨率对于可见近红外波段和短波红外波段是 8bit/pel，对于热红外波段是 12bit/pel。

传感器有三个不同的光谱范围，包括可见近红外、短波红外和热红外波段，它们有不同的空间分辨率。最好的策略应该是利用 15m 分辨率的可见近红外波段锐化 90m 分辨率的热红外波段图像。当可见近红外和热红外波段的尺度比是 1∶6 时，则达到全色锐化可行性的极限情况。热红外波段彼此之间有着极高的相关性，由此推断，可能存在一个唯一的可见近红外波段，与所有热红外波段有最高的相关性。一旦发现这个波段，热红外波段的可见近红外锐化就可以完成，相关性越高，融合效果越好。

2. ASTER 热红外数据融合方案

首先介绍一个可应用于 ASTER 数据的简单融合方案。由于它的特性，基于 HPM 模型[式(7.10)]的 MRA 算法似乎是最好的结果。事实上，如果将多波段图像的像素用矢量表示，其增强的细节会与它平行，这是保存多波段图像光谱特性最直接的方式。在 ASTER 的热红外图像融合中，多光谱图像的角色被热红外图像替换，其像素看成五个成分(波段 10、11、12、13 和 14)的向量。保留了 HPM 模型性质的光谱是热红外图像融合的基础：由于热红外和可见近红外辐射的不同性质，HPM 可以保证除非高通空间细节注入，热红外图像不会引入进一步的光谱失真。HPM 也考虑到可见光和热红外波段的不同辐射分辨率。式(7.10)用于现在的情况可重写为

$$\hat{T}_k=\widetilde{T}_k\left(1+\frac{V-V_{\mathrm{L}}}{V_{\mathrm{L}}}\right)=\widetilde{T}_k\left(\frac{V}{V_{\mathrm{L}}}\right) \tag{10.1}$$

式中，T_k 表示第 k 个热红外波段；～和ˆ表示扩展，即插值和空间细节增强；V 用于从细节提取增强可见近红外波段；V_{L} 为其低通滤波版本，如果用在这个背景下的 ATW 是 MRA 类型。可以注意到，式(10.1)右侧的空间调制因子独立于可见近红外和热红外的不同辐射分辨率。

图 10.1 为含 HPM 注入模型的 MRA 融合方案(用 GLP-HPM 表示)，其被调整以适用于可见近红外和热红外的 ASTER 数据。6∶1 收缩的可见近红外图像通过两个收缩步骤($p_1=3$，$p_2=2$)的串联获得。收缩的可见近红外和热红外图像的 1∶6 膨胀通过两个串联的膨胀步骤($p_1=2$ 和 $p_2=3$)获得。注入模型是在可见近红外的低通近似和扩展的热红外波段之间的融合结果中计算获得的。$\downarrow(\cdot)$和$\uparrow(\cdot)$表示降采样和上采样。$r(\cdot)$和 $e(\cdot)$表示收缩和膨胀。收缩滤波器是近似于振幅为 0.25 的奈奎斯特高斯滤波器。表 4.3 和表 4.4 中描述了插值因子为 2 和 3 的插值核。需要注意的是，如果潜在的 MRA 是(部分)抽取阈值的(如 GLP)和非抽取阈值的(如 ATW)，V_{L} 需要替换为 $V_{\mathrm{L}}^{*}=((V_{\mathrm{L}}\downarrow r)\uparrow r)_{\mathrm{L}}$，即 V_{L}^{*} 是$(V_{\mathrm{L}}\downarrow r)\uparrow r$ 低通滤波的版本(见 9.3.2 节)。

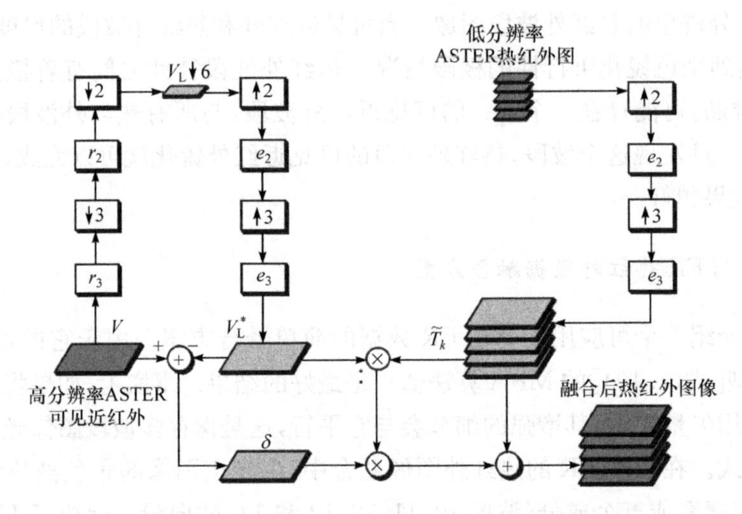

图 10.1　含 HPM 注入模型的 MRA 融合方案

3. 波段间的相关性

如前所述,被融合图像的统计相似性对融合质量是至关重要的。表 10.2 详细说明了热红外波段(10～14)和可见近红外波段(1、2 和 3)之间的相关性矩阵,可见近红外波段的空间分辨率降低了 6 倍。通过对表 10.2 分析表明,可见近红外波段 2(红色)与所有的热红外波段具有强关联性,因此它是三个可见近红外波段中最适合用于全色增强的波段,即用于将空间细节注入扩展的热红外波段。此外,正如预期,所有热红外波段彼此之间的相关性较大。从图 10.2 可以明显看出,不考虑对比度的差异,热红外波段 10 与可见红外波段 2 相似性很高,而与波段 3(近红外波段)存在较大差异。波段 2 和 3,以及热红外其他波段(11、12、13、14)可以得到相同的结论。

表 10.2　测试图像中热红外和可见近红外波段之间的相关性矩阵

波段	1	2	3	10	11	12	13	14
1	1	0.883	0.064	0.663	0.662	0.658	0.673	0.676
2	0.935	1	0.442	0.891	0.891	0.887	0.891	0.892
3	−0.518	−0.263	1	0.550	0.556	0.557	0.531	0.523
10	0.711	0.858	0.027	1	0.995	0.993	0.993	0.992

续表

波段	1	2	3	10	11	12	13	14
11	0.709	0.856	0.035	0.994	1	0.995	0.994	0.991
12	0.704	0.851	0.044	0.993	0.995	1	0.993	0.991
13	0.725	0.864	0.011	0.993	0.994	0.994	1	0.997
14	0.732	0.870	−0.002	0.991	0.991	0.991	0.997	1

注:①主对角线上的值是由图 10.2 全部图像计算获得的。②对角线下面的值与图 10.2(a)中左上角四分之一相关,以避免海洋的影响,海洋的影响会增加相关性。

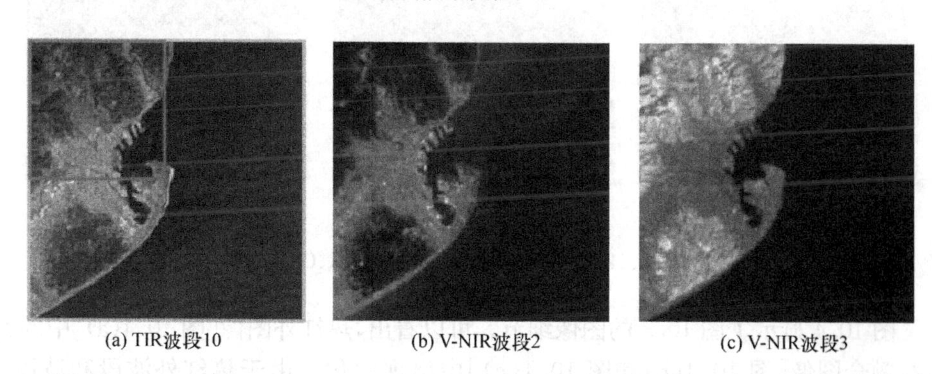

(a) TIR波段10　(b) V-NIR波段2　(c) V-NIR波段3

图 10.2　可见近红外波段通过合适的低通滤波并缩小到与热红外波段相同的尺度

4. 结果与讨论

为了确认融合图像间相似性的重要程度,同时为了确认 HPM 适用于避免光谱失真,这里将讨论两个模型。前一个模型空间细节取自高相关波段 2,并根据图 10.1 中所述方案进行融合;后一个模型的空间细节取自弱相关的波段 3。

如图 10.3 所示,波段 14、12 和 10 在伪彩色的成分映射到红、绿和蓝通道,原 90m 的热红外图像[图 10.3(a)]扩展到与可见近红外波段相同的比例尺,并且可以与通过可见近红外波段 2[图 10.3(b)]和波段 3[图 10.3(c)]融合的热红外图像进行比较。正如相关性分析所预期的,原热红外图像与通过波段 2 增强的图像很相似。特别地,与波段 3 融合后的图像存在植被区域的过增强,表现出极强的纹理,这是由于近红外波段中植被的响应较强。虽然在对比度上不同,两种融合图像都表现出相似的光谱,即它们表现为没有色彩失真。

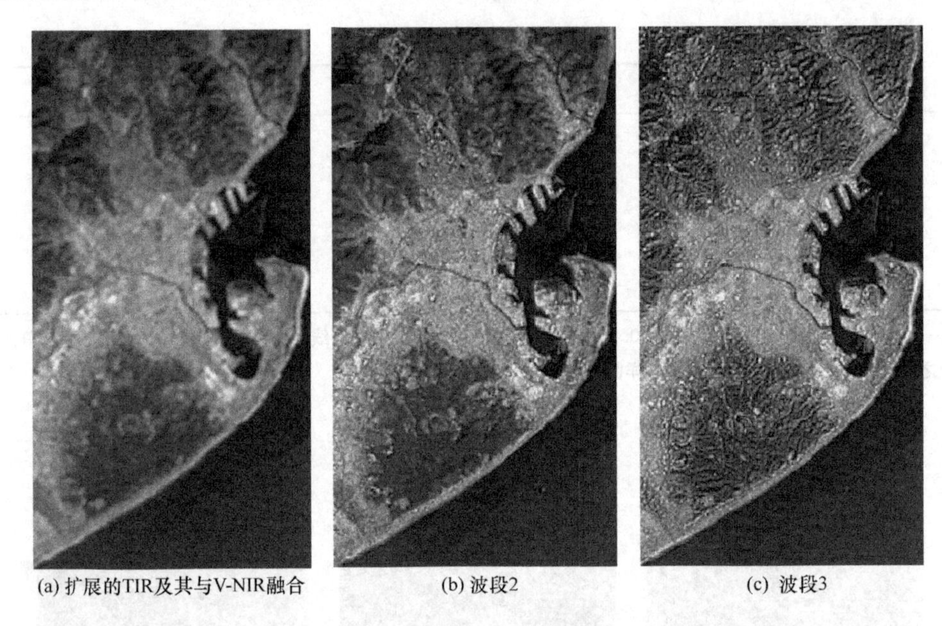

(a) 扩展的TIR及其与V-NIR融合　(b) 波段2　(c) 波段3

图 10.3　波段 14、12 和 10 伪彩色合成图像在 R、G、B 通道上的表示

图 10.4 显示了图 10.3 的图像细节。可以看出，热红外图像[图 10.4(a)]中的目标在融合图像[图 10.4(b)和图 10.4(c)]中出现锐化。由于热红外波段和波段 3

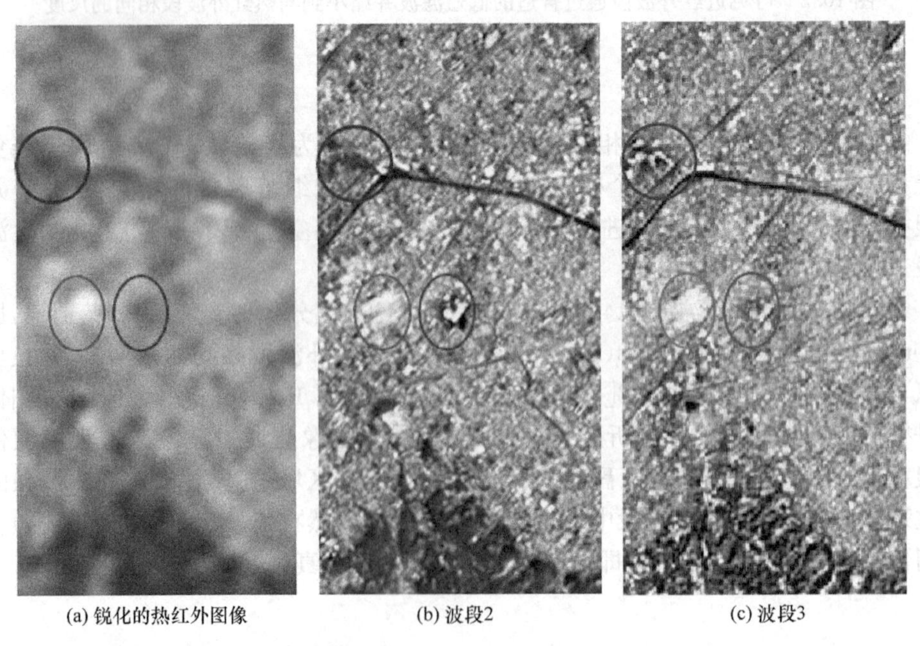

(a) 锐化的热红外图像　(b) 波段2　(c) 波段3

图 10.4　图 10.3 的图像细节

之间相关性较差，通过融合波段 2 引入的细节比波段 3 的更符合实际。热红外和红色波段融合效果明显，且锐化图像可作为图像分析的一个有效工具。

图 10.5 中显示了从图 10.3 中提取的植被区域细节。从波段 3[图 10.5(c)]提取的细节产生的锐化图像中出现了过增强，与原热红外图像[图 10.5(a)]相关性很差。相反，通过波段 2[图 10.5(b)]融合的图像与原图光谱相似，引入的空间细节最为相似。

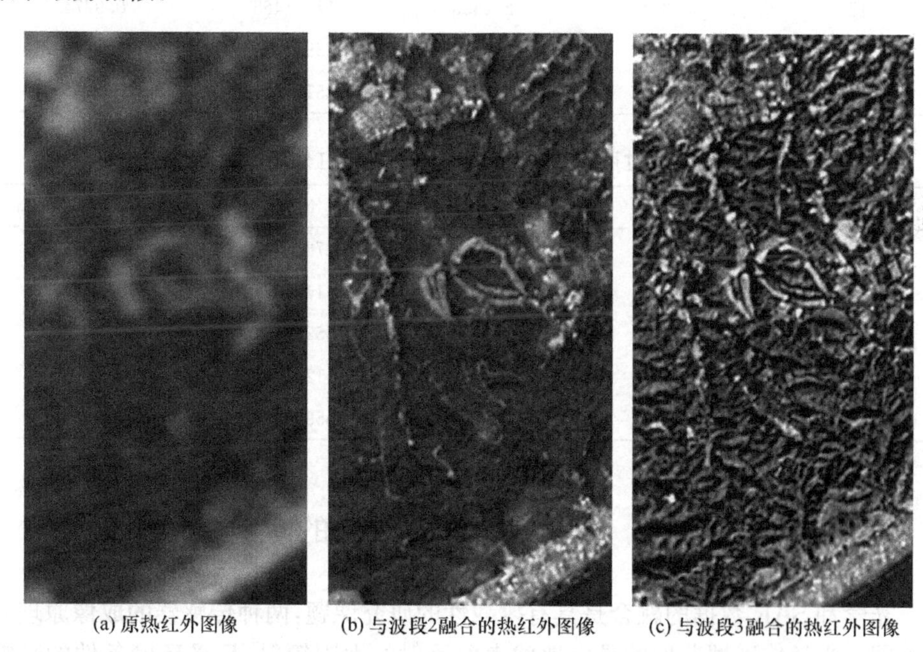

(a) 原热红外图像　(b) 与波段2融合的热红外图像　(c) 与波段3融合的热红外图像

图 10.5　图 10.3 中植被区域细节

关于定量结果，Wald 协议的一致性得到验证：对于每一波段，将融合图像降为其原始分辨率并与原始图像进行比较。一致性要求两个图像理论上是相等的，可以通过均值偏差、标准偏差和均方误差来评估失真差异。失真的值要尽可能低，最理想的结果是 0。类似地，测得的相关系数最理想的值是 1。

与波段 2 和波段 3 的融合结果分别如表 10.3 和表 10.4 所示。对于两个融合后的图像，均值偏差几乎为零，因为均值保留的是 MRA 融合算法的固有特性。关于其他指标，表 10.3 中的结果比表 10.4 更好。对于每个波段，标准差和均方误差的差异较小，而表 10.3 中的相关系数比表 10.4 中的更高。这种情况适用于所有的热红外波段。

SAM 主要用于计算评估融合过程的光谱失真。由于 HPM 模型的固有光谱特性，它在这两种情况下都几乎为零(分别为 0.0334°和 0.0333°)。这些结果表明，表 10.3 和表 10.4 中的数是绝对值，且相当小，即使热红外图像的动态范围为

12 bit 时。

表 10.3 通过可见近红外波段 2 融合的热红外图像的评分

TIR 波段	均值偏差	标准偏差	MSE	CC
10	0.0367	1.9652	135.4188	0.9789
11	0.0364	2.0378	154.9750	0.9800
12	0.0394	2.2453	172.1465	0.9774
13	0.0079	2.6443	239.3021	0.9745
14	0.0530	2.7816	251.5762	0.9703

表 10.4 通过可见近红外波段 3 融合的热红外图像的评分

TIR 波段	均值偏差	标准偏差	MSE	CC
10	0.0047	2.8453	276.3941	0.9576
11	0.0062	2.9680	314.3599	0.9601
12	0.0063	3.3885	352.2002	0.9548
13	0.0086	4.3424	512.3738	0.9471
14	0.0271	4.8563	559.6409	0.9368

10.3 光学和 SAR 数据的融合

光学和 SAR 数据的融合是具有挑战性的研究课题，两种传感器的成像原理完全不同。光学传感器获取的是由地球表面反射的太阳辐射，且受环境条件的影响较大。SAR 系统记录系统本身发射的电磁信号到地表产生反向散射的辐射。由于微波可以穿透云层，SAR 系统能够在夜间，以及各种天气条件下工作。

两种传感器除了获取的几何信息相同外，对数据的理解基本上是不同的。光学图像中的信息依赖被太阳光照射目标的光谱反射率，而 SAR 图像的反射率主要取决于物体的辐射特性和目标的几何特性，如粗糙度(与波长相比)和水分(含水率)，以及频率、极化和电磁辐射的入射角等。因此，传统的光学图像融合方法必须适应新的问题，甚至重新设计。

10.3.1 问题陈述

由于光学与 SAR 数据的互补特性，它们的融合将有助于更好地理解成像场景内的目标特性与细节[212]。其融合问题一直是科研和技术领域的研究热点，然而这一问题并不容易解决。

首先回顾当前可用的或者即将可用的数据产品，尤其是新一代的 SAR 产品，具备5～6m的多视编码能力。同时,也有中等分辨率(Landsat 8、ASTER)和高分辨率(IKONOS、QuickBird、GeoEye、WorldView-2、Pléiades)几种类型多光谱和全色光传感器。其他光学传感器将通过ESA(Sentinel-2,在ASI和DLR高光谱任务环境下)、PRISMA和EnMAP分别搭载。

光学和SAR图像融合的主要目标如下。

(1) 设计基于区域的融合流程,产生适用于面向应用的图像分析和用于输入到全自动或半自动处理程序的融合图像。

(2) 将降斑算法整合到融合过程中。

(3) 设计SAR图像的最优滤波程序,通过光学图像的综合运用得到空间信息,再利用得到的空间信息设计滤波程序。

(4) 根据统计指标验证光学和SAR图像的融合结果,这些统计指标用于评估融合结果与原(去斑点)SAR图像(空间/辐射一致性)和原始多光谱数据(光谱一致性)的一致性。

(5) 通过比较融合后的图像与融合前的原始图像,评估融合结果。

为了实现上述目标,针对光学和SAR图像之间的相对分辨率,讨论下面两种不同的方法。

由Alparone等[34]提出的“类全色锐化”方法从SAR数据中抽取多种特征来增强光学图像,生成一幅光学图像。当SAR图像比光学图像分辨率更高时,主要目标是生成有SAR图像空间细节和(多光谱)光学图像光谱信息特征的图像。这种模式基本上由着色SAR图像[55]、斑点预清理步骤组成。例如,这种技术适用于COSMO-SkyMed或TerraSAR-X4与Landsat 8(30m多光谱,15m全色)或ASTER(15m可见近红外)图像进行融合的过程。

相反,当光学图像的空间分辨率优于SAR图像时,很难通过SAR数据来增强光学数据的信息。然而,使用高分辨率光学图像的空间细节信息,可以实现对SAR图像的最佳降斑。实际上,在SAR图像的多分辨率表示中,其细节是稀疏的,噪声分散在所有的系数上,可以借用压缩感知和稀疏编码来表示[90],在高分辨率空间模式字典的帮助下去噪。这些字典一般不实用,但如果假设它们能以某种方式从光学数据中提取出来,例如,从一个波段或从一些波段的组合中,选择凸显SAR图像目标属性的信息,这将可能生成继承光学图像空间特征和光谱特征的SAR图像。这种方法也可以看成SAR和光学图像的联合降斑和融合。

10.3.2 文献综述

虽然在同类数据融合上的文献资料较多,但光学和SAR数据的融合也是一个具有代表性的研究热点。在对所有基于DEM数据的图像进行正确的正射校正之后,需要在最小尺度上进行精确的配准,因此融合可以分为三个层次。

(1) 像素级。无论人工,还是自动处理,基于区域的方法产生的融合图像都是利用光谱的多样性[34]。

(2) 特征级。对像素的合并统计或局部内容提取的几何特征,都需要根据特定应用设定规则。这种方法得到的结果不易解译,但得到的是一个便于分析的特征图像。

(3) 决策级。将各个图像获得的决策结果进行合并[224],这类方法并不产生一幅融合图像,而是得到分类结果。

基于区域的方法在文献中很少提及,因为这类方法不限于解决单一且定义明确的问题,其在解决更宽泛层面的问题上更有潜力。Alparone 等[34]的文章提出广义亮度和结构特征之间的乘法组合(调制),其中广义亮度是从多光谱数据中衍生的,而结构特征是从 SAR 数据中提取的。该方法的目标是结合物理层面异构的数据,将 SAR 结构信息自动注入融合图像中,在更大区域范围上是相关的(如城市地区[108]);在较小的区域范围(如农村),由多光谱数据提供的信息一般更有意义。这种方法将多光谱数据全色锐化的现有解决方案扩展到 SAR 和多光谱图像的融合上[159,174]。根据这种方法,通过可逆的线性变换,将 SAR 的纹理调制成原始多光谱数据上的广义亮度。纹理信息是 SAR 图像最重要的特征之一[253],它提供了场景中后向散射现象发生时的信息,且可以通过 MRA 在像素级表示。

针对多传感器图像融合的不同方法,一部分基于决策级融合,另一部分基于多源分类[224,225]。用户通常更关注融合产品特征增强的相关应用,因此开发了大量融合应用的算法。最近,高光谱和 SAR 图像的融合研究取得了突破性进展[67]。

与斑点噪声有关的问题也不能忽略,应避免直接融合高信噪比的光学图像和低信噪比 SAR 数据。基于区域的技术可以通过光学数据增强 SAR 图像,或者可用文献[34]中的 SAR 来增强多光谱数据。前一技术在光学图像不可用的情况往往是鲁棒的,如在局部云覆盖的情况下。

10.3.3 质量问题

如果光学图像融合的质量评价(像全色锐化)是一个病态问题,那么光学和 SAR 数据融合的质量评价是双重病态问题。事实上,前者存在一个质量参考,即同一设备获取的多光谱图像比多光谱与全色融合的数据集在规模比例上低很多,然而这样的参考在实践中是无法获得的。后者不存在质量参照。因此,至少在考虑相同仪器产生的图像时,融合没有明确的指标。因此,应先对融合算法的质量进行评价,通过验证融合图像与原图像的一致性,如 3.3 节指出的,后验通过专家评判和自动分类技术。值得注意的是,后验质量评价可能会因人为因素而变得主观,或因对地面分类不准确而导致评价不可靠。

10.3.4　Landsat 7 ETM+和 ERS SAR 数据的融合

本节回顾一种基于区域的融合方法，该方法适用于光学图像（多光谱+全色）和更高分辨率 SAR 图像的融合。该方法自 2004 年[34]一公布就被广泛接受，成为一个普适性较强的 SAR 校正全色锐化算法。

该方法对空间分辨率的要求是，光学图像为 Landsat 7 ETM+图像或来自欧洲遥感卫星（ERS）平台的 SAR 图像。目前，Landsat 7 已经失效，Landsat 8 取而代之。类似地，与 ERS 平台有相近空间分辨率和特征的升级版 SAR 平台是欧洲哨兵一号卫星（Sentinel 1）。

1. 融合方案

图 10.6 说明了 Alparone 等[34]提出的用于 Landsat 7 ETM+和 ERS 数据的多传感器图像融合的流程。输入数据集如下。

（1）一幅 SAR 图像，在其原分辨率上进行地理编码和重采样。

（2）一幅多光谱图像，包括 K 个波段重采样，并在 SAR 图像的尺度上进行配准，因此会出现过采样，记作 $\widetilde{M}_1, \widetilde{M}_2, \cdots, \widetilde{M}_K$。

（3）一幅全色图像 P，重采样并与 SAR 配准。

原始 SAR 和全色图像的空间分辨率要优于多光谱图像的分辨率。

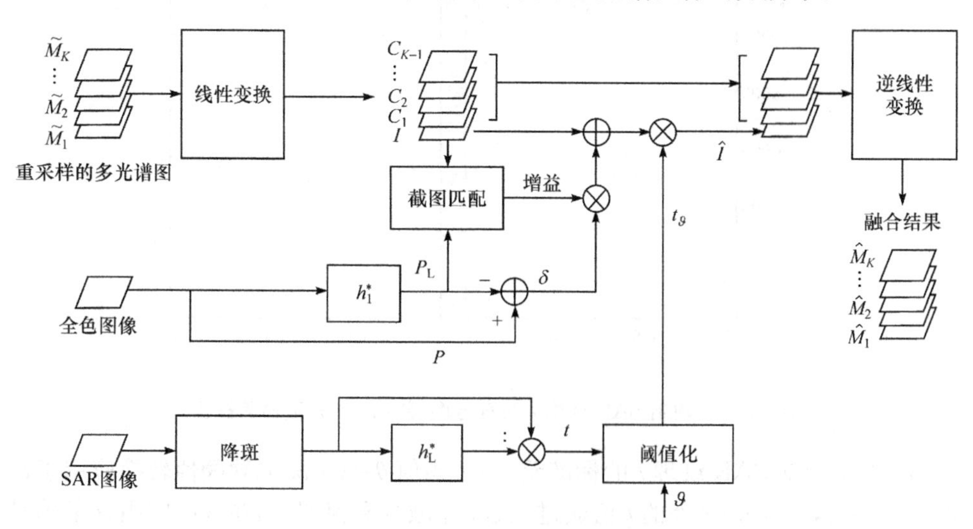

图 10.6　高分辨率全色图像和 SAR 图像融合到低分辨率 K 波段多光谱图像的流程

对 SAR 图像进行滤波以减少斑点，同时保留纹理信息，由此获得去斑点后的图像 SAR_{ds}。SAR_{ds} 和低通版本之间的比例 t 通过 ATW 算法获得，作为 L 级近似值。通过空间常数增加项均衡后，全色图像的高通细节（$l=0$ 级的全色的 ATW 变换）被注入重采样的多光谱频段，由匹配原始亮度和低通全色（P_L）的直方图计算。

去噪是融合过程的一个关键步骤。一个高效的去噪滤波器应该减少均匀区域乘性噪声的影响，而点目标和特定的纹理信息必须保留。因此，在后向散射系数（如在农业区）特征为恒定的区域，去噪后的 SAR 图像和它的低通估计（构成了调制结构信号）的比值等于 1，而它明显从总体上出现在高度纹理化的地区（城市和多建筑区）[253]。在这样的区域进行亮度调整是特别有效的：在 SAR 图像中可检测到的空间特征，仅在与可见红外（VIR）图像融合时被适当引入（提供补充信息），而不会降低其光谱特征和辐射精度。

由于在不采取对数的非抽样小波域中的去噪无偏性[41,42,105,268]，图像 $t=\mathrm{SAR_{ds}}/(\mathrm{SAR_{ds}}\otimes h_L^*)$具有统一的平均值（图 10.7）。由于不能完全去噪，平均值 $\mu_t\approx1$ 周围的均匀区存在杂波，粗糙表面的固有信号可变性，以及图像比值的不稳定性可以明显地在图 10.8(a)中看出。

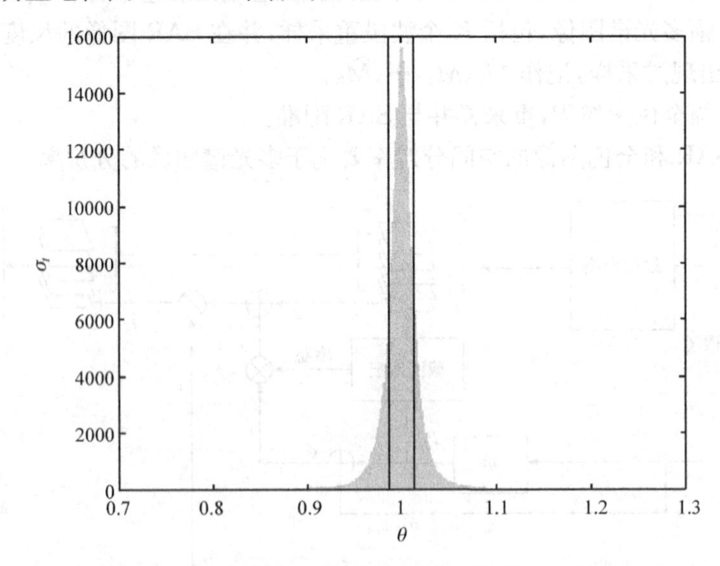

图 10.7 调制 SAR 结构 t 的直方图（阈值 $\theta=\sigma_t$ 被显著标出）

σ_t 表示调制 SAR 纹理 t 的标准差，一个阈值 $\theta=k\cdot\sigma_t$ 的软阈值转换应用于 t：区间$[1-k\sigma_t,1+k\sigma_t]$之外的 t 值通过系数 $k\sigma_t$ 减少和保留，而在该区间内，t 的值被设置为平均值 $\mu_t\approx1$（图 10.7）。所得的结构图如图 10.8(b)所示，包括易被 SAR 检测的空间特征，以及多光谱图像通过亮度调制后合并到多光谱图像的空间特征。

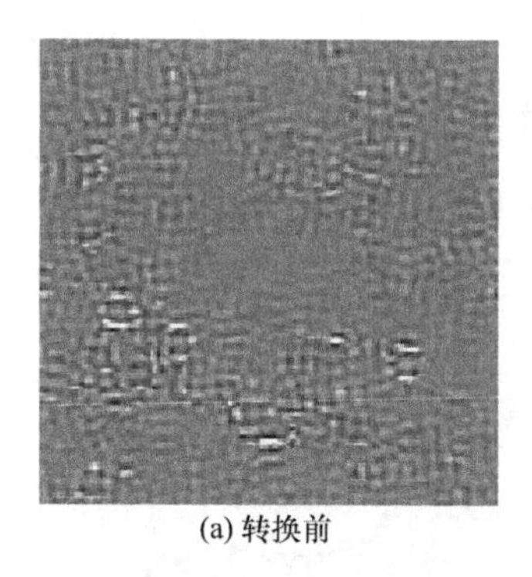
(a) 转换前

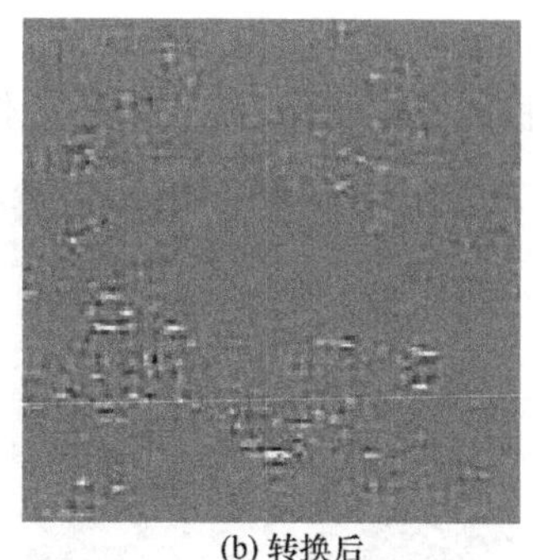
(b) 转换后

图10.8 软阈值转换前和转换后的SAR纹理

2. 广义亮度调制

K 个光谱带 $M_1, M_2, \cdots, M_K$ 任何带权重(权重总和为1)的线性组合可以称为亮度的概述。如果一个全色图像可用于增强空间分辨率,考虑重采样多光谱波段和全色图像之间的 K 个相关系数 $\rho_{i,P}$,产生广义亮度 $\lambda = \sum_i w_i \cdot M_i$,其中 $w_i = \rho_{i,P}(\sum_i \rho_{i,P})$。应用于原始多光谱像素矢量的线性变换 T 为

$$T=\begin{pmatrix} w_1 & w_2 & w_3 & w_4 & \cdots & w_K \\ 1/2 & -1/2 & 0 & 0 & \cdots & 0 \\ 0 & 1/2 & -1/2 & 0 & \cdots & 0 \\ 0 & 0 & 1/2 & -1/2 & \cdots & 0 \\ \vdots & \vdots & \vdots & \vdots & & \vdots \\ 0 & 0 & \cdots & 0 & 1/2 & -1/2 \end{pmatrix} \tag{10.2}$$

如果所有 w_i 非零,式(10.2)是非奇异且是可逆的。广义IHS变换后的广义亮度、λ 和 $K-1$ 存在的广义光谱差别 C_n 都包含在光谱信息中。如果 T 被应用于 K 波段图像(K 任意),并且仅 λ 成分被操纵,例如由全色细节锐化和SAR纹理调制,多光谱数据集的光谱信息被保留,一旦调制替代原来的广义亮度、λ,逆变换 T^{-1} 可用于获取融合多光谱图像,如图10.6所示。

3. 仿真结果

该融合方法[34]已经在帕维亚(意大利)的ERS SAR图像(2000年10月28日)和30m波段(1、2、3、4、5和7)的Landsat-7/ETM+图像(2000年9月22日)进行了测试。一同测试的还有15m全色图像,所有光学数据均配准到12.5m×12.5m的ERS图像。如果图像中没有显著的地形起伏,就能进行自动配准,通过光学和SAR平台采取的几何信息寻求适合的模型[79,245]。图10.9展示了12.5m

尺度的 512×512 像素的图像细节。图 10.9(c)和图 10.9(d)为真彩色(波段 3-2-1 作为 R-G-B)和伪彩色图像(波段 5-4-3 作为 R-G-B)。

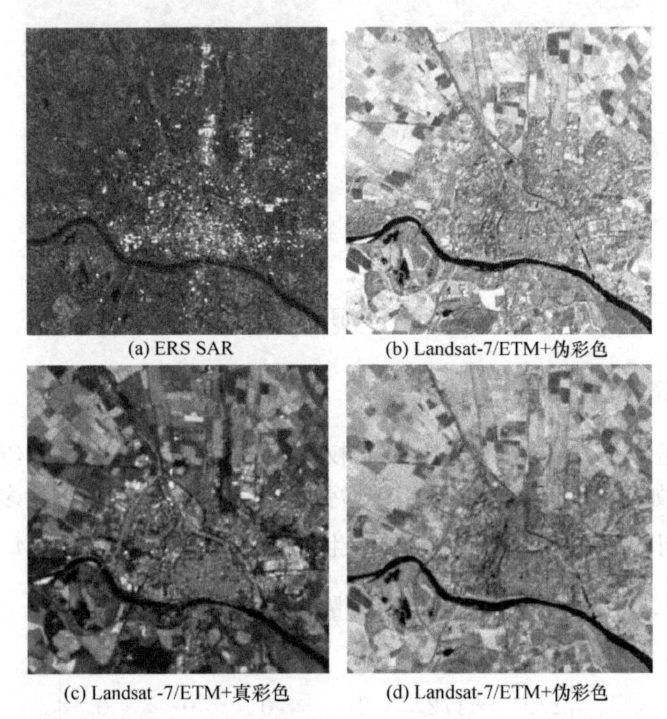

(a) ERS SAR　(b) Landsat-7/ETM+伪彩色

(c) Landsat -7/ETM+真彩色　(d) Landsat-7/ETM+伪彩色

图 10.9　帕维亚的原始数据集(在制地理编码 ERS 的 12.5m 尺度重采样的光学数据)

图 10.10 为真彩色和伪彩色的融合结果，城市和多建筑区，以及公路和铁路都得到明显增强。从图 10.9(c)和图 10.9(d)的比较中可以看出，光谱特征几乎完美地保存下来。

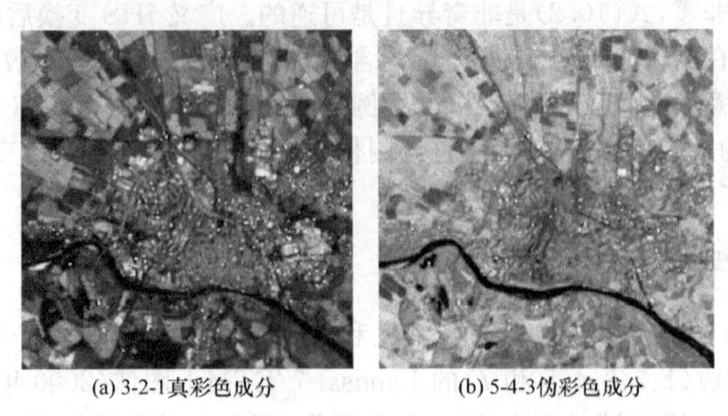

(a) 3-2-1真彩色成分　(b) 5-4-3伪彩色成分

图 10.10　$L=3$ 和 $k=1.25$ 时 ETM+和 ERS 融合的结果

为了更深入地了解 SAR 纹理，对影响 SAR 纹理颗粒度的近似深度 L 和调优

软阈值常数 k，通过 SAR 纹理控制广义亮度调制，融合结果以 200×200 像素图像形式显示在图 10.11 中。L 的三个值（$L=2,3,4$）和四个阈值，即在 $k=0,1,2,3$ 时的 $\theta=k\sigma_t$，已被考虑（$K=0$ 表示不存在阈值）。对于图 10.10 的案例研究，选择 $L=3$ 和 $k=1.25$ 似乎提供了可视化的增强和 SAR 特性到多光谱波段精确融合的最佳平衡。然而，参数 L 和 K 的选择（$1\leqslant k\leqslant 2$，$L=2$ 或 3，以获得最佳效果）依赖地物和应用。对于原始多光谱图像的光谱信息如何保留，表 10.5 做了示范。

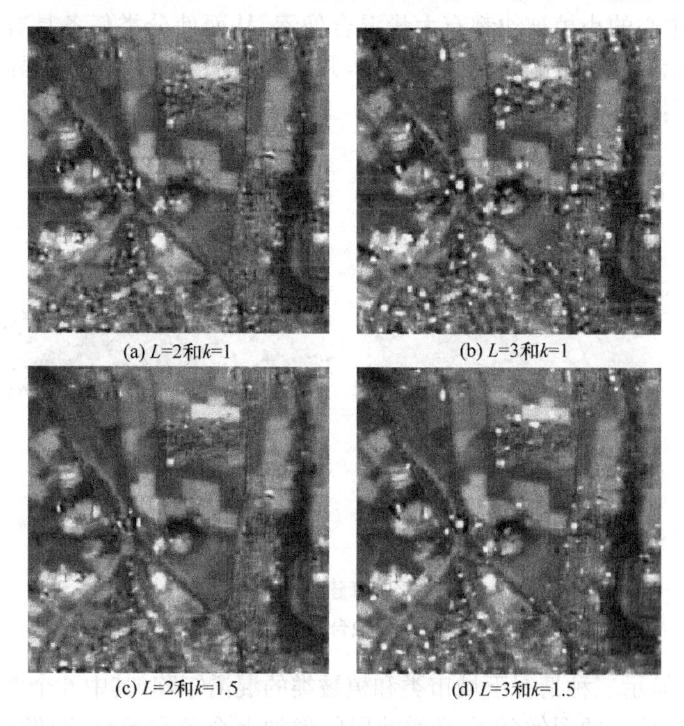

(a) L=2和k=1　(b) L=3和k=1

(c) L=2和k=1.5　(d) L=3和k=1.5

图 10.11　融合结果的真彩色 200×200 像素细节

表 10.5　光谱失真对比逼近程度 L 和调制结构的软阈值 $\theta=k\sigma_t$

L 值	$k=0$	$k=1$	$k=2$	$k=3$
$L=2$	1.102°	0.510°	0.413°	0.395°
$L=3$	2.123°	0.672°	0.439°	0.405°
$L=4$	2.777°	0.720°	0.449°	0.415°

增加 L 或减小 k 可能导致过度增强，这样会损失融合产物中的频谱保真度。这种效果在 SAR 结构软阈值缺失（$K=0$）时特别明显。原始的平均值和融合波段

之间的差异存在类似的趋势。来自全色和 SAR 增强贡献的高通特性导致辐射失真,所有情况的平均偏差小到可以忽略不计。

有监督分类已通过标准最大似然分类器证明了融合的优势。下面选定两个多建筑和植被区(包括水)的类,详细的地面实况图来自地图,描绘在图 10.12(a)中。建筑物和人造结构中突出显示的像素为总数的 17.5%。该地图是利用获得的数据手工配准,因此类的碎片导致细节错误配准。例如,在郊区植被区包围的建筑和镶嵌在城市中心的小植被块都有大量混合像素,从而使分类任务具有挑战性。图 10.12(b)表示从融合数据得到的分类图,并匹配于代表多建筑子类异构混合非常详细的地面实况地图,包括工业区域。

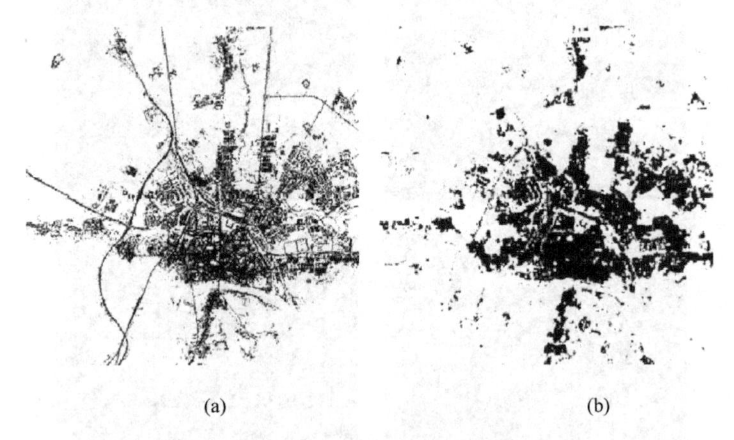

(a)　　(b)

图 10.12　有建筑的地图及
多光谱与全色图像和 SAR 融合的最大似然分类获得的地图

表 10.6 显示三种情况下城市类和植被类的混淆矩阵,其中 6 个融合波段的分类与来自 8 个独立的图像(6 多光谱波段图像加上全色和 SAR 图像)或只有重采样的 6 个多光谱波段进行比较。训练集主要选择有不同程度的建筑密度或不同领域类型(包括水)的区域,以更好地代表城市和植被类的内在异构性。训练像素的百分比为 7.5%。表 10.6 的上部条目表示当测试集大小等于剩余的 92.5%像素训练集时的结果。当 SAR 数据被使用时,总精度显然更好,比只用多光谱数据要高 3%以上。然而,引进 SAR 并没有改善植被分类能力,但显著提高(近 15%)了城市地区的区分能力。融合、未融合光学与 SAR 数据之间的性能差异是微小的:总体精度 0.2%,城市地区分类精度 1.2%。表 10.6 下部的条目表明,只在训练像素测量时,分类精度大大提高,与测试集(像素 92.5%)获得的值差异较大,表明地面实况地图存在未配准现象。

表 10.6　三种情况下城市(U)类和植被(V)类的混淆矩阵(上部表格:训练集 7.5%像素，测试集是剩下的 92.5%。下部表格:训练集 7.5%,测试集同样是 7.5%)

MS 融合 w/P&SAR			MS+P+SAR		仅有 MS	
精度 88.7%			精度 88.5%		精度 85.4%	
	U	V	U	V	U	V
U	77.2%	9.9%	76.0%	9.9%	62.6%	9.8%
V	22.8%	90.1%	24.0%	90.1%	37.4%	90.2%
MS 融合 w/P&SAR			MS+P+SAR		仅有 MS	
精度 99.5%			精度 99.4%		精度 99.5%	
	U	V	U	V	U	V
U	99.4%	0.4%	99.4%	0.9%	99.0%	0.6%
V	0.6%	99.6%	0.6%	99.1%	1.0%	99.6%

4. 总结和讨论

基于自动白平衡获得的 MRA 两步融合方法已证明，对于 SAR 和多波段光学图像融合是有促进作用的。该方法允许在物理异构 SAR 后向散射中集成均匀的数据(多光谱和全色)，不直接合并光谱辐射和 SAR 反射率;相反，在引入全色高通细节的锐化之后，可通过调制多光谱波段亮度获得组合，利用 SAR 提取结构。由于广义强度的定义，可以处理任意数量的光谱波段，定制多光谱和全色数据光谱相关性。

对市区的 Landsat-7 ETM+和 ERS 数据进行的仿真表明，其对植被区域、裸露土壤的光谱特征都保存较好，同时还有多建筑区(建筑物和道路网络)，其中的 SAR 结构信息在视觉分析和分类上增强了融合产品。但是，可获得数据集的多次重采样在很大程度上存在受损的 SAR 结构，所以融合的视觉效果并不如预期的那样吸引人。融合质量可由原始多光谱数据的频谱保真度和分类精度评价。在光学数据引入最小频谱失真，略益于总体精确性。融合过程对市区的典型人造结构的自动识别有微小而稳定的好处。

10.4　小　　结

异构传感器数据融合中可能出现的问题已在本章得到解决。之前已经讨论过两种普遍方法和相关的例子。这些例子说明现有的解决方案应该建立在对图像场景进行初步分析并获得数据集特性的基础上。

热波段的锐化可以充分应用到两个成像仪器之间没有光谱重叠的全色锐化问

题上。因此,应该借鉴高光谱图像短波、红外波段全色锐化的解决方案。

不同于传统的全色锐化方法,评估异构数据集融合结果(特别是光学和SAR)不是一个简单的任务。一个可行的策略是引入以应用为导向的评价,如在相同数据集上进行主题分类,这个数据集可能存在初步的融合。这种评价不属于多光谱或高光谱全色锐化框架,但可能适用于特定的异构环境。

第 11 章　遥感图像融合的新趋势

11.1　概　　述

近年来,遥感图像融合技术又有了新的突破,涌现了如基于超分辨率的图像融合技术、基于复原重建的图像融合技术,以及稀疏表示、贝叶斯方法等。近期,超分辨率技术越来越多地应用于遥感图像处理,具体表现为采用约束优化算法解决光谱空间等病态问题和时空分辨率增强等问题。通常该类方法生成一张超分辨率图像需要输入同一场景中的多幅空间、光谱、时间低分辨率图像。超分辨率的任务是通过融合低分辨率的图像恢复原始高分辨率图像,如合理的假设或者关于观测模型的先验知识,把高分辨率图像映射到低分辨率图像的逆问题。超分辨率重建的基本约束是:在应用同一个生成模型后,恢复出来的图像应该重现观测到的低分辨率图像。然而,由于低分辨率图像信息不充足,约束条件较为严格和参数未知,并且重建约束的解也不唯一,超分辨率图像的重建通常是一个病态问题,因此大量改进的方法被提出。

有一类方法是把图像融合看成复原问题。因此,目标就是采用退化的模型重建原始的场景,或者等同于解决一个经典的去卷积问题。二维卷积的性质需要图像系统相关点扩散函数模型的先验知识。贝叶斯方法和变分方法相继被提出,为了便于处理,这些方法往往需要特定的假设。

此外,全色锐化方法还可以采用一种新的方法表示多波段图像,它假设一幅图像可以建模为一个线性组合,由承载空间细节的前景成分和表达频谱多样性的背景色彩成分组成。这种新方法的优点是:它与变分或稀疏分解方法不同,不依赖任何图像结构假设。这类方法对建模的精度要求较高,计算复杂度也较高,限制了其在遥感领域的应用。

11.2　基于重建的方法

一类最新发展起来的图像融合方法是将全色锐化看成重建问题。按照这种方法,忽略加性噪声,图像的每个波段可以建模为一个在高空间分辨率相关波段的二维卷积,它具有线性平移不变模糊的性质。

用 $\overline{M}_k$ 表示原始多光谱图像,$\overline{M}_k$ 重采样至全色波段 P(像素大小 $M\times N$)。引

入一个退化模型，$\widetilde{M}_k$ 可以得到理想的多光谱图像的噪声模糊结果，即

$$\widetilde{M}_k = H_k * \overline{M}_k + v_k, \quad k=1,2,\cdots,N_b \tag{11.1}$$

式中，$*$ 表示二维卷积运算；H_k 表示第 k 个波段的点扩散函数运算符；$V_k(k=1,2,\cdots,N_b)$ 为加性零均值随机噪声过程。

高分辨率全色图像可以建模成一个理想的多光谱图像与观测噪声的线性组合，即

$$P = \sum_{k=1}^{N_b} \alpha_k \overline{M}_k + \Delta + \omega \tag{11.2}$$

式中，Δ 为一个偏移量；$\alpha_k(k=1,2,\cdots,N_b)$ 为满足 $\sum_{k=1}^{N_b} \alpha_k = 1$ 条件的权重；ω 为加性零均值随机噪声。

权重 α_k 可由多光谱传感器的归一化光谱响应曲线，或者下退化的全色图像 P_d 和原始多光谱波段 M_k 的线性回归来计算。偏移量 Δ 由退化的全色图像和遥感低分辨率多光谱图像通过以下公式近似计算，即

$$\Delta = \frac{R^2}{MN} \sum_{m=1}^{M/R} \sum_{n=1}^{N/R} \left[P_d(m,n) - \sum_{k=1}^{N_b} \alpha_k M_k(m,n) \right] \tag{11.3}$$

式中，R 表示原始多光谱图像和全色图像的尺度比例。

理想的高分辨率多光谱图像可以通过求解一个约束优化问题来估计。在 Li 和 Leung 的文章中，恢复的图像是通过在离散正弦变换(DST)域用正则化约束最小二乘(CLS)算法实现稀疏矩阵运算。该解是用正则的伪逆滤波器分别对第 m 行的 $\widetilde{M}_k$，P 的 DST 系数 $\widetilde{M}_k$ 和 P 计算出来的，即

$$\hat{\underline{M}}(m) = (F^{\mathrm{T}} F + \lambda I)^{-1} F^{\mathrm{T}} F \left[\underline{P}(m)^{\mathrm{T}}, \underline{\widetilde{M}}(m)^{\mathrm{T}} \right]^{\mathrm{T}}, \quad m=1,2,\cdots,M \tag{11.4}$$

式中，I 为单位矩阵；F 为通过式(11.2)中权重 α_k、式(11.1)中的点扩散函数运算符 H_k 和 DST 转换矩阵计算出来的 $(N_b+1)N \times (N_b+1)N$ 的稀疏矩阵；λ 为正则化参数，控制解的平滑程度，当 $\lambda \to 0$ 时，式(11.4)减少到无约束最小二乘解，当$\lambda \to \infty$时，式(11.4)为平滑解。

以复原处理为基础的方法，主要缺点是观察模型(11.1)和(11.2)的不准确性：PSF 运算符 H_k 假设为已知，但它们往往不同于标称值。另外，最优参数 λ 的值根据经验来计算，甚至在特定的场景中也随传感器的不同而变化。

采用变换系数的 CLS 解[式(11.4)]是以获得稀疏矩阵和减少计算的复杂度 $O(N^{\beta}M)(2<\beta<3)$ 为要求的。另外，如 DST 在傅里叶相关域上计算时，式(11.4)可获得较为平滑的解，但锐化的结果较差。

11.3 稀疏表示

稀疏表示模型近期非常受欢迎，引起研究人员的重视。实际上，自然图像满足稀疏模型，也就是说，它们可以看作几个字典或原子的元素的线性组合。稀疏模型是压缩感知理论(CST)[90]的基础，以奈奎斯特率处的采样作为信号的表示形式。在数学术语中，观察到的图像建模为 $y=Ax+w$，其中 A 是字典，x 是稀疏向量，使 $\|x\|_0\leqslant K$，$K\ll M$，x 具有 M 维，w 是噪声项。在这种情况下，融合问题转化为寻找最稀疏向量，满足 $\|y-Ax\|_2^2<\varepsilon$，其中 ε 为噪声变量。该问题是 NP 问题，可以通过替换范式 $\|\cdot\|_0$ 放宽为凸优化问题。

最近，一些基于压缩感知范例和稀疏表示的图像融合方法已经出现，应用范围为从全色锐化[70,167,168,279]到时空域多光谱图像的融合[137,138,239]。

11.3.1 空间光谱融合的稀疏图像融合

Li 和 Yang[167]将遥感成像模型归纳为对应于 CST[90]中测定矩阵的线性变换。在这方面，高清晰度全色和低分辨率多光谱图像作为参考，高分辨率多光谱图像可以通过稀疏正则化恢复。形式上，假设观测图像的任何图像块，即 y_{MS} 和 y_{PAN} 可以建模为

$$y=Mx+v \tag{11.5}$$

式中，$y=\begin{bmatrix}y_{MS}\\y_{PAN}\end{bmatrix}$；$M=\begin{bmatrix}M_1\\M_2\end{bmatrix}$，$M_1$ 和 M_2 分别表示抽取矩阵和全色模型矩阵；x 为未知的高分辨率多光谱图像；v 为添加的高斯噪声项。

图像融合的目标是从 y 恢复 x。如果信号可以通过稀疏变换进行压缩，CoS 的理论可以确保原始信号能够从一组不完全测量中准确地重建。因此，信号的复原的问题(11.5)可以转化为稀疏性约束最小化问题，即

$$\hat{\alpha}=\operatorname{argmin}\|\alpha\|_0 \quad \text{s. t.} \quad \|y-\Phi\alpha\|_2^2\leqslant\varepsilon \tag{11.6}$$

式中，$\Phi=MD$，$D=(d_1,d_2,\cdots,d_K)$是一个字典，$x=D\alpha$，这说明 x 是 D 的列元素的线性组合，向量 $\hat{\alpha}$ 非常稀疏。最后，估计的 $\hat{x}$ 可以通过 $\hat{x}=D\hat{\alpha}$ 得到。

由此得到的全色锐化图，如图 11.1 所示。全色与多光谱图像的图块经光栅顺序扫描，由左上角向左下角的方式在全色图像以 4 个像素的步长，在多光谱图像以 1 个像素的步长处理(这里与若干其他类似的空图像传感器参数保持一致，假设多光谱图像的尺度是全色图像的$\frac{1}{4}$)。首先，全色图像块 y_{PAN} 与多光谱图像块 y_{MS} 合并来生成向量 y。其次，式(11.6)中的稀疏正则使用基求解方法得到，进而获得融合后的多光谱图像块。最后，融合的图像块以 $\hat{x}=D\hat{\alpha}$ 的方式获得。生成字典 D 是

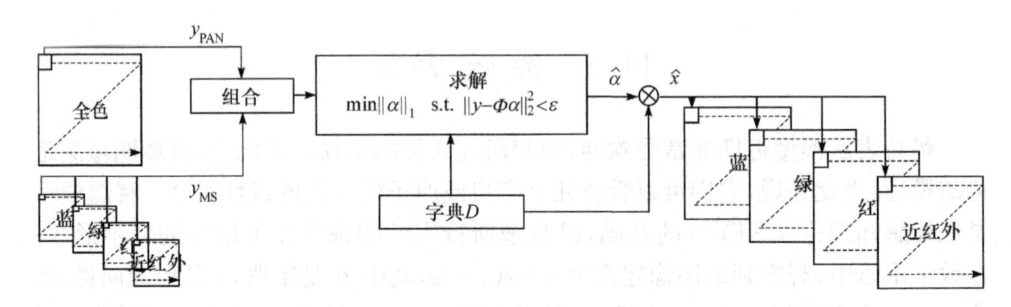

图 11.1 基于压缩感知的全色锐化算法流程图[167]

所有基于 CoS 的全色锐化方法的关键问题。在 Li 和 Yang 的论文中[167]，该字典是从高分辨率多光谱卫星图像的原始块中随机抽样产生的。由于这些图像无法在实际中获得，文献[167]没有对 CST 在全色锐化上的适用性进行深入的理论研究。为了实际遥感应用，近来很多论文提出了这个问题不同的解决方法。在 Li、Yin 和 Fang 的算法中[168]，全色图像和低分辨率多光谱图像的稀疏系数由正交匹配追踪算法获得。然后，融合的高分辨率多光谱图像通过得到的稀疏系数和高分辨率多光谱图像的字典合并来计算。主要的假设是字典D_h^{MS}，D^{PAN}和 D_1^{MS}有如下关系，即

$$D^{PAN}=M_2 D_h^{MS} \tag{11.7}$$

$$D_1^{MS}=M_1 D_h^{MS} \tag{11.8}$$

式中，D^{PAN}和 D_1^{MS} 通过应用奇异值分解方法[3]从可用全色和多光谱数据中随机抽取的样本计算；D_h^{MS}通过应用迭代梯度下降法解决基于多光谱字典模型(11.8)的最小化问题。

显然，该方法的计算复杂度非常大，但相对于经典全色锐化算法的改进可以忽略不计。例如，Li、Yin 和 Fang 论文中提出的算法[168]在一个非常小的(64×64 像素)全色图像中处理需要约 15min；同时，考虑相同的硬件和软件配置，基于 MRA[12]或 CS[119]的全色锐化方法提供具有相同质量的全色锐化图像(由 QNR、$Q4$ 测得，ERGAS 得分索引)只需几秒。

与 Li、Yin 和 Fang 不同[168]，在 Zhu 和 Bamler 提出的方法中[279]，命名为图像稀疏融合(SparseFI)，探讨了仅利用全色图像训练的字典进行多光谱图像块的稀疏表示。此外，它不假定全色图像的任何光谱组成模式，也就是不采用类似式(11.2)的组分模型，即意味着全色与多光谱字典之间存在关系，如式(11.7)。图 11.2 详细说明了这个方法的流程。

P 是一个矩阵，可提取当前目标块和先前重构块之间的重叠区域，而 w_k 包含重叠区域中先前重构的高分辨率多光谱图像块的像素值。参数 β 是加权因子，给

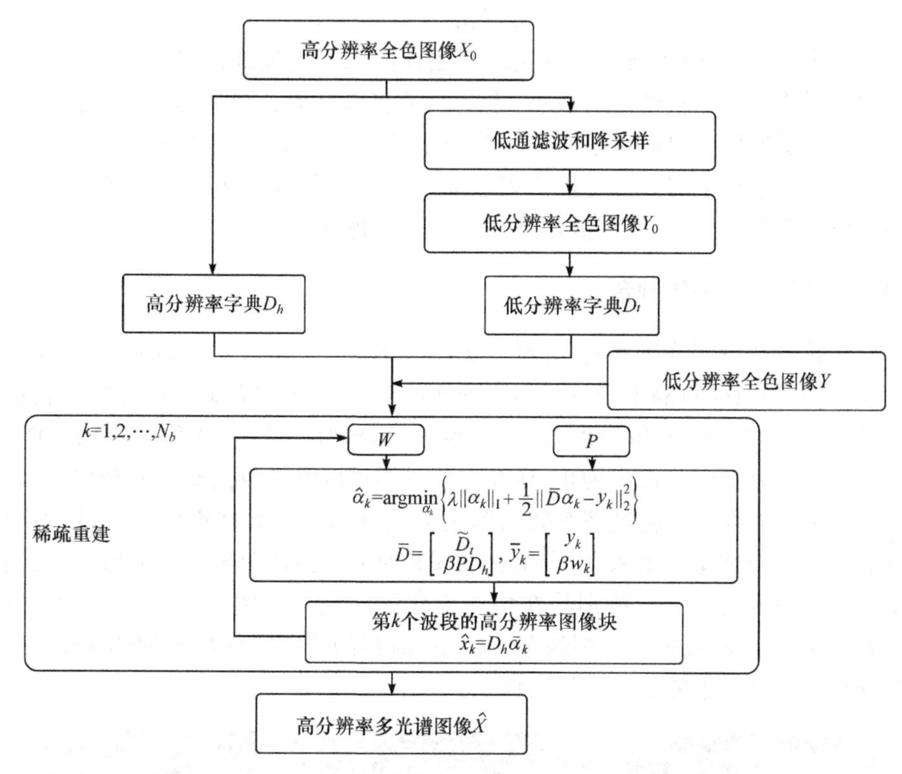

图 11.2　Zhu 和 Bamler 提出的全色锐化方法流程框图[279]

出了重叠区域中低分辨率输入和重构高分辨率块在一致性上的折中。该算法的性能并不突出[279]，因为它提供的全色锐化的图像质量与自适应 IHS 融合产品相似。

Cheng、Wang 和 Li[70]提出由高分辨率全色图像和低分辨率多光谱图像生成高分辨率多光谱字典的方法。方法包含两步：第一步由 AWLP 全色锐化来获得初步的高分辨率多光谱图像；第二步采用第一步的结果对字典进行训练。正如 Li、Yin 和 Fang[168]的论文所采用的，利用奇异值分解方法进行字典训练。训练过程包含来自高分辨率全色图像的信息，这改善了字典描述空间细节的能力，促进全色锐化方法获得更好的质量指标，但这种方法相对于快速可靠的经典 CS 方法，如 Zheng、Wang 和 Li[70]介绍的 GSA-CA 方法，并没有显著的提升。Huang 等[138]提出基于稀疏矩阵分解的空间和光谱融合模型，并在 Landsat 7 和 MODIS 数据上进行测试。该模型结合高空间分辨率传感器的空间信息与高光谱分辨率传感器的光谱信息，分两步融合两类遥感数据。第一步，低空间高光谱分辨率数据包含场景中各种材料的光谱特征，从这些数据中获得最优的光谱字典。以简单的方式观测，图像上的像素只能反映一些陆地表面材质，这个问题可转化为稀疏矩阵分解问题。第二步，使用第一步获得的光谱字典与高空间低光谱分辨率数据，每个像素的光谱通过稀疏编码技术重构产生高空间高光谱分辨率图像。

综合来看,基于聚类或矢量量化的方法在图像块上训练最优字典。这些图像块聚类时对给定原子对的距离最小,更新原子使得聚类总距离是最小的。这一过程假定每个图像块可以通过字典中的单个原子来表示,这简化了 K 均值聚类的学习过程。这种字典学习方法的推广则是通过奇异值分解算法[3],使用多个原子与不同的权重表示每个块,使系数矩阵和基矩阵交替更新。

11.3.2 稀疏时空图像融合

大多数较高空间分辨率的成像仪(如 SPOT 和 Landsat TM 具有 10m 和 30m 的空间分辨率)只能每隔半个月重新回到地球上相同的位置,而空间分辨率较低的其他成像仪(如 MODIS 和 250～1000m 空间分辨率的 SPOT VEGETATION)可以在一天内反复观察。迄今为止,还没有传感器可以既提供高空间分辨率,又有频繁的时间覆盖数据。一种经济有效的解决方案就是探索数据集成方法,从不同的传感器融合两种类型的图像,以产生在空间和时间上的高分辨率合成数据,从而提高动态监测地表的能力。特别是在快速变化的区域。在图 11.3 的例子中,目标是从 t_1 和 t_3 时刻的陆地卫星图像和 t_1、t_2、t_3 时刻的低空间分辨率 MODIS,预测在 t_2 时刻高空间分辨率的陆地卫星图像。

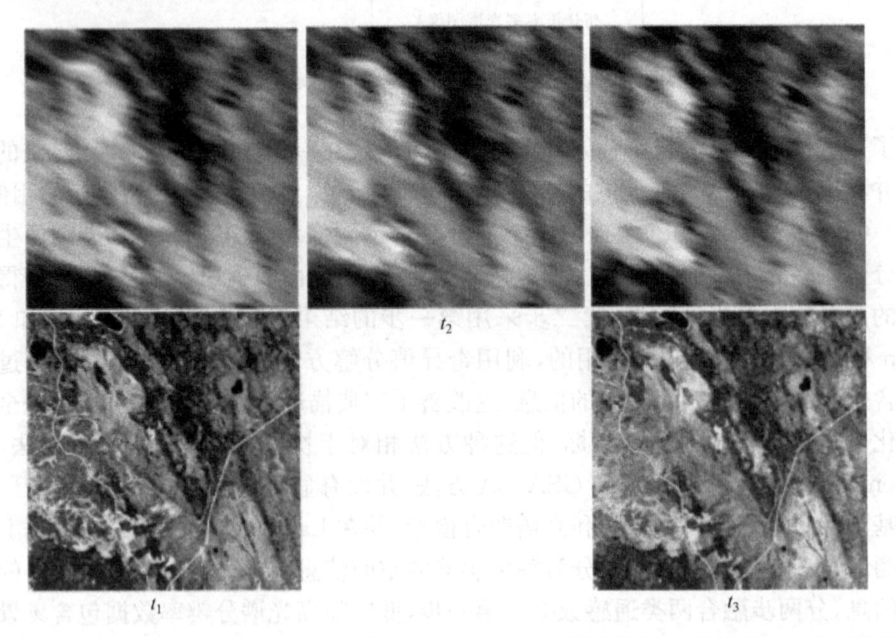

图 11.3 从 t_1 和 t_3 时刻 Landsat 图像以及所有 MODIS 图像预测 t_2 时刻的 Landsat 图像

时空反射融合模型提出的一个关键问题是,在观测周期内对不同像素上反射率随时间变化的检测。一般情况下,这样的变化包括物候变化(如植被的季节性变化)和类型变化(如裸土转换到混凝土表面),并且在融合模型中,认为分析后者比前者更具挑战性。

Huang 和 Song [137]提出一个称为基于稀疏表示的时空反射率融合模型,通过稀疏表示以统一的方式解释了所有在观测期内反射率的变化。无论种类,还是物候变化,它都允许通过完备字典和稀疏编码重构信号学习信号的结构基元。SPT-FM 研究不同仪器经由稀疏信号表示的两个高分辨率图像及相应的低分辨率图像采集之间的差异。因为它考虑结构相似度量,可以通过比对所有像素,使近邻搜索更准确地预测高分辨率差分图像。特别是用于土地覆盖类型的变化,稀疏表示能获得变化预测中固有的非线性形式,因为稀疏编码是选择信号最优组合的非线性重建过程。

从形式上看,在 t_1 时刻 Landsat 图像和 MODIS 图像分别表示为 L_i 和 M_i,其中 MODIS 图像通过双线性插值延长与 Landsat 图像具有相同尺寸。$Y_{i,j}$和$X_{i,j}$分别代表 t_i 和 t_j之间的高分辨率差分图像和低分辨率差分图像,它们相应的图像块是 $y_{i,j}$和 $x_{i,j}$,这是通过将块放入列向量形成的。图 11.4 表示这些变量的关系图。L_2 可以预测如下,即

$$L_2=W_1 * (L_1+\hat{Y}_{21})+W_3 * (L_3-\hat{Y}_{32}) \tag{11.9}$$

为了估算 $\hat{Y}_{21}$和 $\hat{Y}_{32}$,字典对D_1 和 D_m 必须进行配制。两个字典D_1 和 D_m 分别使用 t_1 和 t_3 之间的高分辨率差分图像块和低分辨率差分图像块训练,根据下式优化,即

$$\{D_1^*, D_m^*, \Lambda^*\}=\arg\min_{D_1,D_m,\Lambda}\{\|Y-D_1\Lambda\|_2^2+\|X-D_m\Lambda\|_2^2+\lambda\|\Lambda\|_1\} \tag{11.10}$$

式中,Y 和 X 为字典顺序层叠图像块的列组合,分别从Y_{13}和 X_{13}随机取样;Λ 为系数的列组合,对应于 Y 和 X 中的每一列。

Song 和 Huang[239]的论文提出了不同的方法,它采用两个步骤,以避免 MODIS 和 Landsat 7 数据之间的较大空间分辨率差异导致的较大预测误差。首先,提高 MODIS 数据的空间分辨率,然后通过原始 Landsat 图像和增强分辨率的 Landsat 图像融合 MODIS 数据。

M_i、T_i 和 L_i 分别表示 MODIS 图像、Landsat 卫星图像和 t_i 时刻的预测转换图像。MODIS 数据的超分辨率包含两个步骤:对已知 M_1 和 L_1 字典的训练,以及对过渡图像的预测。作为训练字典对,从 L_1-M_1 的差分图像空间和 M_1 的梯度特征空间分别提取高分辨率图像特征和低分辨率图像特征。列式堆叠特征块构成训练样本矩阵 Y 和 X,其中 Y 和 X 分别代表高分辨率样本和低分辨率样本,它们的

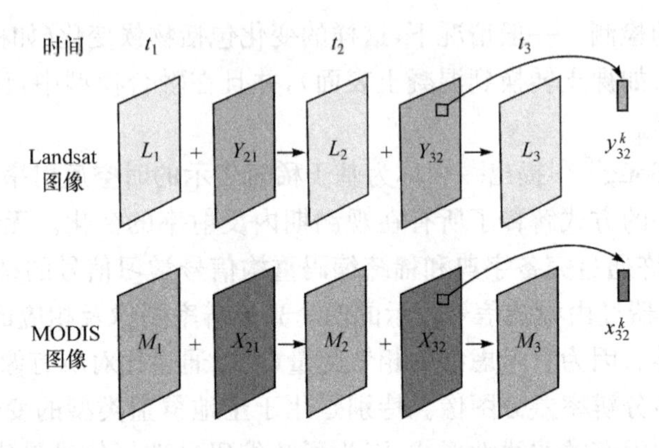

图 11.4　Song 和 Huang 提出的时-空融合方法的框图

列对应。首先,低分辨率字典 D_l 通过优化以下目标函数派生于在 X 上应用奇异值分解[19]训练程序,即

$$\{D_l^*, \Lambda^*\}=\arg\min_{D_l,\Lambda}\{\|X-D_l\Lambda\|_F^2\}$$
$$\text{s. t. } \|\alpha_i\|_0\leqslant K_0, \forall i \tag{11.11}$$

式中,Λ 为对应于 X 中每一列表示系数的列组合。

为了在高分辨率和低分辨率的训练样本之间建立对应关系,高分辨率字典通过最小化在 Y 上的近似误差构造,采用与式(11.11)相同的稀疏表示系数 Λ^*,即

$$D_h^*=\arg\min_{D_h}\|Y-D_h\Lambda^*\|_F^2 \tag{11.12}$$

这个问题的解可直接来自式(11.13)中的伪逆表达式(假定 Λ^* 行满秩),即

$$D_h=Y(\Lambda^*)^+=Y\Lambda^{*\mathrm{T}}(\Lambda^*\Lambda^{*\mathrm{T}})^{-1} \tag{11.13}$$

为了预测来自 M_2 的过渡图像 T_2,在训练过程中从 M_2 中提取相同的梯度特征 X_2。x_{2i}表示 X_2 的第 i 列,关于字典 D_i 的稀疏系数 α_i 可通过称为正交匹配追踪的稀疏编码技术获得。高分辨率样本和低分辨率样本分别由稀疏系数 D_h 和 D_l 表示,对应的第 i 个中等分辨率块列 y_{2i} 可由 $y_{2i}=D_h*\alpha_i$ 预测。其他中等分辨率块列可以通过同样的方法来预测。将所有列 y_{2i} 转化为块形式之后,对 T_2 与 M_2 之间的差分图像 Y_2 进行预测。这样,T_2 被 $T_2=Y_2+M_2$ 重构。在下一阶段的融合过程中,过渡图像 T_1 也通过相同的操作预测。这里,过渡图像 T_1 和 T_2 具有与 L_1 和 L_2 相同的大小。最后,通过高通调制融合 Landsat 7 和过渡图像,即

$$L_2=T_2+\left(\frac{T_2}{T_1}\right)(L_1-T_1) \tag{11.14}$$

这种融合随 T_1 和 T_2 之间线性时间的变化而改变。

实验表明,基于稀疏表示的时空融合进行的物候变化比类型的变化更好。根

据稀疏理论可以解释,通常表示更复杂的信号时会出现更多的错误,也需要进一步的工作来减少基于稀疏表示的时空融合方法的计算复杂性。

11.4　贝叶斯方法

通常,贝叶斯图像融合问题可以描述为一幅低空间分辨率、高光谱分辨率的高光谱图像(Y)与一幅高空间分辨率、低光谱分辨率的多光谱图像(X)的融合。理想情况下,融合结果 Z 具有 X 的空间分辨率和 Y 的光谱分辨率。假设所有图像都同样以 N 个像素的网格进行空间采样,其足够精细来反映 X 的空间分辨率。高光谱图像具有 N_b 光谱波段,并且多光谱图像具有 N_h($N_h < N_b$)的波段。如果是在一个全色波段(全色锐化)的情况下,$N_h = 1$。

为了表示方便,用列字典表示矩阵,如 $Z = [Z_1^T, Z_2^T, \cdots, Z_N^T]^T$,$Z_i$ 表示 Z 第 i 列的像素,Z 和 Y 之间的图像模型可以写为

$$Y = WZ + N \tag{11.15}$$

式中,W 为潜在的波长变化的空间系统点扩散函数,它对 Z 进行模糊;N 为零均值和协方差矩阵C_N 加上多变量高斯分布噪声的矩阵,独立于 X 和 Z。

在 Z 和 X 之间,假设了一个联合正态模型。

用贝叶斯框架的方法解决全色锐化问题依赖大量的光谱波段和全色波段之间的统计关系。在贝叶斯框架内,Z 的观测估计为

$$\hat{Z} = \underset{Z}{\arg\max} P(Z|Y, Z) = \underset{Z}{\arg\max} P(Y|Z) P(Z|X) \tag{11.16}$$

通常式(11.16)产生的第一概率密度函数 $P(Y|Z)$ 由观测模型(11.15)获得,点扩展函数 W 反映观察矩阵 Y 的空间模糊,N 反映协方差矩阵 C_N 下的加性高斯白噪声。式(11.16)中的 $P(Z|X)$ 由 Z 和 X 是联合正态分布假设而来,这将使 $P(Z|X)$产生一个多元的正态密度。

为了该问题在数据上便于处理,大量解决方法被相继提出。在 Fasbender、Radoux 和 Bogaert 的文章[98]中,首先假设一个简单的模型 $Y = Z + N$,它不由图像系统的调试传递函数计算,然后考虑一个链接多光谱像素到全色像素的线性回归模型,最后采用无信息先验分布估计图像 Z。

在 Zhang、De Backer 和 Scheunders 的文章[276]中,估计问题近似于 à-trous 小波系数的域。既然应用的 à-trous 小波变换是一个线性运算,相同的模型在式(11.15)中可用于每个获得的图像细节,同样估计在式(11.16)中也可用每个尺度当作变换系数。在小波域中应用两个模型的优点是,它们应用在每个方向和分辨率级别上,为每一个级别各自估计协方差,这有利于在分辨率和特定方向上将模型用于图像融合过程。

在 Zhang、Duijster 和 Scheunders 的文章[277]中,提出一种贝叶斯恢复方法。

恢复基于期望最大化算法，分为模糊与去噪两个步骤。贝叶斯框架通过高空间分辨率图像（多光谱或全色图像）和低空间分辨率图像（或高光谱图像）的空间信息进行联合统计。

在基于期望最大化算法的修复过程中，观测模型可分解为

$$Y=WX+N'' \tag{11.17}$$

$$X=Z+N' \tag{11.18}$$

这样，噪声分解为两个独立的部分，即 N' 和 N''，并有 $WN'+N''=N$。

选择 N' 作为白噪声有利于去噪问题，式(11.17)和式(11.18)使用期望最大化算法迭代求解，Z 的估计可由观测模型 Y 与 X 融合得到。

基于贝叶斯方法的超分辨率虽然可以降低计算复杂度，但这种简化建模也引入了较大误差。Fasbender、Radoux 和 Bogaert[98] 所述的成像传感器的 MTF 中没有考虑这一点。

此外，迭代处理和数值不稳定性使贝叶斯方法更加复杂，在真实影像数据上进行图像融合也不如基于多分辨率或 CS 融合算法可靠。

11.5 变分方法

全色锐化一般是一个缺陷问题，需要通过正则化获得最佳效果。Palsson、Sveinsson 和 Ulfasson[203] 提出使用总变分正则化来求解，在不含噪声的同时保留全色图像细节。该算法使用优化最小化的技术，以迭代的方式求解。

从形式上看，数据集包括一个高空间分辨率全色影像 Y_{PAN} 和低空间分辨率多光谱图像 Y_{MS}。全色图像尺寸比多光谱图像大 4 倍，像素比为 1∶16。多光谱图像包含 4 个波段，包括 RGB 和近红外波段。全色图像是 $M\times N$ 图像，多光谱图像是 $m\times n$ 图像，$m=M/4$ 且 $n=N/4$。

模型的确定基于两个假设。第一个假设是低空间分辨率的多光谱图像可以描述为锐化图像 x 的退化（抽取）。在矩阵符号 $y_{MS}=M_1x+\varepsilon$ 中，有

$$M_1=\frac{1}{16}I_4\otimes[(I_n\otimes l_{4\times1}^{T})\otimes(I_m\otimes l_{4\times1}^{T})] \tag{11.19}$$

式中，M_1 为 $4mn\times4MN$ 的抽取矩阵；I_4 为 4×4 的单位矩阵；$\otimes$为 Kronecker 积符号；ε 为零均值高斯噪声。

第二个假设是全色图像是彩色合成影像的波段与加性高斯噪声的线性组合。这可以写为矩阵式 $y_{PAN}=M_2x+\varepsilon$，ε 是零均值高斯噪声，且

$$M_2=[\omega_1 I_{MN},\omega_2 I_{MN},\omega_3 I_{MN},\omega_4 I_{MN}] \tag{11.20}$$

式中，$\omega_1,\cdots,\omega_4$ 为常量总和。这些常量确定全色图像每个波段的权重。

M_1 和 M_2 具有相同的列数，因此对于 y_{MS} 和 y_{PAN} 的表达式可以组成一个单一的方程，产生经典的观测模型，即

$$y=Mx+\varepsilon \tag{11.21}$$

式中，$y=[y_{\mathrm{MS}}^{\mathrm{T}} y_{\mathrm{PAN}}^{\mathrm{T}}]^{\mathrm{T}}$；$M=[M_1^{\mathrm{T}} M_2^{\mathrm{T}}]^{\mathrm{T}}$。

定义该多光谱图像的总变分为

$$\mathrm{TV}(x)=\| \sqrt{(D_{\mathrm{H}}x)^2,(D_{\mathrm{V}}x)^2} \|_1 \tag{11.22}$$

式中，x 为矢量 4 波段多光谱图像；$D_{\mathrm{H}}=(I_4 \otimes D_H)$；$D_{\mathrm{V}}=(I_4 \otimes D_{\mathrm{V}})$。

矩阵 D_{H} 和 D_V 定义为一个给定的矢量图像，分别乘以水平方向和垂直方向的一阶差。总变分正则化问题的成本函数为

$$J(x)=\| y-Mx \|_2^2+\lambda\mathrm{TV}(x) \tag{11.23}$$

最小化该成本函数是困难的，因为总变分功能是不可微分的。然而，优化最小化技术可用一系列较容易的方法组合来解决这一难题，即

$$x_{k+1}=\arg\min_x Q(x,x_k) \tag{11.24}$$

式中，x_k 为当前迭代值；$Q(x,x_k)$为一个最大化成本函数 $J(x)$的函数。

这意味着，当 $x \neq x_k$ 时，$Q(x,x_k) \geqslant J(x)$；$x=x_k$ 时，$Q(x,x_k)=J(x)$。通过迭代求解式(11.24)，x_k 将收敛到 $J(x)$的全局最小值。

总变模型可以用矩阵形式最优化表示，即

$$Q_{\mathrm{TV}}(x,x_k)=x^{\mathrm{T}}D^{\mathrm{T}}\Lambda_k Dx+c \tag{11.25}$$

式中，$D=[D_{\mathrm{H}}^{\mathrm{T}} D_{\mathrm{V}}^{\mathrm{T}}]^{\mathrm{T}}$；$\Lambda_k=\mathrm{diag}(w_k,w_k)$，且

$$w_k=(2\sqrt{(D_{\mathrm{H}}x_k)^2+(D_{\mathrm{V}}x_k)^2})^{-1} \tag{11.26}$$

通过定义

$$Q_{\mathrm{DF}}(x,x_k)=(x-x_k)^{\mathrm{T}}(\alpha I-M^{\mathrm{T}}M)(x-x_k) \tag{11.27}$$

最小化函数变为

$$Q(x,x_k)=\| y-Mx \|_2^2+Q_{\mathrm{DF}}(x,x_k)+\lambda Q_{\mathrm{TV}}(x,x_k) \tag{11.28}$$

应当指出的是，所有涉及符号 D、D^{T}、M 和 M^{T} 的矩阵乘法都可以在多光谱图像上实现简单操作。然而，与 M^{T} 的乘法对应的多光谱图像最近邻的迭代值，是问题要求的，但其结果差于双线性插值较差。

一般情况下，虽然观测模型存在不可避免的误差，但变分法对误差非常敏感。真实的星载多光谱和全色图像的实验结果显示了这类全色锐化方法的局限性。例如，算法[203]描述的 QuickBird 数据经过光谱和空间扭曲后[32]的融合图像，比由一个非常简单的多分辨率全色锐化方法获得的结果要稍微差一些。也就是说，抽样小波变换域中的一个有效方式是 $D_\lambda=0.042$ 和 $D_S=0.027$[203]，而不是 $D_\lambda=0.048$ 和 $D_S=0.055$。

11.6 基于新的谱变换的方法

近期,全色锐化方法[145]采用了一个新模型,假定图像 I 可以建模为一个前景色 F 和背景色 B 的线性组合(m 指第 m 个像素),即

$$I_m=\alpha_m F_m+(1-\alpha_m)B_m \tag{11.29}$$

首先,多光谱图像的波段前景和背景由一个局部线性假设估计。然后,用全色图像替换多光谱图像的 Alpha 通道,再通过组合方式重建高分辨率多光谱图像。

如图 11.5 所示,全色锐化方法包括五大步骤:对比压缩、降采样、光谱估计、上采样和构造。

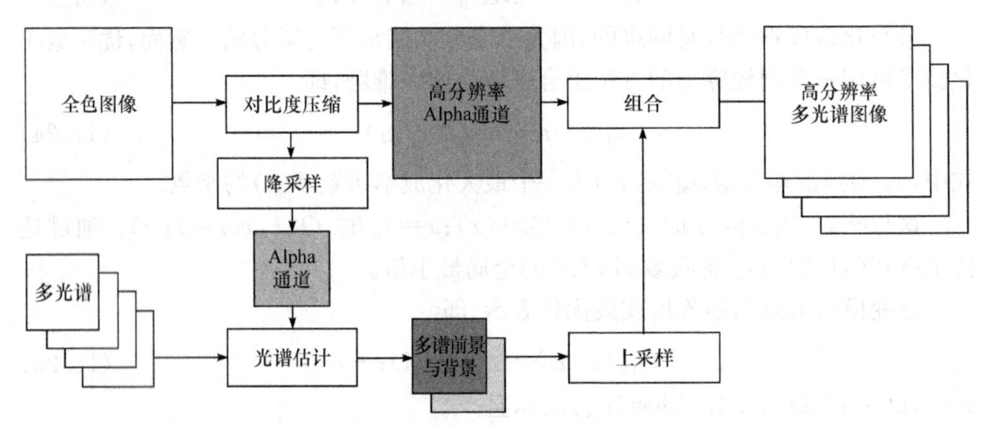

图 11.5 全色锐化方法[145]的框图

对比度压缩旨在将全色图像的像素值压缩到较小的范围内,这确保了全色图像的边缘特征在之后的谱估计过程中进行同样的处理。谱估计阶段需要两个假设:一个是 Alpha 通道、光谱前景和背景,根据式(11.29)可重构低分辨率多光谱图像;另一个是光谱的前景和背景应是空间平滑的。两个假设满足以下具有闭合形式解的能量函数,即

$$\min\sum_{m\in \mathrm{LM}}\sum_{c}(\widetilde{\mathrm{LP}}_m \mathrm{LF}_m^c+(1-\widetilde{\mathrm{LP}}_m)\mathrm{LB}_m^c)^2+|\widetilde{\mathrm{LP}}_{mx}|+[(\mathrm{LF}_{mx}^c)^2+(\mathrm{LB}_{mx}^c)^2+|\widetilde{\mathrm{LP}}_{my}|+(\mathrm{LF}_{my}^c)^2+(\mathrm{LB}_{my}^c)^2] \tag{11.30}$$

式中,m 和 c 表示第 m 个像素和第 c 个像素波段;LF_{mx}^c、LF_{my}^c、LB_m^c、LB_{my}^c、$\widetilde{\mathrm{LP}}_{mx}$,$\widetilde{\mathrm{LP}}_{my}$是光谱前景 LF^c 的水平和垂直分量。

最后,组合高分辨率谱前景 HF、背景 HB 和高分辨率 Alpha 通道 $\widetilde{HP}_m$ 得到 LF^c、LB^c 和全色锐化的多光谱图像,即

$$\mathrm{HM}_m^c = \widetilde{\mathrm{HP}}_m \mathrm{HF}_m^c + (1-\widetilde{\mathrm{HP}}_m)\mathrm{HB}_m^c$$

这种方法提供了高质量的全色锐化图像,并不依赖任何图像的假设形式,即使大多数全色锐化方法基于恢复、变分或者稀疏分解。因此,它可以直接用于不同卫星拍摄的图像,或者包含不同类型地物的图像。

11.7 小　结

超分辨率、压缩感知、贝叶斯估计、变分理论是近年来应用于光谱-时空图像分辨率增强等遥感应用的理论方法。成像过程和模型简化进行的特定假设旨在实现数学上的便捷,以及求解约束优化算法中的病态问题。

由于图像系统的点扩散函数存在不确定性,当观测模型的先验知识在真实的图像数据上不能得到充分验证,或图像重建约束在数学上方便但在当前遥感系统不连贯时,融合结果的质量可能会显著降低。

这些新方法在遥感图像融合应用上的另一个缺点是极高的计算复杂度。在大多数情况下,融合结果在质量上的微小提升需要增加更多成本。事实上,对于大规模的空间/频谱/时间遥感影像数据增强,这些方法目前尚无法与经典的基于 MRA 或 CS 的方法竞争。

第12章　总结与展望

12.1　概　　述

在本书的最后，对全书的主要内容进行总结，并总结以下关键点。

(1) 传感器技术的进步促进了融合技术的迅猛发展。早期的方法不受客观质量评价的约束，可视为第一代融合技术。

(2) 对融合产品的质量进行定义至关重要，这也需要获得广泛认同，并保证测量方法的一致性。

(3) 可以通过一个统一的框架，对大多数融合方法包括混合方法进行总结归纳，并优化这些方法的参数。这类方法构成了第二代的融合方法。

(4) 研究了基于CS与MRA锐化方法的优点和局限性。前者在空间上得到精确的结果，但在光谱上准确性较差，可以容忍多光谱波段间、多光谱与全色图像间适度的空间错位；后者在波谱上可以得到准确结果，但在空间上准确性较差，可以容忍多光谱和全色图像间在时间上的配准误差。

(5) 锐化方法中的理论与实践，结合任务中可使用的数据特点，可以实现更广泛的应用，如高光谱锐化、红外与光学图像融合、SAR与光学图像等。

(6) 近来在图像处理领域涌现出很多新方法，如压缩感知等，与图像融合技术结合在一起可以形成第三代融合方法，功能上比第二代方法有较大提升。

本章的各个部分与前几章并不一一对应，目的是对全书总结的同时，根据作者的观点进行针对性的介绍。

12.2　全色锐化方法的现状

遥感光学数据融合最典型的类型就是全色锐化。在过去的27年中，研究者将全色锐化方法归纳为两类：一类是通过空间色散变化将全色图像的细节信息注入插值的多光谱图像上，在全色图像的空间频率上提取高通分量，相当于在全色图像执行MRA；另一类是通过变换产生的光谱信息，因此这样的方法和基于CS的方法有很多相似之处。

12.2.1　插值

如何在多光谱波段上进行插值,以匹配全色的空间尺度,这是一个值得关注的问题。第 4 章对这一问题进行了详细讨论。如果假设数据集已配准,那么插值必须考虑多光谱和全色相机的自身几何信息。在大多数超高分辨率数据产品中,每个多光谱像素扩展成 $r \times r$ 全色像素。r 是多光谱和全色之间的尺度比,并处于 $r \times r$ 全色像素的中心。这意味着,如果插值由沿行和列(零阶插值)复制多光谱像素 r 次组成,所得的多光谱图像与全色图像可以精确重叠。因此,多光谱的插值必须使用线性非零相位的滤波器补偿固有的原始偏移。除了偶次插值滤波器(零阶或近邻、二阶或二次、四阶等),还有奇数阶多项式滤波器,如经典的(双)三次插值,会在精度与计算复杂性之间得到最优折中[27]。

奇数或偶数长度的滤波器插值方法开启了基于 MRA 融合方法的新视角。实际上,如果采用偶数长度的滤波器实现 DWT 或 UDWT,小波分析可以自动补偿多光谱和全色数据产品之间的内在偏移,且不必进行插值;相反,小波分析和 GLP 采用奇数长度零相滤波器,可以设计成具有偶数长度的线性相位滤波器,而不必在全色图像分解前对原始多光谱数据进行插值。这两种情况不需要全色图像分解和多光谱图像插值,因此计算成本显著降低。例如,全色的 GLP 顶层被原始多光谱图像替换,锐化的多光谱图像则通过逆变换获得。

12.2.2　基于成分替换的全色锐化

基于 CS 的全色锐化是一种简单快速的技术,将原始波段映射到新的向量空间中进行光谱特征变换。该方法的基本原理是,在应用逆变换之前,变换的分量之一(通常是第一成分 I)经过直方图匹配后,被高分辨率全色图像 P 替换。然而,由于直方图匹配的 P 和 I 可能不具有相同的局部辐射与光谱失真,表现为局部颜色在三个波段的组合上发生变化,从而影响全色锐化的结果。对加权系数进行调整以实现每个多光谱波段和 P 之间光谱响应重叠[251,26],如果 I 为多光谱波段的线性组合,光谱失真可以显著减小。与基于 MRA 的技术不同,基于 CS 的方法通常对空间失真不敏感。

12.2.3　基于多分辨率分析的全色锐化

以 MRA 为基础的技术,实质上是将多光谱和全色图像的空间信息分解为一系列带通空间频率通道。高频通道信息注入多光谱波段的相应通道,这组新的空间频率通道合成多光谱图像的锐化结果。ATW 和 GLP 广泛应用于 MRA 方法[12,196]。对这两个方法而言,全色图像和低通滤波结果之差可以提供零均值高频空间细节。不同的是,GLP 在插值后还设置了抽取步骤。该抽取步骤必须先进行低通滤波，以免混淆。近期的研究[14]表明，如果采用的低通滤波器使频率响应与光谱信道的 MTF 匹配，则在性能上会有相当大的提升。基于 MRA 的方法通常会产生低波段失真，但是对各种类型的空间损失较为敏感。

12.2.4 混合方法

全色锐化的分类方式最初是由 Baronti 等提出的，所有的混合方法既采用光谱变换，也采用数字滤波器。事实上，类别之间真正的区别在于细节 δ 的定义。如果 $\delta=P-I$，这并不意味着是对全色图像的数字滤波，而是通过光谱变换，或者更精确地说，是由波段的组合来产生 I，那么这个方法是 CS 类型的。相反，如果 $\delta=P-\mathrm{PL}$，其中 PL 是全色的低通滤波结果，那么这个方法是 MRA 类型的。例如，广泛使用和有效的 AWLP 方法[200]就是 MRA 类型，因为 $\delta=P-\mathrm{PL}$。AWLP 相当于应用 ATW 到非线性 IHS 变换的亮度分量。

12.3 多光谱到超光谱的全色锐化

空间和光谱分辨率之间的折中方式促进了遥感系统的发展，其中包括低分辨率高光谱与高分辨率全色和多光谱成像子系统。这为融合处理高光谱和更高分辨率全色图像以实现高空间高光谱分辨率的图像提供了机会。在融合过程中，准确的几何配准是至关重要的，因为高光谱和全色相机在技术和功能上相互独立，通常共享相同的光学元件，具有共同的焦平面。因此，它们的焦轴不能平行，两个图像的配准也不可能是坐标的简单仿射变换。配准对超轻型飞行器携带的成像仪至关重要。虽然存在两个工具的辐射定标问题，全色锐化方法是实现多光谱与全色的校准，只不过 CS 方法采用直方图匹配，而 MRA 方法采用全色均衡。类似地，如果是基于辐射传输模型的全色锐化方法，则高光谱波段的大气压校正不是融合的先决条件，但可能是很有用的。对于多光谱锐化，这样的要求并不严格，因为大气校正基本上是在每个波段上递减偏移[143,174]。

高光谱全色锐化的主要问题是，全色图像的光谱覆盖范围与高光谱波段的波长采集范围不匹配。其结果是，大部分为多光谱锐化设计的经典方法不能很好地适用于高光谱图像，因为它们可能会引入辐射和光谱错误，以及较差的主观与客观分析。特别是，基于 CS 的方法依赖 I 和 P 之间的光谱匹配效果。本书强调的是 CS 方法依靠 I 分量与全色低通滤波结果 PL 的匹配情况。相反，MRA 方法不依赖光谱匹配，但依赖个别窄带光谱波段和全色的相关性。这种相关性应该由注入增益体现，这在该情况下则变得很重要。

通过全色图像信息对高光谱图像进行空间增强，准确地保持高光谱数据的原始光谱信息应是主要目标。为此，融合算法必须考虑光谱角等约束，这可以通过采用合适的空间注入模型来实现,如基于调制的全色锐化算法等。同时,基于调制的全色锐化限制空间失真效果有利于实现高质量空间增强的高光谱图像。

12.4　异构数据集融合

根据第 10 章的讨论结果,第 7 章描述的全色锐化方法不能直接应用于异构数据集的融合,因为待融合数据的性质不同。光学和 SAR 图像融合尤为关键,因为原理上存在融合目标,但在实际应用中较为困难。正确选择和最合适的方法适配,必须从物理或信息的角度考虑有意义的融合产品。另外,需要考虑融合方法的质量评价问题,第 3 章进行了详细的讨论。

光学与 SAR 图像的融合将吸引更多的关注,主要基于以下原因。

(1) SAR 数据在任何气象条件下都可获得,光学数据则不行;光学图像不能在夜间拍摄,SAR 图像则可以。因此,光学增强的 SAR 图像比 SAR 增强的光学图像更可靠。

(2) 存在大量优于 1m 分辨率的超高分辨率全色图像和米级分辨率的第二代 SAR 数据产品。

(3) 目前关于光学-SAR 融合的研究报道较少。由于这一问题具有较高的挑战性,因此需要研究人员与用户进行讨论,确定融合产品的目标。

与合并相同类型数据集的常规全色锐化方法不同,建立较好的质量评估体系,评估异构数据集的融合产品,特别是光学和 SAR 图像的融合结果,并不是简单的任务。一个可行的策略是以引入的应用为导向的评价方法,在相同的数据集上进行融合任务分类。在多光谱或高光谱全色锐化框架中,不适合的评价方法可以在特定场合得到应用。

12.5　融合算法新趋势

遥感图像融合的相关应用中出现了这样一些新的设计趋势,即用约束优化算法解决一些提法不恰当的全色优化或时空图像分辨率增强问题。为了实现这个目标,常用的解决方案主要包括超分辨率、压缩感知和变分理论。

在部分情况下,这些新的图像融合方法是值得尝试的,虽然就现有的泛化使用效果来看,在具有一定时空连续性和可靠性的处理系统中依然不够成熟。

如果要更好地执行这些具有约束优化特点的解决方案,必须在具体的实施过程中对图像的形成过程和模型简化过程设计一些特定的假设,进而使这些问题在数学上易于处理和实现。然而实际情况是,用于构建观测模型所假设的一些先验知识往往并没有事先经过验证,同时所采用的一些数学简化手段也往往不符合物理规律。

实际上,上述这些新的遥感图像融合方法的最大缺陷就是计算量太大、太复杂。就目前的一些融合改进方案而言,对于质量评估标准的优化往往只有几个百分点,而计算复杂度却增长两或三个数量级。其相较于第二代融合方法的优势目前尚未得到可靠证实。

基于压缩感知的融合方法需要在一个稀疏空间估计精确的数据表示字典,同时为了能够让这个字典构建过程在计算上可行,前面提到的预先假设方案也是必需的。但是,这些假设的物理含义的正确性很难在真实数据上得到验证。稀疏理论的基本性质决定了这种方法在表示更加复杂的数据形式时必然会产生更多的拟合误差。这就导致在数据性质和图像场景发生复杂度变化时,还会进一步造成融合图像质量的不确定。

基于约束优化的全色方法往往会受到模型偏差的影响。相较于经过空间多分辨率最优化或频谱最优化的 CS 融合方法,基于约束优化方法固有的迭代性和数值不稳定性会导致其实现过程更加复杂,使融合结果更加不可靠。

12.6　小　　结

在本书的最后一个小结中,作者不再对遥感图像融合的未来发展做出预测,这里仅做简要回顾。无论何时何地,在人类发展的进程中,只有填补理论和技术间的差距,才有可能推动技术的进步。50 个世纪前,埃及建筑大师成功建造了金字塔,树立了方尖碑,遗憾的是,这一成就是以成千上万奴隶的生命为代价换来的。人的知识主要是从其自身掌握的技能中获取的,千百年来都是如此。在法国大革命期间的断头台上,像拉普拉斯这样杰出的数学家,绝不会想到他发明的理论会成为一个多世纪后控制系统的基础。1948 年,香农发表了他的数学通信理论,将近 40 年后,第一个可用于低比特率视频会议的视频编码器才正式应用。大约同时期,第一个全色锐化方法由视频信号的亮度-色度表示恰好获得一个相反的目标。在视频编码中,色度分量是通过人的视觉系统的缺陷相对于该亮度分量来二次取样的。在全色锐化中,降采样光谱成分与高分辨率亮度成分融合,得到的结果与多光谱未经降采样的分量在感官上不易区分。

如今,从太空高分辨率成像的军事技术中培育出了空间对地观测技术,这在以前是不可想象的,如今却已变成现实。军事应用推动了实践,填补了理论与技术之间的差距,而成本的降低使传统的军事技术,如热成像和高光谱成像,也广泛应用于民用领域。每类成像技术(光学、热、微波等)都有其固有的局限性,通过图像融合的方式可以得到多维度的附加信息。在过去几十年中,信号和图像处理,以及计算机科学的发展,也促进了遥感图像分析与融合的发展。

未来几年里，大量的遥感卫星任务已经排上日程，如 Sentinel-1、RadarSat-3、COSMO-SkyMed-II、EnMap PRISMA、Sentinel-2、GeoEye-2、MeteoSat-3，这些卫星大部分携带成像传感器。人们已经将研究重点从跨越理论与技术的鸿沟上，转移到应用开发上。

虽然多媒体信号和图像处理与遥感信号和图像处理及融合大幅脱节，但两者都受益于计算机的快速发展，能够支持从数学理论到处理工具的转换。其中一个最具代表性的例子是第 5 章阐述的 MRA 原理。近期提出的压缩感知理论[90]引起了多媒体和对地观测两个领域的关注，该理论在设计新的仪器设备和数据处理工具方面潜力巨大。

很难说得清这种趋势将引导社会去向何方，但必须持这样一种立场，即为了更美好生活的愿望，必须平衡好技术的创新性和实际的效益。衷心希望本书不仅能为从事数据融合领域的技术人员提供指导与帮助，还能为当前和今后遥感图像融合技术的可持续发展添砖加瓦。

参考文献

[1] N. Agam, W. P. Kustas, M. C. Anderson, Fuqin Li, and C. M. U. Neale. A vegetation index based technique for spatial sharpening of thermal imagery[J]. Remote Sensing of Environment, 107(4): 545-558, April 2007.

[2] M. A. Aguilar, F. Aguera, F. J. Aguilar, and F. Carvajal. Geometric accuracy assessment of the orthorectification process from very high resolution satellite imagery for Common Agricultural Policy purposes[J]. International Journal of Remote Sensing, 29(24): 7181-7197, December 2008.

[3] M. Aharon, M. Elad, and A. Bruckstein. K-SVD: An algorithm for designing overcomplete dictionaries for sparse representation[J]. IEEE Transactions on Signal Processing, 54(11): 4311-4322, November 2006.

[4] B. Aiazzi, L. Alparone, F. Argenti, and S. Baronti. Wavelet and pyramid techniques for multisensor data fusion: a performance comparison varying with scale ratios[C]. In S. B. Serpico, editor, Image and Signal Processing for Remote Sensing V, volume 3871 of Proceedings of SPIE, EUROPTO Series, pages 251-262, 1999.

[5] B. Aiazzi, L. Alparone, F. Argenti, S. Baronti, and I. Pippi. Multisensor image fusion by frequency spectrum substitution: subband and multirate approaches for a 3:5 scale ratio case [C]. In Proceedings IEEE International Geoscience And Remote Sensing Symposium (IGARSS), pages 2629-2631, 2000.

[6] B. Aiazzi, L. Alparone, A. Barducci, S. Baronti, and I. Pippi. Multispectral fusion of multisensor image data by the generalized Laplacian pyramid[C]. In Proceedings of IEEE International Geoscience And Remote Sensing Symposium (IGARSS), pages 1183-1185, 1999.

[7] B. Aiazzi, L. Alparone, S. Baronti, V. Cappellini, R. Carlà, and L. Mortelli. A Laplacian pyramid with rational scale factor for multisensor image data fusion[C]. In Proceedings of International Conference on Sampling Theory and Applications-SampTA '97, pages 55-60, 1997.

[8] B. Aiazzi, L. Alparone, S. Baronti, V. Cappellini, R. Carlà, and L. Mortelli. Pyramid-based multisensor image data fusion with enhancement of textural features[C]. In A. Del Bimbo Processing, volume 1310 of Lecture Notes in Computer Science, pages 87-94. Springer, Berlin-Heidelberg, Germany, 1997.

[9] B. Aiazzi, L. Alparone, S. Baronti, and R. Carlà. A pyramid approach to fusion of Landsat TM and SPOT-PAN data to yield multispectral highresolution images for environmental archaeology[C]. In Remote Sensing for Geography, Geology, Land Planning, and Cultural Heritage, volume 2960 of Proceedings of SPIE, EUROPTO Series, pages 153-162, 1996.

[10] B. Aiazzi, L. Alparone, S. Baronti, R. Carlà, A. Garzelli, L. Santurri, and M. Selva. Effects of multitemporal scene changes on pansharpening fusion[C]. In Proceedings of MultiTemp 2011-6th IEEE International Workshop on the Analysis of Multi-temporal Remote Sensing Images, pages 73-76, 2011.

[11] B. Aiazzi, L. Alparone, S. Baronti, R. Carlà, and L. Mortelli. Pyramidbased multisensor image data fusion[C]. In M. A. Unser, A. Aldroubi, and A. F. Laine, editors, Wavelet Applications in Signal and Image Processing V, volume 3169, pages 224-235, 1997.

[12] B. Aiazzi, L. Alparone, S. Baronti, and A. Garzelli. Context-driven fusion of high spatial and spectral resolution images based on oversampled multiresolution analysis[J]. IEEE Transactions on Geoscience and Remote Sensing, 40(10): 2300-2312, October 2002.

[13] B. Aiazzi, L. Alparone, S. Baronti, A. Garzelli, and M. Selva. An MTF based spectral distortion minimizing model for pan-sharpening of very high resolution multispectral images of urban areas[C]. In Proceedings of URBAN 2003: 2nd GRSS/ISPRS Joint Workshop on Remote Sensing and Data Fusion over Urban Areas, pages 90-94, 2003.

[14] B. Aiazzi, L. Alparone, S. Baronti, A. Garzelli, and M. Selva. MTFtailored multiscale fusion of high-resolution MS and Pan imagery[J]. Photogrammetric Engineering and Remote Sensing, 72(5): 591-596, 5, 2006.

[15] B. Aiazzi, L. Alparone, S. Baronti, A. Garzelli, and M. Selva. Advantages of Laplacian pyramids over "à trous" wavelet transforms[C]. In L. Bruzzone, editor, Image and Signal Processing for Remote Sensing XVIII, volume 8537 of Proceedings of SPIE, pages 853704-1-853704-10, 2012.

[16] B. Aiazzi, L. Alparone, S. Baronti, A. Garzelli, and M. Selva. Twentyfive years of pansharpening: A critical review and new developments[M]. In C. -H. Chen, editor, Signal and Image Processing for Remote Sensing, pages 533-548. CRC Press, Boca Raton, FL, 2nd edition, 2012.

[17] B. Aiazzi, L. Alparone, S. Baronti, A. Garzelli, and M. Selva. Pansharpening of hyperspectral images: A critical analysis of requirements and assessment on simulated PRISMA data[C]. In L. Bruzzone, editor, Image and Signal Processing for Remote Sensing XIX, volume 8892 of Proceedings of SPIE, pages 889203-1, 2013.

[18] B. Aiazzi, L. Alparone, S. Baronti, and F. Lotti. Lossless image compression by quantization feedback in a content-driven enhanced Laplacian pyramid[J]. IEEE Transactions on Image Processing, 6(6): 831-843, June 1997.

[19] B. Aiazzi, L. Alparone, S. Baronti, and I. Pippi. Fusion of 18 m MOMS-2P and 30 m Landsat TM multispectral data by the generalized Laplacian pyramid[J]. ISPRS International Archives of Photogrammetry and Remote Sensing, 32(7-4-3W6): 116-122, 1999.

[20] B. Aiazzi, L. Alparone, S. Baronti, and I. Pippi. Quality assessment of decision-driven pyramid-based fusion of high resolution multispectral with panchromatic image data[C]. In IEEE/ISPRS Joint Workshop on Remote Sensing and Data Fusion over Urban Areas, pages 337-341, 2001.

[21] B. Aiazzi, L. Alparone, S. Baronti, and I. Pippi. Decision-driven pyramid fusion of multi-spectral and panchromatic images[J]. In T. Benes, editor, Geoinformation for European-wide Integration, pages 273-278. Millpress, Rotterdam, The Netherlands, 2002.

[22] B. Aiazzi, L. Alparone, S. Baronti, I. Pippi, and M. Selva. Generalised Laplacian pyramid-based fusion of MS + P image data with spectral distortion minimisation[C]. ISPRS International Archives of Photogrammetry and Remote Sensing, 34(3B-W3): 3-6, 2002.

[23] B. Aiazzi, L. Alparone, S. Baronti, I. Pippi, and M. Selva. Context modeling for joint spectral and radiometric distortion minimization in pyramid-based fusion of MS and P image data [C]. In S. B. Serpico, editor, Image and Signal Processing for Remote Sensing VIII, volume 4885 of Proceedings of SPIE, pages 46-57, 2003.

[24] B. Aiazzi, L. Alparone, S. Baronti, L. Santurri, and M. Selva. Spatial resolution enhancement of ASTER thermal bands[C]. In L. Bruzzone, editor, Image and Signal Processing for Remote Sensing XI, volume 5982 of Proceedings of SPIE, pages 59821G-1, 2005.

[25] B. Aiazzi, S. Baronti, F. Lotti, and M. Selva. A comparison between global and context-adaptive pansharpening of multispectral images[J]. IEEE Geoscience and Remote Sensing Letters, 6(2): 302-306, April 2009.

[26] B. Aiazzi, S. Baronti, and M. Selva. Improving component substitution pansharpening through multivariate regression of MS+Pan data[J]. IEEE Transactions on Geoscience and Remote Sensing, 45(10): 3230-3239, October 2007.

[27] B. Aiazzi, S. Baronti, M. Selva, and L. Alparone. Bi-cubic interpolation for shift-free pansharpening[J]. ISPRS Journal of Photogrammetry and Remote Sensing, 86 (6): 65-76, December 2013.

[28] F. A. Al-Wassai, N. V. Kalyankar, and A. A. Al-Zuky. The IHS transformations based image fusion[J]. International Journal of Advanced Research in Computer Science, 2(5), September-October 2011.

[29] L. Alparone, B. Aiazzi, S. Baronti, and A. Garzelli. Fast classified pansharpening with spectral and spatial distortion optimization[C]. In Proceedings of the IEEE International Geoscience and Remote Sensing Symposium (IGARSS), pages 154-157, 2012.

[30] L. Alparone, B. Aiazzi, S. Baronti, A. Garzelli, and F. Nencini. Information-theoretic assessment of fusion of multi-spectral and panchromatic images[C]. In Proceedings of the 9th IEEE International Conference on Information Fusion, pages 1-5, 2006.

[31] L. Alparone, B. Aiazzi, S. Baronti, A. Garzelli, F. Nencini, and M. Selva. Spectral information extraction from very high resolution images through multiresolution fusion[C]. In Image and Signal Processing for Remote Sensing X, volume 5573 of Proceedings of SPIE, pages 1-8, 2004.

[32] L. Alparone, B. Aiazzi, S. Baronti, A. Garzelli, F. Nencini, and M. Selva. Multispectral and panchromatic data fusion assessment without reference[J]. Photogrammetric Engineering and Remote Sensing, 74(2): 193-200, February 2008.

[33] L. Alparone, S. Baronti, A. Garzelli, and F. Nencini. A global quality measurement of pan-sharpened multispectral imagery[J]. IEEE Geoscience and Remote Sensing Letters, 1(4): 313-317, October 2004.

[34] L. Alparone, S. Baronti, A. Garzelli, and F. Nencini. Landsat ETM+ and SAR image fusion based on generalized intensity modulation[J]. IEEE Transactions on Geoscience and Remote Sensing, 42(12): 2832-2839, December 2004.

[35] L. Alparone, V. Cappellini, L. Mortelli, B. Aiazzi, S. Baronti, and R. Carlà. A pyramid-based approach to multisensor image data fusion with preservation of spectral signatures[J]. In P. Gudmandsen, editor, Future Trends in Remote Sensing, pages 418-426. Balkema, Rotterdam, The Netherlands, 1998.

[36] L. Alparone, L. Facheris, S. Baronti, A. Garzelli, and F. Nencini. Fusion of multispectral and SAR images by intensity modulation[C]. In Proceedings of the Seventh International Conference on Information Fusion, FUSION 2004, volume 2, pages 637-643, 2004.

[37] L. Alparone, L. Wald, J. Chanussot, C. Thomas, P. Gamba, and L. M. Bruce. Comparison of pansharpening algorithms: outcome of the 2006 GRS-S data fusion contest[J]. IEEE Transactions on Geoscience and Remote Sensing, 45(10): 3012-3021, October 2007.

[38] L. Amolins, Y. Zhang, and P. Dare. Wavelet based image fusion techniques-An introduction, review and comparison[J]. ISPRS Journal of Photogrammetry and Remote Sensing, 62(4): 249-263, September 2007.

[39] I. Amro, J. Mateos, M. Vega, R. Molina, and A. K. Katsaggelos. A survey of classical methods and new trends in pansharpening of multispectral images[J]. EURASIP Journal on Advances in Signal Processing, 2011.

[40] F. Argenti and L. Alparone. Filterbanks design for multisensor data fusion[J]. IEEE Signal Processing Letters, 7(5): 100-103, May 2000.

[41] F. Argenti and L. Alparone. Speckle removal from SAR images in the undecimated wavelet domain[J]. IEEE Transactions on Geoscience and Remote Sensing, 40(11): 2363-2374, November 2002.

[42] F. Argenti, A. Lapini, T. Bianchi, and L. Alparone. A tutorial on speckle reduction in synthetic aperture radar images[J]. IEEE Geoscience and Remote Sensing Magazine, 1(3): 6-35, September 2013.

[43] R. H. Bamberger and M. J. T. Smith. A filter bank for the directional decomposition of images: theory and design[J]. IEEE Transactions on Signal Processing, 40(4): 882-893, April 1992.

[44] A. Bannari, D. Morin, G. B. Bénié, and F. J. Bonn. A theoretical review of different mathematical models of geometric corrections applied to remote sensing images[J]. Remote Sensing Reviews, 13(1-2): 27-47, March 1995.

[45] S. Baronti, B. Aiazzi, M. Selva, A. Garzelli, and L. Alparone. A theoretical analysis of the effects of aliasing and misregistration on pansharpened imagery[J]. IEEE Journal of Selected Topics in Signal Processing, 5(3): 446-453, June 2011.

[46] S. Baronti, A. Casini, F. Lotti, and L. Alparone. Content-driven differential encoding of an enhanced image pyramid[J]. Signal Processing: Image Communication, 6(5): 463-469,

October 1994.
[47] G. Beylkin. On the representation of operators in bases of compactly supported wavelets[J]. SIAM Journal on Numerical Analysis, 29(6): 1716-1740, December 1992.
[48] F. C. Billingsley. Data processing and reprocessing. In R. N. Colwell, editor, Manual of Remote Sensing[J], volume 1, pages 719-792. American Society of Photogrammetry, Falls Church, 1983.
[49] P. Blanc, T. Blu, T. Ranchin, L. Wald, and R. Aloisi. Using iterated rational filter banks within the ARSIS concept for producing 10 m Landsat multispectral images[J]. International Journal of Remote Sensing, 19(12): 2331-2343, August 1998.
[50] F. Bovolo, L. Bruzzone, L. Capobianco, S. Marchesi, F. Nencini, and A. Garzelli. Analysis of the effects of pansharpening in change detection on VHR images[J]. IEEE Geoscience and Remote Sensing Letters, 7(1): 53-57, January 2010.
[51] L. Brown. A survey of image registration techniques[J]. ACM Computer Surveys, 24(4): 325-376, December 1992.
[52] L. Bruzzone, L. Carlin, L. Alparone, S. Baronti, A. Garzelli, and F. Nencini. Can multiresolution fusion techniques improve classification accuracy[C]. In Image and Signal Processing for Remote Sensing XII, volume 6365 of Proceedings of SPIE, pages 636509-1, 2006.
[53] V. Buntilov and R. Bretschneider. A content separation image fusion approach: toward conformity between spectral and spatial information[J]. IEEE Transactions on Geoscience and Remote Sensing, 45(10): 3252-3263, October 2007.
[54] P. J. Burt and E. H. Adelson. The Laplacian pyramid as a compact image code[J]. IEEE Transactions on Communications, COM-31(4): 532-540, April 1983.
[55] Younggi Byun, Jaewan Choi, and Youkyung Han. An area-based image fusion scheme for the integration of SAR and optical satellite imagery[J]. IEEE Journal of Selected Topics in Applied Earth Observations and Remote Sensing, 6(5): 2212-2220, October 2013.
[56] R. Caloz and C. Collet. Précis de télédetection[M]. Université de Québec, Canada, 2001.
[57] J. B. Campbell and R. H. Wynne. Introduction to Remote Sensing[M]. The Guilford Press, New York, NY, 5th edition, 2011.
[58] E. J. Candès and D. L. Donoho. New tight frames of curvelets and optimal representations of objects with piecewise C^2 singularities[J]. Communications on Pure and Applied Mathematics, 57(2): 219-266, February 2004.
[59] E. J. Candès, J. Romberg, and T. Tao. Robust uncertainty principles: Exact signal reconstruction from highly incomplete frequency information[J]. IEEE Transactions on Information Theory, 52(2): 489-509, February 2006.
[60] L. Capobianco, A. Garzelli, F. Nencini, L. Alparone, and S. Baronti. Spatial enhancement of Hyperion hyperspectral data through ALI panchromatic image[C]. In Proceedings of IEEE International Geoscience and Remote Sensing Symposium (IGARSS), pages 5158-5161, 2007.
[61] W. Carper, T. Lillesand, and R. Kiefer. The use of intensity-huesaturation transformations

for merging SPOT panchromatic and multispectral image data[J]. Photogrammetric Engineering and Remote Sensing, 56(4): 459-467, April 1990.

[62] E. Catmull and R. Rom. A class of local interpolating splines[M]. In R. E. Barnhill and R. F. Riesenfeld, editors, Computer Aided Geometric Design, pages 317-326. Academic Press, New York, NY, 1974.

[63] R. E. Chapman. Physics for Geologists[M]. UCL Press, London, UK, 1995.

[64] P. S. Chavez Jr. and J. A. Bowell. Comparison of the spectral information content of Landsat thematic mapper and SPOT for three different sites in the Phoenix Arizona region[J]. Photogrammetric Engineering and Remote Sensing, 54(12): 1699-1708, December 1988.

[65] P. S. Chavez, Jr. and A. W. Kwarteng. Extracting spectral contrast in Landsat Thematic Mapper image data using selective principal component analysis[J]. Photogrammetric Engineering and Remote Sensing, 55(3): 339-348, March 1989.

[66] P. S. Chavez, Jr. , S. C. Sides, and J. A. Anderson. Comparison of three different methods to merge multiresolution and multispectral data: Landsat TM and SPOT panchromatic[J]. Photogrammetric Engineering and Remote Sensing, 57(3): 295-303, March 1991.

[67] C. -M. Chen, G. F. Hepner, and R. R. Forster. Fusion of hyperspectral and radar data using the IHS transformation to enhance urban surface features[J]. ISPRS Journal of Photogrammetry and Remote Sensing, 58(1-2): 19-30, June 2003.

[68] S. Chen, D. L. Donoho, and M. Saunders. Atomic decomposition by basis pursuit[J]. SIAM Journal on Scientic Computing, 20(1): 33-61, 1998.

[69] X. Chen, Y. Yamaguchi, J. Chen, and Y. Shi. Scale effect of vegetationindex-based spatial sharpening for thermal imagery: A simulation study by ASTER data[J]. IEEE Geoscience and Remote Sensing Letters, 9(4): 549-553, July 2012.

[70] M. Cheng, C. Wang, and J. Li. Sparse representation based pansharpening using trained dictionary[J]. IEEE Geoscience and Remote Sensing Letters, 11(1): 293-297, January 2014.

[71] Y. Chibani and A. Houacine. The joint use of IHS transform and redundant wavelet decomposition for fusing multispectral and panchromatic images[J]. International Journal of Remote Sensing, 23(18): 3821-3833, September 2002.

[72] J. Choi, K. Yu, and Y. Kim. A new adaptive component-substitutionbased satellite image fusion by using partial replacement[J]. IEEE Transactions on Geoscience and Remote Sensing, 49(1): 295-309, January 2011.

[73] H. Chu and W. Zhu. Fusion of IKONOS satellite imagery using IHS transform and local variation[J]. IEEE Geoscience and Remote Sensing Letters, 5(4): 653-657, October 2008.

[74] A. Cohen, I. Daubechies, and J. C. Feauveau. Biorthogonal bases of compactly supported wavelets[J]. Communications on Pure and Applied Mathematics, 45(5): 485-560, June 1995.

[75] M. K. Cook, B. A. Peterson, G. Dial, L. Gibson, F. W. Gerlach, K. S. Hutchins, R. Kudola, and H. S. Bowen. IKONOS technical performance assessment[C]. In Sylvia S. Shen and Michael R. Descour, editors, Algorithms for Multispectral, Hyperspectral, and Ultraspectral Image-

ry VII, volume 4381 of Proceedings of SPIE, pages 94-108, 2001.

[76] R. E. Crochiere and L. R. Rabiner. Multirate Digital Signal Processing[M]. Prentice Hall, Englewood Cliffs, NJ, 1983.

[77] J. C. Curlander and R. N. McDonough. Synthetic Aperture Radar: Systems and Signal Processing[J]. Wiley, New York, NY, 1991.

[78] A. L. da Cunha, J. Zhou, and M. N. Do. The nonsubsampled contourlet transform: theory, design, and applications[J]. IEEE Transactions on Image Processing, 15(10): 3089-3101, October 2006.

[79] P. Dare and I. Dowman. An improved model for automatic feature-based registration of SAR and SPOT images[J]. ISPRS Journal of Photogrammetry and Remote Sensing, 56(1): 13-28, June 2003.

[80] I. Daubechies. Orthonormal bases of compactly supported wavelets[J]. Communications on Pure and Applied Mathematics, 41(7): 909-996, October 1988.

[81] I. Daubechies. Ten Lectures on Wavelets. SIAM: Society for Industrial and Applied Mathematics[J], Philadelphia, PA, 1992.

[82] S. de Béthune, F. Muller, and M. Binard. Adaptive intensity matching filters: a new tool for multi-resolution data fusion[C]. In Multi-sensor systems and data fusion for telecommunications, remote sensing and radar, pages 1-13. North Atlantic Treaty Organization. Advisory Group for Aerospace Research and Development, 1997.

[83] A. J. De Leeuw, L. M. M. Veugen, and H. T. C. van Stokkom. Geometric correction of remotely-sensed imagery using ground control points and orthogonal polynomials[J]. International Journal of Remote Sensing, 9(10-11): 1751-1759, October 1988.

[84] A. Della Ventura, A. Rampini, and R. Schettini. Image registration by the recognition of corresponding structures[J]. IEEE Transactions on Geoscience and Remote Sensing, 28(3): 305-314, May 1990.

[85] M. N. Do. Directional multiresolution image representations. PhD thesis, School of Computer and Communication Sciences[J]. Swiss Federal Institute of Technology, Lausanne, Switzerland, 2001.

[86] M. N. Do and M. Vetterli. The finite ridgelet transform for image representation[J]. IEEE Transactions on Image Processing, 12(1): 16-28, January 2003.

[87] M. N. Do and M. Vetterli. The contourlet transform: an efficient directional multiresolution image representation[J]. IEEE Transactions on Image Processing, 14(12): 2091-2106, December 2005.

[88] N. A. Dodgson. Image resampling[R]. Technical Report 261, Computer Laboratories, University of Cambridge, Cambridge, UK, August 1992.

[89] N. A. Dodgson. Quadratic interpolation for image resampling[J]. IEEE Transactions on Image Processing, 6(9): 1322-1326, September 1997.

[90] D. L. Donoho. Compressed sensing[J]. IEEE Transactions on Information Theory, 52(4):

1289-1306, April 2006.

[91] W. Dou, Y. Chen, X. Li, and D. Sui. A general framework for component substitution image fusion: An implementation using fast image fusion method[J]. Computers and Geoscience, 33(2): 219-228, February 2007.

[92] Q. Du, N. H. Younan, R. L. King, and V. P. Shah. On the performance evaluation of pansharpening techniques[J]. IEEE Geoscience and Remote Sensing Letters, 4(4): 518-522, October 2007.

[93] P. Dutilleux. An implementation of the "algorithme à trous" to compute the wavelet transform[M]. In J. M. Combes, A. Grossman, and Ph. Tchamitchian, editors, Wavelets: Time-Frequency Methods and Phase Space, pages 298-304. Springer, Berlin, 1989.

[94] K. Edwards and P. A. Davis. The use of Intensity-Hue-Saturation transformation for producing color shaded-relief images[J]. Photogrammetric Engineering and Remote Sensing, 60(11): 1369-1374, November 1994.

[95] M. Ehlers, S. Klonus, P. J. Astrand, and P. Rosso. Multi-sensor image fusion for pansharpening in remote sensing[J]. International Journal of Image and Data Fusion, 1(1): 25-45, February 2010.

[96] M. T. Eismann and R. C. Hardie. Application of the stochastic mixing model to hyperspectral resolution enhancement[J]. IEEE Transactions on Geoscience and Remote Sensing, 42(9): 1924-1933, September 2004.

[97] M. T. Eismann and R. C. Hardie. Hyperspectral resolution enhancement using high-resolution multispectral imagery with arbitrary response functions[J]. IEEE Transactions on Geoscience and Remote Sensing, 43(3): 455-465, March 2005.

[98] D. Fasbender, J. Radoux, and P. Bogaert. Bayesian data fusion for adaptable image pansharpening[J]. IEEE Transactions on Geoscience and Remote Sensing, 46(6): 1847-1857, June 2008.

[99] D. Fenna. Cartographic Science: A Compendium of Map Projections, with Derivations[M]. CRC Press, Boca Raton, FL, 2006.

[100] E. L. Fiume. The Mathematical Structure of Raster Graphics. Academic Press[M]. San Diego, CA, 1989.

[101] J. Flusser. An adaptive method for image registration[J]. Pattern Recognition, 25(1): 45-54, January 1992.

[102] J. Flusser and T. Suk. A moment-based approach to registration of images with affine geometric distortion[J]. IEEE Transactions on Geoscience and Remote Sensing, 32(2): 382-387, March 1994.

[103] L. M. G. Fonseca and B. S. Manjunath. Registration techniques for multisensor remotely sensed imagery[J]. Photogrammetric Engineering and Remote Sensing, 62(9): 1049-1056, September 1996.

[104] M. R. B. Forshaw, A. Haskell, P. F. Miller, D. J. Stanley, and J. R. G. Townshend. Spatial

resolution of remotely-sensed imagery: a review paper[J]. International Journal of Remote Sensing, 4(3): 497-520, July 1983.

[105] S. Foucher, G. B. Bénié, and J. -M. Boucher. Multiscale MAP filtering of SAR images[J]. IEEE Transactions on Image Processing, 10(1): 49-60, January 2001.

[106] B. Garguet-Duport, J. Girel, J. -M. Chassery, and G. Pautou. The use of multiresolution analysis and wavelet transform for merging SPOT Panchromatic and multispectral image data[J]. Photogrammetric Engineering and Remote Sensing, 62(9): 1057-1066, September 1996.

[107] A. Garzelli. Possibilities and limitations of the use of wavelets in image fusion[C]. In Proceedings of the IEEE International Geoscience and Remote Sensing Symposium (IGARSS), pages 66-68, 2002.

[108] A. Garzelli. Wavelet-based fusion of optical and SAR image data over urban area[J]. In International Archives of Photogrammetry Remote Sensing and Spatial Information Sciences, volume 34, pages 59-62, 2002.

[109] A. Garzelli. Pansharpening of multispectral images based on nonlocal parameter optimization[J]. IEEE Transactions on Geoscience and Remote Sensing, 53(4): 2096-2107, April 2015.

[110] A. Garzelli, G. Benelli, M. Barni, and C. Magini. Improving waveletbased merging of panchromatic and multispectral images by contextual information[C]. In S. B. Serpico, editor, Image and Signal Processing for Remote Sensing VI, volume 4170 of Proceedings of SPIE, EUROPTO Series, pages 82-91, 2000.

[111] A. Garzelli, L. Capobianco, L. Alparone, B. Aiazzi, S. Baronti, and M. Selva. Hyperspectral pansharpening based on modulation of pixel spectra[C]. In Proceedings of the 2nd Workshop on Hyperspectral Image and Signal Processing: Evolution in Remote Sensing (WHISPERS), pages 1-4, 2010.

[112] A. Garzelli and F. Nencini. Interband structure modeling for pansharpening of very high resolution multispectral images[J]. Information Fusion, 6(3): 213-224, September 2005.

[113] A. Garzelli and F. Nencini. Fusion of panchromatic and multispectral images by genetic algorithms[C]. In Proceedings of the IEEE Geoscience and Remote Sensing Symposium (IGARSS), pages 3810-3813, 2006.

[114] A. Garzelli and F. Nencini. PAN-sharpening of very high resolution multispectral images using genetic algorithms[J]. International Journal of Remote Sensing, 27(15): 3273-3292, August 2006.

[115] A. Garzelli and F. Nencini. Panchromatic sharpening of remote sensing images using a multiscale Kalman filter[J]. Pattern Recognition, 40(12): 3568-3577, December 2007.

[116] A. Garzelli and F. Nencini. Hypercomplex quality assessment of multi-/hyper-spectral images[J]. IEEE Geoscience and Remote Sensing Letters, 6(4): 662-665, October 2009.

[117] A. Garzelli, F. Nencini, L. Alparone, B. Aiazzi, and S. Baronti. Pansharpening of multispec-

tral images: A critical review and comparison[C]. In Proceedings of the IEEE International Geoscience and Remote Sensing Symposium (IGARSS), pages 81-84, 2004.

[118] A. Garzelli, F. Nencini, L. Alparone, and S. Baronti. Multiresolution fusion of multispectral and panchromatic images through the curvelet transform[C]. In Proceedings of the IEEE Geoscience and Remote Sensing Symposium (IGARSS), pages 2838-2841, 2005.

[119] A. Garzelli, F. Nencini, and L. Capobianco. Optimal MMSE pan sharpening of very high resolution multispectral images[J]. IEEE Transactions on Geoscience and Remote Sensing, 46(1): 228-236, January 2008.

[120] A. Garzelli and F. Soldati. Context-driven image fusion of multispectral and panchromatic data based on a redundant wavelet representation[C]. In IEEE/ISPRS Joint Workshop on Remote Sensing and Data Fusion over Urban Areas, pages 122-126, 8-9 Nov. 2001.

[121] A. R. Gillespie. Quantifying spatial heterogeneity at the landscape scale using variogram models[J]. Remote Sensing of Environment, 42(2): 137-145, November 1992.

[122] A. R. Gillespie, A. B. Kahle, and R. E. Walker. Color enhancement of highly correlated images-II. Channel ratio and "Chromaticity" Transform techniques[J]. Remote Sensing of Environment, 22(3): 343-365, August1987.

[123] R. C. Gonzalez and R. E. Woods. Digital image processing[M]. Prentice Hall, Upple Saddle River, NJ, 3rd edition, 2007.

[124] M. González-Audícana, X. Otazu, O. Fors, and J. Alvarez-Mozos. A low computational-cost method to fuse IKONOS images using the spectral response function of its sensors[J]. IEEE Transactions on Geoscience and Remote Sensing, 44(6): 1683-1691, June 2006.

[125] M. González-Audícana, X. Otazu, O. Fors, and A. Seco. Comparison between Mallat's and the "à trous" discrete wavelet transform based algorithms for the fusion of multispectral and panchromatic images[J]. International Journal of Remote Sensing, 26(3): 595-614, February 2005.

[126] M. González-Audícana, J. L. Saleta, R. G. Catalán, and R. García. Fusion of multispectral and panchromatic images using improved IHS and PCA mergers based on wavelet decomposition[J]. IEEE Transactions on Geoscience and Remote Sensing, 42(6): 1291-1299, June 2004.

[127] A. Goshtasby. Registration of images with geometric distortions[J]. IEEE Transactions on Geoscience and Remote Sensing, 26(1): 60-64, January1988.

[128] E. W. Grafarend and F. W. Krumm. Map Projections: Cartographic Information Systems [J]. Springer-Verlag, Berlin, Germany, 2006.

[129] H. N. Gross and J. R. Schott. Application of spectral mixture analysis and image fusion techniques for image sharpening[J]. Remote Sensing of Environment, 63(2): 85-94, February 1998.

[130] R. C. Hardie, M. T. Eismann, and G. L. Wilson. MAP estimation of hyperspectral image resolution enhancement using an auxiliary sensor[J]. IEEE Transactions on Image Pro-

cessing,13(9):1174-1184,September 2004.

[131] J. R. Hardy. Methods and accuracy on location of Landsat MSS points on maps[J]. Journal of the British Interplanetary Society,31(8):305-311,August 1978.

[132] B. A. Harrison and D. L. B. Jupp. Introduction to Image Processing[M]. CSRIO Publishing, Melbourne,Australia,1990.

[133] F. Henderson and A. Lewis. Manual of Remote Sensing: Principles and Applications of Imaging Radar[M]. Wiley,New York,NY,1998.

[134] K. Hoffman and R. Kunze. Linear Algebra[M]. Prentice-Hall,Englewood Cliffs,NJ,2nd edition,1971.

[135] G. C. Holst. Sampling,aliasing,and data delity for electronic imaging systems,communications,and data acquisition[M]. JCD Publishing,Winter Park,FL,1998.

[136] H. Hotelling. Analysis of a complex of statistical variables into Principal Components[J]. Journal of Educational Psychology,24(6):417-441,September 1933.

[137] B. Huang and H. Song. Spatiotemporal reflectance fusion via sparse representation[J]. IEEE Transactions on Geoscience and Remote Sensing,50(10):3707-3716,October 2012.

[138] B. Huang, H. Song, H. Cui, J. Peng, and Z. Xu. Spatial and spectral image fusion using sparse matrix factorization[J]. IEEE Transactions on Geoscience and Remote Sensing, 52(3):1693-1704,March 2014.

[139] J. Inglada and A. Giros. On the possibility of automatic multisensor image registration[J]. IEEE Transactions on Geoscience and Remote Sensing,42(10):2104-2120,October 2004.

[140] S. Ioannidou and V. Karathanassi. Investigation of the dual-tree complex and shift-invariant discrete wavelet transforms on Quickbird image fusion[J]. IEEE Geoscience and Remote Sensing Letters,4(1):166-170,January 2007.

[141] A. K. Jain. Fundamentals of Digital Image Processing[M]. Prentice Hall, Englewood Cliffs,NJ,1989.

[142] C. Jeganathan, N. A. S. Hamm, S. Mukherjee, P. M. Atkinson, P. L. N. Raju, and V. K. Dadhwal. Evaluating a thermal image sharpening model over a mixed agricultural landscape in India[J]. International Journal of Applied Earth Observation and Geoinformation, 13(2):178-191,April 2011.

[143] Linhai Jing and Qiuming Cheng. An image fusion method taking into account phenological analogies and haze[J]. International Journal of Remote Sensing, 32(6): 1675-1694, March 2011.

[144] D. B. Judd and G. Wyszecki. Color in Business, Science and Industry[M]. Wiley, New York,NY,3rd edition,1975.

[145] X. Kang,S. Li,and J. A. Benediktsson. Pansharpening with matting model[J]. IEEE Transactions on Geoscience and Remote Sensing,52(8):5088-5099,August 2014.

[146] M. M. Khan, L. Alparone, and J. Chanussot. Pansharpening based on QNR optimization [C]. In Proceedings of the IEEE International Geo-science and Remote Sensing Symposium

(IGARSS), volume 5, pages73-76, 2008.

[147] M. M. Khan, L. Alparone, and J. Chanussot. Pansharpening quality assessment using modulation transfer function filters[C]. In Proceedings of the IEEE International Geoscience and Remote Sensing Symposium(IGARSS), volume 5, pages 61-64, 2008.

[148] M. M. Khan, L. Alparone, and J. Chanussot. Pansharpening quality assessment using the modulation transfer functions of instruments[J]. IEEE Transactions on Geoscience and Remote Sensing, 47(11): 3880-3891, November 2009.

[149] M. M. Khan, J. Chanussot, and L. Alparone. Hyperspectral pansharpening using QNR optimization constraint[C]. In Proceedings of the 1st Workshop on Hyperspectral Image and Signal Processing: Evolution in Remote Sensing (WHISPERS), pages 1-4, 2009.

[150] M. M. Khan, J. Chanussot, and L. Alparone. Pansharpening of hyperspectral images using spatial distortion optimization[C]. In Proceedings of the 16th IEEE International Conference on Image Processing (ICIP), pages 2853-2856, 2009.

[151] M. M. Khan, J. Chanussot, L. Condat, and A. Montavert. Indusion: Fusion of multispectral and panchromatic images using the induction scaling technique[J]. IEEE Geoscience and Remote Sensing Letters, 5(1): 98-102, January 2008.

[152] A. Khandelwal and K. S. Rajan. Hyperspectral image enhancement based on sensor simulation and vector decomposition[C]. In Proceedings of 14th International Conference on Information Fusion-Fusion 2011, pages 1234-1239, 2011.

[153] M. G. Kim, I. Dinstein, and L. Shaw. A prototype filter design approach to pyramid generation[J]. IEEE Transactions on Pattern Analysis and Machine Intelligence, 15(12): 1233-1240, December 1993.

[154] F. A. Kruse and G. L. Raines. A technique for enhancing digital colour images by contrast stretching in Munsell colour space[C]. In Proceedings of the International Symposium on Remote Sensing of Environment, Third Thematic Conference: Remote Sensing for Exploration Geology, pages 755-760, 1984.

[155] D. Kundur and D. Hatzinakos. Blind image deconvolution[J]. IEEE Signal Processing Magazine, 13(3): 43-64, 1996.

[156] W. P. Kustas, J. M. Norman, M. C. Anderson, and A. N. French. Estimating subpixel surface temperatures and energy fluxes from the vegetation indexradiometric temperature relationship[J]. Remote Sensing of Environment, 85(4): 429-440, June 2003.

[157] C. A. Laben and B. V. Brower. Process for enhancing the spatial resolution of multispectral imagery using pan-sharpening[P]. 2000. U. S. Patent # 6,011,875.

[158] F. Laporterie-Déjean, H. de Boissezon, G. Flouzat, and M. -J. Lefévre Fonollosa. Thematic and statistical evaluations of five panchromatic/multispectral fusion methods on simulated PLEIADES-HR images[J]. Information Fusion, 6(3): 193-212, September 2005.

[159] C. Latry, H. Vadon, M. J. Lefevre, and H. De Boissezon. SPOT5 THX: a 2. 5m fused product[C]. In Proceedings 2nd GRSS/ISPRS Joint Workshop on Remote Sensing and Data

Fusion over Urban Areas, pages 87-89, May 2003.

[160] J. Le Moigne. Parallel registration of multi-sensor remotely sensed imagery using wavelet coefficients[C]. In H. Szu, editor, Wavelet Applications, volume 2242 of Proceedings of SPIE, pages 432-443, 1994.

[161] J. Le Moigne, N. S. Netanyahu, and R. D. Eastman. Image Registration for Remote Sensing [M]. Cambridge University Press, Cambridge, UK, 2011.

[162] R. S. Ledley, M. Buas, and T. J. Golab. Fundamentals of true-color image processing[C]. In Proceedings of the 10th International Conference on Pattern Recognition, volume 1, pages 791-795, 1990.

[163] S. Leprince, S. Barbot, F. Ayoub, and J. -P. Avouac. Automatic and precise orthorectification, coregistration, and subpixel correlation of satellite images: application to ground deformation measurements[J]. IEEE Transactions on Geoscience and Remote Sensing, 45(6):1529-1558, June 2007.

[164] H. Li, B. S. Manjunath, and S. K. Mitra. A contour-based approach to multisensor image registration[J]. IEEE Transactions on Image Processing, 4(3):320-334, March 1995.

[165] H. Li, B. S. Manjunath, and S. K. Mitra. Multisensor image fusion using the wavelet transform[J]. Graphical Models Image Processing, 57(3):235-245, May 1995.

[166] S. Li, J. T. Kwok, and Y. Wang. Using the discrete wavelet frame transform to merge Landsat TM and SPOT panchromatic images [J]. Information Fusion, 3 (1): 17-23, March 2002.

[167] S. Li and B. Yang. A new pan-sharpening method using a compressed sensing technique [J]. IEEE Transactions on Geoscience and Remote Sensing, 49(2):738-746, February 2011.

[168] S. Li, H. Yin, and L. Fang. Remote sensing image fusion via sparse representations over learned dictionaries[J]. IEEE Transactions on Geoscience and Remote Sensing, 51(9): 4779-4789, September 2013.

[169] Shuang Li, Zhilin Li, and Jianya Gong. Multivariate statistical analysis of measures for assessing the quality of image fusion[J]. International Journal of Image and Data Fusion, 1(1):47-66, March 2010.

[170] Z. Li and H. Leung. Fusion of multispectral and panchromatic images using a restoration-based method[J]. IEEE Transactions on Geoscience and Remote Sensing, 47(5): 1482-1491, March 2009.

[171] G. A. Licciardi, M. M. Khan, J. Chanussot, A. Montanvert, L. Condat, and C. Jutten. Fusion of hyperspectral and panchromatic images using multiresolution analysis and nonlinear PCA band reduction[J]. EURASIP Journal on Advances in Signal Processing, 2012(1): 207:1-207:17, September 2012.

[172] T. M. Lillesand and R. W. Kiefer. Remote Sensing and Image Interpretation[M]. Wiley, New York, NY, 2nd edition, 1987.

[173] Y. Ling, M. Ehlers, E. Lynn Usery, and M. Madden. FFT-enhanced IHS transform method

for fusing high-resolution satellite images[J]. ISPRS Journal of Photogrammetry and Remote Sensing,61(6):381-392,February 2007.

[174] J. G. Liu. Smoothing filter based intensity modulation: a spectral preserve image fusion technique for improving spatial details[J]. International Journal of Remote Sensing, 21(18):3461-3472,December 2000.

[175] N. T. Lloyd and D. Bau. Numerical Linear Algebra[M]. SIAM: Society for Industrial and Applied Mathematics,Philadelphia,PA,3rd edition,1997.

[176] S. P. Lloyd. Least squares quantization in PCM[J]. IEEE Transactions on Information Theory,28(2):129-137,March 1982.

[177] E. Maeland. On the comparison of the interpolation methods[J]. IEEE Transactions on Medical Imaging,7(3):213-217,September 1988.

[178] S. Mallat. A theory for multiresolution signal decomposition: the wavelet representation [J]. IEEE Transactions on Pattern Analysis and Machine Intelligence, 11(7): 674-693, July 1989.

[179] S. G. Mallat. A Wavelet Tour of Signal Processing[M]. Academic Press, New York, 2nd edition,1999.

[180] J. V. Martonchik,C. J. Bruegge,and A. Strahler. A review of reflectance nomenclature used in remote sensing[J]. Remote Sensing Reviews,19(1-4):9-20,December 2000.

[181] P. M. Mather and M. Koch. Computer Processing of Remotely-Sensed Images: An Introduction[M]. Wiley-Blackwell,Oxford,UK,4th edition,2011.

[182] S. Max. Quantizing for minimum distortion[J]. IRE Transactions on Information Theory, 6(1):7-12,March 1960.

[183] M. F. McCabe,L. K. Balik,J. Theiler,and A. R. Gillespie. Linear mixing in thermal infrared temperature retrieval[J]. International Journal of Remote Sensing,29(17-18):5047-5061, September 2008.

[184] H. McNairn,C. Champagne,J. Shang,D. Holmstrom,and G. Reichert. Integration of optical and synthetic aperture radar (SAR) imagery for delivering operational annual crop inventories[J]. ISPRS Journal of Photogrammetry and Remote Sensing, 64(5): 434-449, September 2009.

[185] E. H. W. Meijering,K. J. Zuiderveld,and M. A. Viergever. Image reconstruction by convolution with symmetrical piecewise nth-order polynomial kernels[J]. IEEE Transactions on Image Processing,8(2):192-201,February 1999.

[186] R. A. Meyer and C. S. Burrus. Unified analysis of multirate and periodically time-varying digital filters[J]. IEEE Transactions on Circuits and Systems,CAS-22(3):162-168,March 1975.

[187] F. A. Mianji,Ye Zhang,Yanfeng Gu,and A. Babakhani. Spatial-spectral data fusion for resolution enhancement of hyperspectral imagery[C]. In Proceedings of IEEE International Geoscience and Remote Sensing Symposium (IGARSS),pages 1011-1014,2009.

[188] D. P. Mitchell and A. N. Netravali. Reconstruction filters in computer graphics[C]. Computer Graphics,22(4):221-228,August 1988.

[189] M. Moeller. Remote sensing for the monitoring of urban growth patterns[J]. In M. Moeller and E. Wentz,editors,Remote Sensing and Spatial Information Sciences,volume XXXVI-8/W27 of The International Archives of the Photogrammetry,pages 0-6,2005.

[190] M. Moghaddam,J. L. Dungan,and S. Acker. Forest variable estimation from fusion of SAR and multispectral optical data[J]. IEEE Transactions on Geoscience and Remote Sensing,40(10):2176-2187,October 2002.

[191] A. Mohammadzadeh,A. Tavakoli,and M. J. Valadan Zoej. Road extraction based on fuzzy logic and mathematical morphology from pansharpened IKONOS images[J]. The Photogrammetric Record,21(113):44-60,February 2006.

[192] M. S. Moran. A window-based technique for combining Landsat Thematic Mapper thermal data with higher-resolution multispectral data over agricultural lands[J]. Photogrammetric Engineering and Remote Sensing,56(3):337-342,March 1990.

[193] A. Moreira,P. Prats-Iraola,M. Younis,G. Krieger,I. Hajnsek,and K. P. Papathanassiou. A tutorial on synthetic aperture radar[J]. IEEE Geoscience and Remote Sensing Magazine,1(1):6-43,March 2013.

[194] G. P. Nason and B. W. Silverman. The stationary wavelet transform and some statistical applications[M]. In A. Antoniadis and G. Oppenheim,editors,Wavelets and Statistics,volume 103,pages 281-299. Springer Verlag,New York,NY,USA,1995.

[195] F. Nencini,A. Garzelli,S. Baronti,and L. Alparone. Remote sensing image fusion using the curvelet transform[J]. Information Fusion,8(2):143-156,April 2007.

[196] J. Núñez,X. Otazu,O. Fors,A. Prades,V. Palà,and R. Arbiol. Multiresolution-based image fusion with additive wavelet decomposition[J]. IEEE Transactions on Geoscience and Remote Sensing,37(3):1204-1211,May 1999.

[197] H. Nyquist. Certain topics in telegraph transmission theory[J]. Transactions of the AIEE,47(2):617-644,April 1928.

[198] C. Oliver and S. Quegan. Understanding Synthetic Aperture Radar Images[M]. SciTech Publishing,Herndon,VA,2nd edition,2004.

[199] A. V. Oppenheim and R. W. Schafer. Discrete-Time Signal Processing[M]. Prentice Hall,Englewood Cliffs,NJ,1989.

[200] X. Otazu,M. González-Audícana,O. Fors,and J. Núñez. Introduction of sensor spectral response into image fusion methods[J]. Application to wavelet-based methods. IEEE Transactions on Geoscience and Remote Sensing,43(10):2376-2385,October 2005.

[201] K. Ouchi. Recent trend and advance of synthetic aperture radar with selected topics[J]. Remote Sensing,5(2):716-807,February 2013.

[202] G. Pajares and J. M. de la Cruz. A wavelet-based image fusion tutorial[J]. Pattern Recognition,37(9):1855-1872,September 2004.

[203] F. Palsson, J. R. Sveinsson, and M. O. Ulfarsson. A new pansharpening algorithm based on total variation[J]. IEEE Geoscience and Remote Sensing Letters, 11(1): 318-322, January 2014.

[204] Z. Pan, J. Yu, H. Huang, S. Hu, A. Zhang, H. Ma, and W. Sun. Superresolution based on compressive sensing and structural self-similarity for remote sensing images[J]. IEEE Transactions on Geoscience and Remote Sensing, 51(9): 4864-4876, September 2013.

[205] S. C. Park, M. K. Park, and M. G. Kang. Super-resolution image reconstruction: a technical overview[C]. IEEE Signal Processing Magazine, 20(3): 21-36, May 2003.

[206] S. K. Park and R. A. Schowengerdt. Image reconstruction by parametric cubic convolution[J]. Computer Vision, Graphics, and Image Processing, 23(3): 258-272, September 1983.

[207] J. A. Parker, R. V. Kenyon, and D. E. Troxel. Comparison of interpolation methods for image resampling[J]. IEEE Transactions on Medical Imaging, MI-2(1): 31-39, March 1983.

[208] Honghong Peng and Raghuveer Rao. Hyperspectral image enhancement with vector bilateral filtering[C]. In Proceedings of the International Conference on Image Processing (ICIP), volume 2, pages 3713-3716, 2009.

[209] B. Penna, T. Tillo, E. Magli, and G. Olmo. Transform coding techniques for lossy hyperspectral data compression[J]. IEEE Transactions on Geoscience and Remote Sensing, 45(5): 1408-1421, May 2007.

[210] G. Piella and H. Heijmans. A new quality metric for image fusion[C]. In Proceedings of the International Conference on Image Processing (ICIP), volume 2, pages III-173-176, 2003.

[211] D. D. Y. Po and M. N. Do. Directional multiscale modeling of images using the contourlet transform[J]. IEEE Transactions on Image Processing, 15(6): 1610-1620, June 2006.

[212] C. Pohl and J. L. van Genderen. Multisensor image fusion in remote sensing: concepts, methods and applications[J]. International Journal of Remote Sensing, 19(5): 823-854, March 1998.

[213] V. Poulain, J. Inglada, M. Spigai, J. Y. Tourneret, and P. Marthon. High-resolution optical and SAR image fusion for building database updating[J]. IEEE Transactions on Geoscience and Remote Sensing, 49(8): 2900-2910, August 2011.

[214] P. S. Pradhan, R. L. King, N. H. Younan, and D. W. Holcomb. Estimation of the number of decomposition levels for a wavelet-based multiresolution multisensor image fusion[J]. IEEE Transactions on Geoscience and Remote Sensing, 44(12): 3674-3686, December 2006.

[215] J. C. Price. Combining panchromatic and multispectral imagery from dual resolution satellite instruments[J]. Remote Sensing of Environment, 21(2): 119-128, March 1987.

[216] T. Ranchin, B. Aiazzi, L. Alparone, S. Baronti, and L. Wald. Image fusion the ARSIS concept and some successful implementation schemes[J]. ISPRS Journal of Photogrammetry and Remote Sensing, 58(1-2): 4-18, June 2003.

[217] T. Ranchin and L. Wald. Fusion of high spatial and spectral resolution images: the ARSIS concept and its implementation[J]. Photogrammetric Engineering and Remote Sensing,

66(1):49-61,January 2000.

[218] M. K. Rangaswamy. Quickbird II two-dimensional on-orbit Modulation Transfer Function analysis using convex mirror array[D]. Master's thesis, South Dakota State University, 2003.

[219] W. G. Rees. Physical Principles of Remote Sensing[J]. Cambridge University Press, Cambridge, UK, 2nd edition, 2001.

[220] J. A. Richards. Remote Sensing with Imaging Radar[M]. Springer, Heidelberg, Germany, 2009.

[221] J. A. Richards and X. Jia. Remote Sensing Digital Image Analysis[M]. An Introduction. Springer Verlag, Berlin-Heidelberg, Germany, 5th edition, 2012.

[222] F. F. Sabins. Remote Sensing: Principles and Interpretations[M]. W. H. Freeman, New York, NY, 1996.

[223] R. W. Schafer and L. R. Rabiner. A digital signal processing approach to interpolation[C]. Proceedings of the IEEE, 61(6):692-702, June 1973.

[224] A. H. Schistad Solberg, A. K. Jain, and T. Taxt. Multisource classification of remotely sensed data: fusion of Landsat TM and SAR images[J]. IEEE Transactions on Geoscience and Remote Sensing, 32(4):768-778, July 1994.

[225] A. H. Schistad Solberg, T. Taxt, and A. K. Jain. A Markov random field model for classification of multisource satellite imagery[J]. IEEE Transactions on Geoscience and Remote Sensing, 34(1):100-113, January 1996.

[226] R. A. Schowengerdt. Remote Sensing: Models and Methods for Image Processing[M]. Academic Press, Orlando, FL, USA, 2nd edition, 1997.

[227] R. A. Schowengerdt. Remote Sensing: Models and Methods for Image Processing[M]. Elsevier, The Netherlands, 3rd edition, 2007.

[228] M. Selva, B. Aiazzi, F. Butera, L. Chiarantini, and S. Baronti. Hypersharpening of hyperspectral data: a first approach[C]. In Proceedings of the 6th Workshop on Hyperspectral Image and Signal Processing: Evolution in Remote Sensing (WHISPERS), pages 1-4, 2014.

[229] V. P. Shah, N. H. Younan, and R. L. King. An efficient pan-sharpening method via a combined adaptive-PCA approach and contourlets[J]. IEEE Transactions on Geoscience and Remote Sensing, 46(5):1323-1335, May 2008.

[230] C. E. Shannon. Communication in the presence of noise[J]. Proceedings of the Institute of Radio Engineers, 37(1):10-21, January 1949.

[231] M. J. Shensa. The discrete wavelet transform: wedding the à trous and Mallat algorithm[J]. IEEE Transactions on Signal Processing, 40(10):2464-2482, October 1992.

[232] V. K. Shettigara. A generalized component substitution technique for spatial enhancement of multispectral images using a higher resolution data set[J]. Photogrammetric Engineering and Remote Sensing, 58(5):561-567, May 1992.

and S. E. Reichenbach. Image interpolation by two-dimensional parametric cubic con-
[J]. IEEE Transactions on Image Processing, 15(7):1857-1870, July 2006.

[234] D. S. Simonett. The development and principles of remote sensing[J]. In R. N. Colwell, editor, Manual of Remote Sensing, volume 1, pages 1-36. American Society of Photogrammetry, Falls Church, VA, 1983.

[235] P. Sirguey, R. Mathieu, Y. Arnaud, M. M. Khan, and J. Chanussot. Improving MODIS spatial resolution for snow mapping using wavelet fusion and ARSIS concept[J]. IEEE Geoscience and Remote Sensing Letters, 5(1): 78-82, January 2008.

[236] P. N. Slater. Remote Sensing, Optics and Optical Systems[J]. Addison Wesley, Reading, MA, 1980.

[237] A. R. Smith. Color gamut transform pairs. Computer Graphics, 12(3): 12-19, August 1978.

[238] C. Smith. Environmental Physics[M]. Routledge, London, UK, 2001.

[239] H. Song and B. Huang. Spatiotemporal satellite image fusion through one-pair image learning[J]. IEEE Transactions on Geoscience and Remote Sensing, 51(4): 1883-1896, 2013.

[240] M. Sonka, V. Klavac, and R. Boyle. Image Processing, Analysis, and Machine Vision. Thomson Learning[M]. London, UK, 3rd edition, 2007.

[241] C. Souza Jr, L. Firestone, L. M. Silva, and D. Roberts. Mapping forest degradation in the Eastern Amazon from SPOT 4 through spectral mixture models[J]. Remote Sensing of Environment, 87(4): 494-506, November 2003.

[242] J. L. Starck, E. J. Candes, and D. L. Donoho. The curvelet transform for image denoising[J]. IEEE Transactions on Image Processing, 11(6): 670-684, June 2002.

[243] J. -L. Starck, J. Fadili, and F. Murtagh. The undecimated wavelet decomposition and its reconstruction[J]. IEEE Transactions on Image Processing, 16(2): 297-309, February 2007.

[244] G. Strang and T. Nguyen. Wavelets and Filter Banks. Wellesley Cambridge Press[J]. Wellesley, MA, 2nd edition, 1996.

[245] O. Thépaut, K. Kpalma, and J. Ronsin. Automatic registration of ERS and SPOT multisensor images in a data fusion context[J]. Forest Ecology and Management, 128(1-2): 93-100, March 2000.

[246] C. Thomas, T. Ranchin, L. Wald, and J. Chanussot. Synthesis of multispectral images to high spatial resolution: a critical review of fusion methods based on remote sensing physics[J]. IEEE Transactions on Geoscience and Remote Sensing, 46(5): 1301-1312, May 2008.

[247] K. Tomiyasu. Tutorial review of synthetic-aperture radar (SAR) with applications to imaging of the ocean surface[C]. Proceedings of the IEEE, 66(5): 563-583, January 1978.

[248] T. Toutin. Intégration de données multi-sources: comparaison deméthodes géometriques et radiométriques [J]. International Journal of Remote Sensing, 16 (15): 2795-2811, October 1995.

[249] T. Toutin. Review article: Geometric processing of remote sensing images: models, algorithms and methods [J]. International Journal of Remote Sensing, 25 (10): 1893-1924, May 2004.

[250] J. R. G. Townshend. The spatial resolving power of Earth resources satellites: A review[J].

Technical Report 82020, NASA Goddard Space Flight Center, Greenbelt, MD, May 1980.

[251] T. -M. Tu, P. S. Huang, C. -L. Hung, and C. -P. Chang. A fast intensityhue saturation fusion technique with spectral adjustment for IKONOS imagery[J]. IEEE Geoscience and Remote Sensing Letters, 1(4): 309-312, October 2004.

[252] T. -M. Tu, S. -C. Su, H. -C. Shyu, and P. S. Huang. A new look at IHS-like image fusion methods[J]. Information Fusion, 2(3): 177-186, September 2001.

[253] F. T. Ulaby, F. Kouyate, B. Brisco, and T. H. L. Williams. Textural information in SAR images[J]. IEEE Transactions on Geoscience and Remote Sensing, 24(2): 235-245, March 1986.

[254] T. Updike and C. Comp. Radiometric use of WorldView-2 imagery[J]. Technical report, Digital Globe, Longmont, CO, November 2010.

[255] P. P. Vaidyanathan. Multirate Systems and Filter Banks[M]. Prentice Hall, Englewood Cliffs, NJ, 1992.

[256] M. Vetterli and J. Kovacevic. Wavelets and Subband Coding[J]. PrenticeHall, Englewood Cliffs, NJ, 1995.

[257] G. Vivone, L. Alparone, J. Chanussot, M. Dalla Mura, A. Garzelli, R. Restaino, G. Licciardi, and L. Wald. A critical comparison among pansharpening algorithms[J]. IEEE Transactions on Geoscience and Remote Sensing, 53(5): 2565-2586, May 2015.

[258] G. Vivone, R. Restaino, M. Dalla Mura, G. Licciardi, and J. Chanussot. Contrast and error-based fusion schemes for multispectral image pansharpening[J]. IEEE Geoscience and Remote Sensing Letters, 11(5): 930-934, May 2014.

[259] J. Vrabel. Multispectral imagery band sharpening study[J]. Photogrammetric Engineering and Remote Sensing, 62(9): 1075-1086, September 1996.

[260] L. Wald. Data Fusion: Denitions and Architectures-Fusion of Images of Dierent Spatial Resolutions[M]. Les Presses del l'École des Mines, Paris, France, 2002.

[261] L. Wald, T. Ranchin, and M. Mangolini. Fusion of satellite images of different spatial resolutions: assessing the quality of resulting images[J]. Photogrammetric Engineering and Remote Sensing, 63(6): 691-699, June 1997.

[262] Z. Wang and A. C. Bovik. A universal image quality index[J]. IEEE Signal Processing Letters, 9(3): 81-84, March 2002.

[263] Z. Wang and A. C. Bovik. Mean squared error: Love it or leave it? A new look at signal fidelity measures[J]. IEEE Signal Processing Magazine, 26(1): 98-117, January 2009.

[264] Z. Wang, D. Ziou, C. Armenakis, D. Li, and Q. Li. A comparative analysis of image fusion methods[J]. IEEE Transactions on Geoscience and Remote Sensing, 43(6): 1391-1402, June 2005.

[265] U. Wegmuller, C. L. Werner, D. Nuesch, and M. Borgeaud. Radargrammetry and space triangulation for DEM generation and image orthorectification[C]. In Proceedings of the [illegible] International Geoscience And Remote Sensing Symposium (IGARSS), volume 1, [illegible]9-181, 2003.

[266] G. Wolberg. Digital Image Warping[M]. IEEE Computer Society Press, Los Alamitos, CA, 1990.

[267] K. W. Wong. Geometric and cartography accuracy of ERTS-1 imagery[J]. Photogrammetric Engineering and Remote Sensing, 41(5): 621-635, May 1975.

[268] H. Xie, L. E. Pierce, and F. T. Ulaby. Statistical properties of logarithmically transformed speckle[J]. IEEE Transactions on Geoscience and Remote Sensing, 40(3): 721-727, March 2002.

[269] J. Xu, Z. Guan, and J. Liu. An improved fusion method for merging multi-spectral and panchromatic images considering sensor spectral response[J]. In Jun Chen, Jie Jiang, and J. van Genderen, editors, Silk Road for Information from Imagery, volume XXXVII, Part B7 of The International Archives of the Photogrammetry, Remote Sensing and Spatial Information Sciences, pages 1169-1174, 2008.

[270] J. Yang, J. Wright, T. S. Huang, and Y. Ma. Image super-resolution via sparse representation[J]. IEEE Transactions on Image Processing, 19(11): 2861-2873, November 2010.

[271] D. A. Yocky. Artifacts in wavelet image merging[J]. Optical Engineering, 35(7): 2094-2101, July 1996.

[272] D. A. Yocky. Multiresolution wavelet decomposition image merger of Landsat Thematic Mapper and SPOT panchromatic data[J]. Photogrammetric Engineering and Remote Sensing, 62(9): 1067-1074, September 1996.

[273] R. H. Yuhas, A. F. H. Goetz, and J. W. Boardman. Discrimination among semi-arid landscape endmembers using the Spectral Angle Mapper(SAM) algorithm[C]. In Proceeding Summaries 3rd Annual JPL Air-borne Geoscience Workshop, pages 147-149, 1992.

[274] W. Zhan, Y. Chen, J. Zhou, J. Wang, W. Liu, J. Voogt, X. Zhu, J. Quan, and J. Li. Disaggregation of remotely sensed land surface temperature: Literature survey[J]. Taxonomy, issues, and caveats. Remote Sensing of Environment, 131: 119-139, April 2013.

[275] Y. Zhang. A new automatic approach for effectively fusing Landsat 7 as well as IKONOS images[C]. In Proceedings IEEE International Geoscience and Remote Sensing Symposium (IGARSS), volume 4, pages 2429-2431, 2002.

[276] Y. Zhang, S. De Backer, and P. Scheunders. Noise-resistant waveletbased Bayesian fusion of multispectral and hyperspectral images[J]. IEEE Transactions on Geoscience and Remote Sensing, 47(11): 3834-3843, November 2009.

[277] Y. Zhang, A. Duijster, and P. Scheunders. A Bayesian restoration approach for hyperspectral images[J]. IEEE Transactions on Geoscience and Remote Sensing, 50(9): 3453-3462, September 2012.

[278] J. Zhou, D. L. Civco, and J. A. Silander. A wavelet transform method to merge Landsat TM and SPOT panchromatic data[J]. International Journal of Remote Sensing, 19(4): 743-757, March 1998.

[279] X. X. Zhu and R. Bamler. A sparse image fusion algorithm with application to pansharpening[J]. IEEE Transactions on Geoscience and Remote Sensing, 51 (5): 2827-2836, May 2013.

[280] B. Zitová and J. Flusser. Image registration methods: a survey[J]. Image and Vision Computing, 21(11): 977-1000, October 2003.